计算机
网络基础与工程实践研究

高林娥 胡 娟 武建业 / 著

中国原子能出版社

图书在版编目（CIP）数据

计算机网络基础与工程实践研究 / 高林娥，胡娟，
武建业著 .-- 北京：中国原子能出版社，2021.11
ISBN 978-7-5221-1685-3

Ⅰ . ①计… Ⅱ . ①高… ②胡… ③武… Ⅲ . ①计算机
网络 Ⅳ . ① TP393

中国版本图书馆 CIP 数据核字（2021）第 230675 号

内 容 简 介

本书从实用性和先进性出发，在传统网络工程知识的基础上，贴近网络
工程的现实技术、主流技术，较全面地介绍了计算机网络基础知识和网络工
程应用理论及技能，能够反映应用型网络工程的特点。内容包括概述、网络
传输介质与互连设备、局域网技术、广域网和网络接入、IPv4 与 IPv6、交换
机技术及配置、路由技术及配置、网络安全技术与应用、网络工程的规划与
设计、网络管理与维护技术。本书概念清晰，内容系统、完整，可读性、可
操作性和实用性强，是一本值得学习研究的著作，可供相关人员参考使用。

计算机网络基础与工程实践研究

出版发行	中国原子能出版社（北京市海淀区阜成路 43 号 100048）	
责任编辑	潘玉玲	
责任校对	冯莲凤	
印 刷	三河市德贤弘印务有限公司	
经 销	全国新华书店	
开 本	710 mm × 1000 mm 1/16	
印 张	19.5	
字 数	349 千字	
版 次	2022 年 4 月第 1 版 2022 年 4 月第 1 次印刷	
书 号	ISBN 978-7-5221-1685-3 定 价 98.00 元	

网 址：http://www.aep.com.cn E-mail:atomep123@126.com
发行电话：010-68452845 版权所有 侵权必究

前　言

　　人类社会在经历了农业社会和工业社会之后进入了信息社会。作为信息社会的基础设施,计算机及计算机网络技术得到了迅猛的发展,网络技术被广泛地应用于各个学科,以及政府、公司、学校等各个部门和单位。计算机网络化已经成为计算机发展的必然趋势。

　　从全球范围来看,计算机网络已经成为发达国家信息高速公路的主干。网络建设的规模和应用水平是衡量一个国家综合国力、科技水平和社会信息化的重要标志。国内外的信息技术和信息产业更是需要大量掌握计算机网络与通信技术的专业人才。如何推动信息产业的发展,培养计算机网络工程方面的专业人才,已经成为各国政府高度重视的战略问题。

　　计算机网络工程技术是当今世界发展最为迅速的一门技术,也是计算机应用中一个空前活跃的领域。目前,计算机网络技术发展迅速,新的技术、新的网络标准不断推出,时刻影响并改变着每一个人的生活。对计算机网络工程展开系统性的研究,深入揭示其技术机理,厘清其发展脉络,发掘其技术创新的着力点,为构建集先进性、实用性、扩展性为一体的计算机网络提供有效的解决方案,无疑是一项十分有意义的工作。作者依据多年来从事计算机网络教学及相关科研工作的实践经验,在征求了计算机专业相关教师及计算机网络工程技术人员意见的基础上,从工程实践和应用的角度出发,写作了本书。

　　本书对计算机网络基础及其工程实践应用展开系统性的研究。全书共计 10 章:第 1 章首先对计算机网络的基本知识进行概述,第 2 章介绍了网络传输介质与互连设备,第 3 章~第 8 章分别就局域网技术、广域网和网络接入、IPv4 与 IPv6、交换机技术及配置、路由技术及配置、网络安全技术与应用等展开探讨,在分析了上述技术的情况下,第 9 章重点阐述了网络工程的规划与设计的内容,第 10 章介绍了网络管理与维护技术。

　　全书以"系统观"的思想组织网络技术的理论体系,内容完整、逻辑条理、层层递进,完整呈现了计算机网络工程技术的核心概貌。既夯实基础又贴近前沿,既注重理论研究又重视实践应用。既具有一定的学术价值,又具有广泛的应用性。

在撰写本书的过程中,作者得到了业内许多专家学者的指导帮助,也参考了国内外大量的学术文献,在此一并表示真诚的感谢。鉴于计算机网络技术的迅速发展,加之作者水平有限,时间仓促,书中难免不足之处,恳请有关专家和读者批评、指正。

作　者

2021 年 3 月

目 录

第1章 概 述

计算机网络是指将地理位置不同的具有独立功能的多台计算机及其外部设备,通过通信线路连接起来,在网络操作系统、网络管理软件及网络通信协议的管理和协调下,实现资源共享和信息传递的计算机系统。计算机网络是计算机技术和通信技术紧密结合的产物。它的诞生使计算机的体系结构发生了巨大变化,并在当今社会经济发展中发挥非常重要的作用。

1.1 计算机网络概述

1.1.1 计算机网络的定义

学术界对于计算机网络的精确定义目前尚未统一,最简单直接的定义是:计算机网络是一些互相连接的、自治的计算机的集合。它透露计算机网络的三个基本特征:多台计算机;通过某种方式连接在一起;能独立工作[①]。

计算机网络的专业定义:该网络是利用通信设备和通信介质将地理位置不同、具有独立工作能力的多个计算机系统互联,并按照一定通信协议进行数据通信,以实现资源共享和信息交换为目的的系统。如图 1-1 所示是一个典型的计算机网络。

一个完整的计算机网络包括四部分:计算机系统、网络设备、通信介质和通信协议。

(1)计算机系统:由计算机硬件系统和软件系统构成,如 PC、工作站和服务器等。

---

① 黄以宝,张汉省,吴长虹.计算机应用基础 [M].天津:天津科学技术出版社,2018.

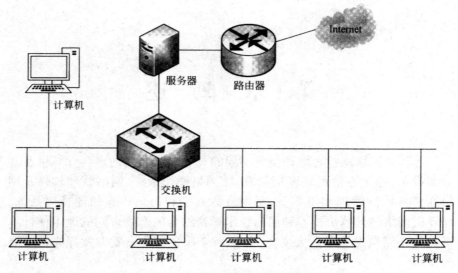

图1-1　一个典型的计算机网络

（2）网络设备：具有转发数据等基本功能的设备，如中继器、交换机、路由器等。

（3）通信介质：通信线路，如同轴电缆、双绞线、光纤等。

（4）通信协议：计算机之间通信所必须遵守的规则，如以太网协议、令牌环协议等。

用一条连线将两台计算机连接，这种网络没有中间网络设备的数据转发环节，也不存在数据交换等复杂问题，可以认为是最简单的计算机网络。而 Internet 是由数以万计的计算机网络通过数以万计的网络设备互联而成，堪称"国际互联网"，是世界上最大的计算机网络系统。

1.1.2 计算机网络的产生与发展

1.1.2.1 Internet 的起源与基础

Internet 的发展经历了三个阶段，现在逐渐走向成熟。从 1969 年 Internet 的前身 ARPANET 诞生到 1983 年是研究试验阶段，主要是进行网络技术的研究和试验；1983—1994 年是 Internet 的实用阶段，主要用于教学、科研和通信的学术网络；1994 年以后，Internet 开始进入商业化阶段，政府部门、商业企业以及个人开始广泛使用 Internet。

从某种意义上讲，Internet 可以说是美苏"冷战"的产物。1962 年，美国国防部在军事上为了对抗苏联，提出设计一种分散的指挥系统构

想。1969 年，为了对上述构想进行验证，美国国防部高级研究计划署
（Defense Advanced Research Projects Agency，DARPA）资助建立了一个
名为 ARPANET（阿帕网）的实验网络，当时主要是由位于美国不同地理
位置的四台主机构成，所以 ARPANET 就是 Internet 的雏形了[①]。

20 世纪 80 年代中期，美国国家科学基金会（NSF）为了使各大学和
研究机构能共享他们非常昂贵的四台主机，鼓励各大学、研究所的计算机
与其连接。1986—1991 年，NSFNET 的子网从 100 个迅速增加到 3 000
多个。1986 年 NSFNET 建成并正式运营，实现了与其他网络的互联和通
信，成为今天 Internet 的基础。

1990 年 6 月，NSFNET 全面取代 ARPANET 成为 Internet 的主干网。
可以这样描述，NSFNET 的出现，给予 Internet 的最大贡献就是向全社会
开放。它准许各大学和私人科研机构网络接入，促使 Internet 迅速地商
业化，并有了第二次飞跃发展。

随着 Internet 的发展，美国早期的四大骨干网互联对外提供接入服
务，形成 Internet 初期的基本结构，其示意图如图 1-2 所示。

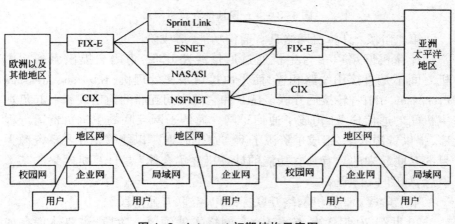

图 1-2 Internet 初期结构示意图

1.1.2.2 计算机网络的发展

回顾计算机网络的发展历程，计算机网络经历了从简单到复杂，从单
一主机到多台主机，从终端与主机之间的通信到计算机与计算机之间的
直接通信等阶段。其发展历程大致可划分为四个阶段。

---

① 黄以宝，张汉省，吴长虹.计算机应用基础 [M].天津：天津科学技术出版社，
2018.

第一阶段:计算机技术与通信技术结合(诞生阶段)。

20 世纪 60 年代末是计算机网络发展的萌芽阶段。此时,计算机是只具有通信功能的单机系统,一台计算机经通信线路与若干终端直接相连,该系统被称为终端计算机网络,是早期计算机网络的主要形式。如图 1-3 所示。

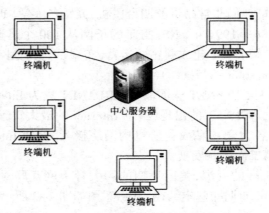

图 1-3　第一阶段的计算机网络

第二阶段:计算机网络具有通信功能(形成阶段)。

计算机网络以多台主机通过通信线路互联,为用户提供服务。主机之间不是直接用线路相连,而是由接口报文处理机(Interface Message Processor, IMP)转接后互联。IMP 和它们之间互联的通信线路一起负责主机间的通信任务,构成了通信子网。通信子网互联的主机负责运行程序,提供资源共享,组成了资源子网。这个时期,"以能够相互共享资源为目的互联起来的具有独立功能的计算机之集合体"是计算机网络的基本概念,如图 1-4 所示。

第三阶段:计算机网络互联标准化(互联互通阶段)。

20 世纪 70 年代末 80 年代初,网络发展到第三阶段,主要体现在如何构建一个标准化的网络体系结构,使不同公司或部门的网络系统之间可以互联,相互兼容,增加互操作性,以实现各公司或部门间计算机网络资源的最大共享。这一阶段典型的标准化网络结构如图 1-5 所示,通信子网的交换设备主要是路由器和交换机。

第四阶段:计算机网络高速和智能化发展(高速网络技术阶段)。

进入 20 世纪 90 年代,随着计算机网络技术的迅猛发展,特别是 1993 年美国宣布建立国家信息基础设施(National Information Infrastructure, NII)后,全世界许多国家都纷纷制定和建立本国的 NII,极大地推动了计算机网络技术的发展,使网络发展进入世界各个国家的骨干网络建设、骨干网络互联与信息高速公路的发展阶段,也使计算机网络的发展进入一个崭新的阶段,即计算机网络高速和智能化阶段 [①],如图 1-6 所示。

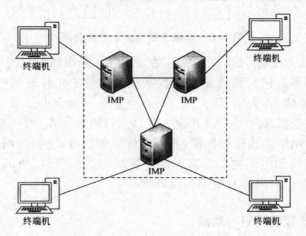

图 1-4 第二阶段的计算机网络

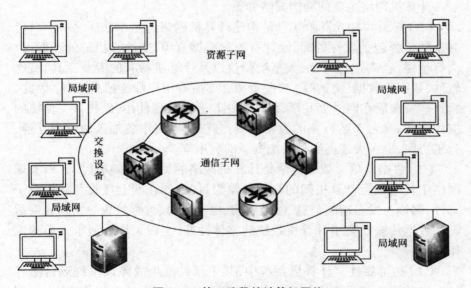

图 1-5 第三阶段的计算机网络

① 杜根远,张火林 . 信息技术概论 [M]. 武汉 : 武汉大学出版社,2015.

图 1-6　网络互联与信息高速公路

"信息高速公路"是一个高速度、大容量、多媒体的信息传输网络系统。建设信息高速公路就是利用数字化大容量的光纤通信网络,使政府机构、信息媒体、各大学、研究所、医院、企业……甚至办公室、家庭等的所有网络设备全部联网[①]。人们的吃、穿、住、行以及工作、看病等生活需求,都可以通过网络实施远程控制,并得到优质的服务。同时,网络还将给用户提供比电视和电话更加丰富的信息资源与娱乐节目,使信息资源实现极大共享,用户可以拥有更加自由的选择。

1.1.3 计算机网络的功能

计算机网络主要的功能归纳如下。

(1)资源共享。资源共享是构建计算机网络的基本功能之一。其可共享的资源包括软件资源、硬件资源和数据资源,如计算机的处理能力、大容量磁盘、高速打印机、大型绘图仪以及计算机特有的专业工具、特殊软件、数据库数据、文档等。这些资源并非所有用户都能独立拥有。因此,将这些资源放在网络上共享,供网络用户有条件地使用,既提供了便捷的应用服务,又可节约巨额的设备投资。此外,网络中各地区的资源互通、分工协作,也极大地提高了系统资源的利用率。

(2)数据通信。数据通信是计算机网络的另一基本功能。它以实现网络中任意两台计算机间的数据传输为目的,如在网上接收与发送电子邮件、阅读与发布新闻消息、网上购物、电子贸易、远程教育等网络通信活动。数据传输提高了计算机系统的整体性能,也极大地方便了人们的工作和生活。

(3)高可靠性。计算机系统中,某个部件发生故障或系统运行中各种未知的中断都是有可能发生的,问题一旦发生,在单台工作机中,应用系统只能被迫中断或关机。而在计算机网络中,一台计算机出现故障,可立刻启用备份机替代。通过计算机网络提供的多机系统环境,实现两台或多台计算机互为备份,使计算机系统的冗余备份功能成为可能,不仅有

---

① 罗刘敏.计算机网络基础[M].北京:北京理工大学出版社,2018.

效避免因单个部件或某个系统的故障影响用户的使用,同时还使应用系统的可靠性大大提高,最大限度地保障了应用系统的正常运行。

此外,计算机网络还具有均衡负载的功能,当网络上某台主机的负载过重时,通过网络和一些应用程序的控制和管理,可以将任务交给网上其他计算机处理,由多台计算机共同完成,起到均衡负荷的作用,以减少延迟、提高效率,充分发挥网络系统上各主机的作用。

（4）信息管理。计算机应用从数值计算到数据处理,从单机数据管理到网络信息管理,发展至今,计算机网络的信息管理应用已经非常广泛。例如,管理信息系统(Management Information System, MIS)、决策支持系统(Decision Support System, DSS)、办公自动化(Office Automation, OA)等都是在计算机网络的支持下发展起来的。

（5）分布式处理。由多个单位或部门位于不同地理位置的多台计算机,通过网络连接起来,协同完成大型的数据计算或数据处理问题的一项复杂工程,称为分布式处理。

分布式处理解决了单机无法胜任的复杂问题,增强了计算机系统的处理能力和应用系统的可靠性能,不仅使计算机网络可以共享文件、数据和设备,还能共享计算能力和处理能力。

如 Internet 上众多提供域名解析的域名服务器(Domain Name Service, DNS),所有域名服务器通过网络连接构成一个大的域名系统,其中每台域名服务器负责各自域的域名解析任务。这种由网络上众多台域名服务器协同完成一项域名解析任务的工作方式就是一个典型的分布式处理。

1.2　计算机网络的拓扑结构

计算机网络的拓扑结构是指网上计算机或设备与传输媒介形成的"节点"与"线"的物理构成模式。网络的节点有两类:一类是转换和交换信息的转接节点,包括节点交换机、集线器和终端控制器等;另一类是访问节点,包括计算机主机和终端等。连接在网络上的计算机、大容量的外存、高速打印机等设备均可看作是网络上的一个节点,也称为工作站[①]。"线"则代表各种传输媒介,包括有形的和无形的。

---

① 　杨顺勇, 李晓玲 . 会展信息技术应用 [M]. 北京 : 中国人民大学出版社, 2007.

计算机网络中常用的拓扑结构有总线型、星型、环型、树型、不规则型等,具体可见图 1-7 所示。图中的黑色小圆圈代表接入网络中的计算机,而在星型拓扑结构中处于中间的圆圈通常为交换机。

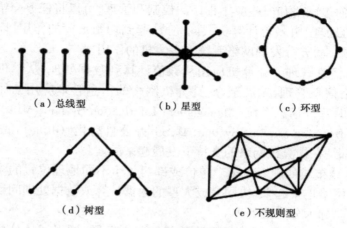

（a）总线型 　　　　（b）星型 　　　　（c）环型

（d）树型 　　　　　　（e）不规则型

图 1-7　网络拓扑结构

1.2.1 星型或双星型

星型或双星型拓扑结构常用于下层网络与上层网络之间的连接,例如接入层设备与汇聚层设备之间的连接,汇聚层设备与核心层设备之间的连接等,主要的网络流量都在分支节点与核心节点之间发生,分支节点之间不通信或流量很少,具体的可见图 1-8 所示。

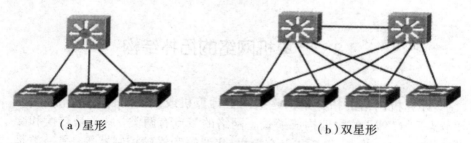

（a）星形 　　　　　　　　　（b）双星形

图 1-8　星型或双星拓扑结构图

星型拓扑结构的优点:

①控制简单。在星型网络中,由于任何一个站点只与中央节点相连接,因而媒体访问控制的方法很简单,访问协议也很简单。

②容易进行故障诊断和隔离。在星型网络中,中央节点对连接线路可以一条一条地隔离开来进行故障检测和定位。单个节点的故障只影响一个设备,不会影响全网。

③网络延迟时间较小,传输误差比较低。

星型拓扑结构的缺点:

①各站点的分布处理能力较小。

②中央节点负担重,易形成瓶颈,一旦发生故障,则全网受影响。

③电缆长度大。因为每个站点都要和中央节点直接相连,需要耗费大量的电缆。

星型拓扑结构的网络结构清晰,管理方便,易于维护,但网络冗余性不好,中间节点负载重,存在单点故障,不适合于高可靠性的网络。通常星型拓扑结构用于接入层或汇聚层拓扑结构设计。

双星型结构的每一个分支点采用双链路上行结构,实现了链路的冗余备份和核心设备的设备备份,弥补了星型拓扑结构冗余性较差的问题。由于双星型结构冗余性好,不存在单点故障,因此,在大型的局域网拓扑中,通常核心层与汇聚层之间,汇聚层与接入层之间可采用双星型结构。

1.2.2 环型、网状或部分网状

环型、网状或部分网状拓扑结构常用于同一层次之间的设备互联,例如核心层设备之间的连接,汇聚层设备之间的连接。这些设备之间通常都是对等通信,或者这些设备之间需要确保互联而增加很多的冗余链路,如图 1-9 所示。

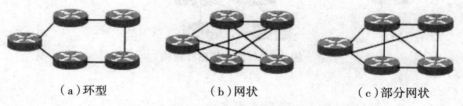

（a）环型　　　　　　　（b）网状　　　　　　　（c）部分网状

图 1-9　环型、网状或部分网状拓扑结构图

环型结构简单,管理方便,投资小,网络冗余性较好,一般适用于各节点相距较远且线路资源紧张的情况,适用于高可靠性要求的小型网络或大型网络的核心部分,不适合于组建大型网络[①]。

网状或部分网状拓扑结构具有最小的时延,最高的冗余度,但整个网

---

① 梁会亭 . 网络工程设计与实施 [M].北京：机械工业出版社,2008.

络主次不分明,不便于管理和维护,并且投资大,仅适合于可靠性要求高的小型网络,或大型网络的核心部分[①]。

1.2.3 树型拓扑结构

树型拓扑结构是一种分级结构,是从总线型拓扑结构演变而来的,所有节点按照一定的层次关系排列起来,顶端是根,根以下带分支,每个分支还可再带子分支。数据传输时,根接收信号,然后再以广播方式发送到全网。树型拓扑结构就像一棵"根"朝上的树,与总线型拓扑结构相比,主要区别在于总线拓扑结构中没有"根"。树型拓扑结构的网络一般采用同轴电缆作为传输介质,用于军事单位、政府部门等上、下界限相当严格和层次分明的部门[②]。树型拓扑结构容易扩展,故障也容易分离处理,但整个网络对根的依赖性很大,一旦网络的根发生故障,整个系统就不能正常工作。

1.2.4 不规则的混合型组网

在同一个网络中,不同的层次之间通常采用不同的拓扑结构。通常核心层或汇聚层采用网状或部分网状相连,核心层与汇聚层或汇聚层与接入层之间采用星型或双星型相连,具体可见图1–10所示。

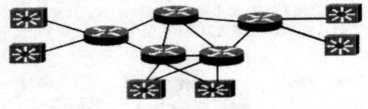

图 1–10　混合型拓扑结构

①　孙亮,王槐源,程林钢.现代网络工程设计与应用研究[M].北京:中国水利水电出版社,2014.
②　李银玲,刘宗藩,苑永波,等.网络工程规划与设计[M].北京:人民邮电出版社,2012.

1.3 计算机网络领域的新技术

随着信息技术的发展,尤其是计算机和互联网技术的进步,极大地改变了人们的工作和生活方式。随着生活水平的提高、思想的变化,人们对计算机网络技术提出了更高的要求。信息产业本身需要更加彻底的技术变革和商业模式转型,虚拟化、云计算、物联网、大数据等技术在这样的背景下应运而生。

1.3.1 云计算

从 20 世纪 80 年代起,IT 产业经历了四个时代: 大(小)型机时代、个人计算机时代、互联网时代、云计算时代,如图 1-11 所示。大型机时代是在 20 世纪 80 年代之前,个人计算机时代是从 20 世纪 80 年代到 90 年代,互联网时代发生在 20 世纪 90 年代到 21 世纪,进入 21 世纪后,云计算时代正在到来。

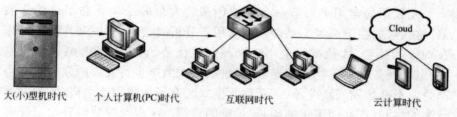

大(小)型机时代　　个人计算机(PC)时代　　互联网时代　　云计算时代

图 1-11 IT 产业发展的四个时代

云计算是对分布式计算、并行计算、网格计算及分布式数据库的改进处理及发展,或者说是这些计算机科学概念的商业实现。这里先不说云计算的定义,而是从日常生活说起。现在人们每天都在使用自来水、电和天然气,有没有想过这些资源使用起来为什么这么方便呢? 不需要自己去挖井、发电,也不用自己搬蜂窝煤烧炉子。这些资源都是按需收费的,用多少,付多少费用。有专门的企业负责生产、输送和维护这资源,用户只需使用就可以了。

如果把计算机、存储、网络这些 IT 基础设施与水、电、气等资源作比较,IT 基础设施还远没有达到水、电、气那样的高效利用。就目前情况来说,无论是企业还是个人,都是自己购置这些 IT 基础设施,使用率相当低,大部分 IT 基础资源没有得到高效利用。产生这种情况的原因在于 IT 基础设施的可流通性不像水、电、气那样成熟。

科学技术的飞速发展使得网络带宽、硬件性能不断提升,为 IT 基础设施的流通创造了条件。假如有一个公司,其业务是提供和维护企业与个人所需要的计算、存储、网络等 IT 基础资源,而这些 IT 基础资源可以通过互联网传送给最终用户。这样,用户不需要采购昂贵的 IT 基础设施,而是租用计算、存储和网络资源,这些资源可以通过手机、平板电脑和客户端等设备访问。这种将 IT 基础设施像水、电、气一样传输给用户、按需付费的服务是狭义的云计算。如果将所提供的服务从 IT 基础设施扩展到软件服务、开发服务,甚至所有 IT 服务,就是广义的云计算。

云计算这门先进技术,可以把所有的信息都汇集到互联网服务器,然后通过手机、平板电脑等互联网移动设备获取信息。它最大的优势是通过整合资源,降低成本,加快运行速度,广泛运用于经济、科技、政府部门等诸多领域。目前,云计算在发达国家的使用已经相当成熟,使用率超过80%。但是在中国,云技术还处在起步阶段,人才缺口超过 100 万人。

1.3.2 大数据

大数据通常用来形容一个公司创造的大量非结构化和半结构化数据,这些数据在下载到关系型数据库用于分析时会花费过多时间和金钱。在现今的社会,大数据的应用越来越彰显优势,它占领的领域也越来越大,电子商务、O2O、物流配送等,各种利用大数据进行发展的领域正在协助企业不断地发展新业务,创新运营模式。有了大数据这个概念,消费者行为的判断、产品销售量的预测、精确的营销范围以及存货的补给已经得到全面的改善与优化[①]。

研究机构 Cartner 给出了"大数据"的定义:"大数据"是需要新处理模式才能具有更强的决策力、洞察发现力和流程优化能力来适应海量、高增长率和多样化的信息资产。

麦肯锡全球研究所给出的定义是:一种规模大到在获取、存储、管理、分析方面大大超出了传统数据库软件工具能力范围的数据集合,具有海量的数据规模、快速的数据流转、多样的数据类型和价值密度低四大特征。

大数据技术的战略意义不在于掌握庞大的数据信息,而在于对这些

---

① 耿会君.管理信息系统 [M].北京:电子工业出版社,2018.

含有意义的数据进行专业化处理。换而言之,如果把大数据比作一种产业,那么这种产业实现盈利的关键,在于提高对数据的"加工能力"。通过"加工"实现数据的"增值"。

从技术上看,大数据与云计算的关系就像一枚硬币的正反面一样密不可分。大数据必然无法用单台的计算机进行处理,必须采用分布式架构。它的特色在于对海量数据进行分布式数据挖掘。但它必须依托云计算的分布式处理、分布式数据库和云存储、虚拟化技术。

大数据需要特殊的技术,以有效地处理大量数据。适用于大数据的技术,包括大规模并行处理(MPP)数据库、数据挖掘、分布式文件系统、分布式数据库、云计算平台、互联网和可扩展的存储系统。

大数据最小的基本单位是 bit,按顺序给出所有单位: bit、B、KB、MB、GB、TB、PB、EB、ZB、YB、BB、NB、DB。

它们按照进率 1 024(2^{10})来计算:

1 B=8bit

1 KB=1 024 Bytes=8 192 bit

1 MB=1 024 KB=1 048 576 B

1 GB=1 024 MB=1 048 576 KB

1 TB=1 024 GB=1 048 576 MB

1 PB=1 024 TB=1 048 576 GB

1 EB=1 024 PB=1 048 576 TB

1 ZB=1 024 EB=1 048 576 PB

1 YB=1 024 ZB=1 048 576 EB

1 BB=1 024 YB=1 048 576 ZB

1 NB=1 024 BB=1 048 576 YB

1 DB=1 024 NB=1 048 576 BB

大数据中的"大"是指数据规模,大数据一般指在 10 TB 规模以上的数据量。大数据同过去的海量数据有所区别,其基本特征可以用 4 个 V 来总结(Volume、Variety、Value 和 Velocity),即体量大、多样性、价值密度低、速度快。

① Volume。PB 化将是比较常态的情况。非结构化数据的超大规模和增长占总数据量的 80% ~ 90%,比结构化数据增长快 10 ~ 50 倍,是传统数据仓库的 10 ~ 50 倍。

② Variety。海量数据有不同格式,包括结构化、半结构化和非结构化,且这些数据化的处理方式区别比较大。数据类型繁多,如网络日志、视频、图片、地理位置信息等。

③ Value。大量的不相关信息,不经过处理则价值较低,属于价值密度低的数据。以视频为例,连续不间断监控过程中,可能有用的数据仅仅有一两秒。

④ Velocity。因为数据化会存在时效性,需要快速处理,并得到结果。

大数据包括结构化、半结构化和非结构化数据,非结构化数据越来越成为数据的主要部分。据 IDC 的调查报告显示:企业中 80% 的数据都是非结构化数据,这些数据每年都按指数增长 60%。

大数据主要有数据采集、数据存储、数据管理和数据分析与挖掘技术等。

①数据采集。ETL 工具负责将分布的、异构数据源中的数据(如关系数据、平面数据文件等)抽取到临时中间层后进行清洗、转换、集成,最后加载到数据仓库或数据集市中,成为联机分析处理、数据挖掘的基础。

②数据存取。关系数据库、NoSQL、SQL 等。

③数据管理。自然语言处理技术。

④统计分析。假设检验、显著性检验、差异分析、相关分析、多元回归分析、逐步回归、回归预测与残差分析等。

⑤数据挖掘。分类(Classification)、估计(Estimation)、预测(Prediction)、相关性分组或关联规则(Affinity Grouping or Association Rules)、聚类(Clustering)、描述和可视化(Description and Visualization)、复杂数据类型挖掘(Text、Web、图形图像、视频、音频等)。

大数据在很多领域都有应用。

①电商行业。电商行业是最早利用大数据进行精准营销的,它根据客户的消费习惯提前生产资料、物流管理等,有利于精细社会大生产。由于电商的数据较为集中,数据量足够大,数据种类较多,因此未来电商数据应用会有更大的空间,包括预测流行趋势、消费趋势、地域消费特点、客户消费习惯,各种消费行为的相关度,消费热点,影响消费的重要因素等。

②金融行业。大数据在金融行业应用范围是比较广的,它更多应用于交易,现在很多股权的交易都是利用大数据算法进行,这些算法越来越多地考虑了社交媒体和网站新闻来决定在未来几秒内是买入还是卖出。

③医疗行业。医疗机构无论是病理报告,治愈方案还是药物报告等方面的数据都比较庞大,众多病毒、肿瘤细胞都处于不断进化的过程,诊断时对疾病的确诊和治疗方案的确定是很困难的,而未来,可以借助大数据平台收集不同病例和治疗方案,以及病人的基本特征,可以建立针对疾病特点的数据库。

④改善城市。大数据还被应用于改善城市。例如,基于城市实时交

通信息、利用社交网络和天气数据来优化最新的交通情况。目前很多城市都在进行大数据的分析和试点。

⑤改善安全和执法。大数据现在已经广泛应用到安全执法的过程当中。企业应用大数据技术进行防御网络攻击;警察应用大数据工具进行捕捉罪犯。

在传统领域,大数据同样将发挥巨大作用:帮助农业根据环境气候土壤作物状况进行超精细化耕作;在工业生产领域全盘把握供需平衡,挖掘创新增长点;在交通领域实现智能辅助乃至无人驾驶;在能源产业将实现精确预测及产量实时调控。

个人的生活数据将被实时采集上传,在饮食、健康、出行、家居、医疗、购物、社交方面,大数据服务将被广泛运用并对用户生活质量产生革命性的提升,一切服务都将以个性化的方式为每一个用户量身定制,为每一个行为提供基于历史数据与实时动态的智能决策。

1.3.3 人工智能

从学科角度定义:人工智能(学科)是计算机科学中设计和应用智能机器的一个分支。其主要目标在于研究用机器来模拟和执行人脑的某些智力功能,并开发相关理论和技术。

从能力角度定义:人工智能(能力)是智能机器所执行的通常与人类智能有关的智能行为,如判断、推理、证明、识别、感知、理解、通信设计、思考、规划、学习和问题求解等思维活动。

人工智能的研究是高度技术性和专业的,各分支领域都是深入且各不相通的,因而涉及范围极广。人工智能学科研究的主要内容包括知识表示、自动推理和搜索方法、机器学习和知识获取、知识处理系统、自然语言理解、计算机视觉、智能机器人、自动程序设计等。

①知识表示是人工智能的基本问题之一,推理和搜索都与表示方法密切相关。常用的知识表示方法有逻辑表示法、产生式表示法、语义网络表示法和框架表示法等。

②常识为人们所关注,并已提出多种方法,如非单调推理、定性推理就是从不同角度来表达常识和处理常识的。

③问题求解中的自动推理是知识的使用过程,由于有多种知识表示方法,相应地有多种推理方法。推理过程一般可分为演绎推理和非演绎推理。谓词逻辑是演绎推理的基础。结构化表示下的继承性能推理是非演绎性的。由于知识处理的需要,近几年来提出了多种非演绎的推理方

法,如连接机制推理、类比推理、基于示例的推理和受限推理等。

④搜索是人工智能的一种问题求解方法,搜索策略决定着问题求解的一个推理步骤中知识被使用的优先关系。可分为无信息导引的盲目搜索和利用经验知识导引的启发式搜索。启发式知识常由启发式函数来表示。启发式知识利用得越充分,求解问题的搜索空间就越小。

⑤机器学习是人工智能的另一重要课题。机器学习是指在一定的知识表示意义下获取新知识的过程,按照学习机制的不同,主要有归纳学习、分析学习、连接机制学习和遗传学习等。

⑥知识处理系统主要由知识库和推理机组成。当知识库存储系统中的知识量较大而又有多种表示方法时,知识的合理组织与管理很重要。推理机在问题求解时,规定使用知识的基本方法和策略,推理过程中为记录结果或通信需设数据库或采用黑板机制。如果在知识库中存储的是某一领域(如医疗诊断)的专家知识,则这样的知识系统称为专家系统。为适应复杂问题的求解需要,单一的专家系统向多主体的分布式人工智能系统发展,这时知识共享、主体间的协作、矛盾的出现和处理将是研究的关键问题。

1.3.4 虚拟化技术

虚拟化是一种资源管理技术,是将计算机的各种实体资源,如服务器、网络、内存及存储等,予以抽象、转换后呈现,打破实体结构间的不可切割的障碍,使用户可以比原本的组态更好的方式应用这些资源[①]。这些资源的虚拟部分不受现有资源的架设方式、地域或物理组态限制。一般指的虚拟化资源包括计算能力和资料存储。在实际的生产环境中,虚拟化技术主要用来解决高性能的物理硬件产能过剩和老旧硬件产能过低的重组重用,透明化底层物理硬件,从而最大化利用物理硬件[②]。

虚拟化技术与多任务以及超线程技术是完全不同的。多任务是指在一个操作系统中多个程序一起运行。虚拟化技术可以同时运行多个操作系统,而且每一个操作系统有多个程序运行,每一个操作系统都运行在一个虚拟的 CPU 或者是虚拟主机上;而超线程技术只是单 CPU 模拟成双 CPU 来平衡程序运行性能,这两个模拟的 CPU 是不能分离的,只能协同工作。CPU 的虚拟化技术可以单 CPU 模拟多 CPU 并行,允许一个平台

---

① 付海鸿,胡军武.医学影像信息学[M].北京:人民卫生出版社, 2016.
② 刘邦桂.服务器配置与管理 Windows Server 2012[M].北京:清华大学出版社,2017.

同时运行多个操作系统,并且应用程序都可以在相互独立的空间内运行,互不影响,从而显著提高计算机的工作效率。虚拟化是云计算非常关键的技术,将虚拟化技术应用到云计算平台,可以获得更良好的性能。

虚拟化技术可以分为平台虚拟化、资源虚拟化和应用程序虚拟化三类。通常所说的虚拟化主要是指平台虚拟化技术,是针对计算机和操作系统的虚拟化。通过使用控制程序,隐藏特定计算机平台的实际物理特性,为用户提供抽象的、统一的、模拟的计算机环境。虚拟机中运行的操作系统被称为客户机操作系统,运行虚拟机的真实系统称为主机系统。资源虚拟化主要针对特定资源,如内存、存储、网络资源等。应用程序虚拟化包括仿真、模拟、解释技术等。

未来虚拟化的发展将是多元化的,包括服务器、存储、网络等更多的元素,用户将无法分辨哪些是虚,哪些是实。虚拟化将改变目前的传统IT 架构,而且将互联网中的所有资源全部连在一起,形成一个大的计算中心。

1.3.5 物联网技术

物联网的理念最早出现于比尔·盖茨 1995 年所写的《未来之路》一书。1999 年,美国 Auto-ID 实验室首先提出了"物联网"的概念,即把所有物品通过射频识别等信息传感设备与互联网连接,实现智能化识别和管理。2005 年,国际电信联盟对物联网的概念进行了拓展,提出任何时间、任何地点、任何物体之间的互联,无所不在的网络和无所不在的计算的发展蓝图。例如,当司机操作失误时,汽车会自动报警;公文包会提醒主人忘带了什么东西等。物联网的基础和核心依然是互联网,是在互联网基础上延伸的网络,强调的是物与物、人与物之间的信息交互和共享。

物联网就是"物物相连的互联网",是将物品的信息(各类型编码)通过射频识别、传感器等信息采集设备,按约定的通信协议和互联网连接,进行信息交换和通信,使物品的信息实现智能化识别、定位、跟踪、监控和管理的一种网络。

物联网的体系结构由感知层、网络层、应用层组成。感知层主要实现感知功能,包括信息采集、捕获和物体识别。网络层主要实现信息的传送和通信[1]。应用层主要包括各类应用,如监控服务、智能电网、工业监控、绿色农业、智能家居、环境监控、公共安全等。全面感知、可靠传递和智能控制是物联网的核心能力。

---

[1]　黄以宝,张汉省,吴长虹.计算机应用基础[M].天津:天津科学技术出版社,2018.

物联网用途广泛,遍及智能交通、环境保护、政府工作、公共安全、智能消防、工业监测、路灯照明管控、景观照明管控、楼宇照明管控、广场照明管控、老人护理、花卉栽培、水系监测、食品溯源、敌情侦察和情报搜集等多个领域。

1.4 计算机网络工程与信息系统集成

社会的发展使得计算机信息系统的应用越来越广泛,众多的企事业单位和社会团体建立了基于计算机的信息系统。各个单位都有自己的行业特点,从工厂的生产销售管理系统到证券市场的证券管理系统,从政府的办公系统到医疗单位的管理系统,不同的系统在功能上区别很大,但是把信息系统建立在计算机网络上已成为一种趋势和基本要求。信息系统集成的目标,就是规范地为各种单位的应用设计和实施计算机信息系统。而计算机网络工程是信息系统集成的基本内容。

1.4.1 计算机信息系统的结构

现代的计算机信息系统具有随时给用户提供大量信息,支持用户间信息直接交互的功能。信息系统可分成布线系统、网络连接、操作系统、应用服务软件、应用软件、系统管理和系统安全等几个模块。

网络平台处在信息系统的最下面,是信息系统的基础,包括了网络连接和综合布线系统两部分,为信息系统提供通信服务。目前常用的通信媒体有双绞线、同轴电缆、光纤等[①]。网络可分为局域网(LAN)、广域网(WAN)和接入网等类型。局域网目前大多选择以太网技术和设备,如集线器、交换机、路由器等。整个网络平台可以全部由以太网技术构成,也可以由各种网络技术混合组成。

在网络平台上集成了 TCP/IP 协议栈,形成了传输平台。TCP/IP 协议栈往往包含在操作系统内。常用的操作系统有 Windows、UNIX、Linux、NetWare、DOS 等。运行操作系统的设备有服务器、工作站、终端、磁盘阵列等。

在传输平台的基础上集成了应用服务软件,如 TCP/IP 协议栈上常规的应用服务 WWW、FTP、DNS、E-mail 等,数据库管理系统(DBMS)群件,

---

① 田立勤,张巧红.网络工程技术教程[M].徐州:中国矿业大学出版社,2007.

支撑软件以及开发工具(包括语言)等软件。这些软件构成了系统平台。常用的 DBMS 有 Informix、SQL、Oracle、DB2 等,群件则有 Lotus Notes、Exchange 等。

在系统平台上进行应用开发后形成了应用软件层,从而构成信息处理系统。常规的应用软件有办公自动化系统(OA)、管理信息系统(MIS)、辅助决策系统(DSS)以及信息发布和查询等。现代网络应用软件包括了诸多网络多媒体应用(如电视会议、广播电视、IP 电话和 IP 可视电话)以及电子商务等。

在基于网络的信息系统中,为了了解、维护和管理整个系统的运行,必须配置相应的软硬件进行系统管理。系统管理包括网络和应用管理两部分内容。网络管理的对象主要是网络平台所涉及的软硬件设备,负责网络平台故障、效能和配置的管理。应用管理比较复杂,其对象是系统服务和应用服务,涵盖了故障管理、效能管理、配置管理、安全管理和记账管理 5 个方面。

计算机信息系统的组成日益复杂,多厂商、跨技术领域的系统环境,管理制度、文化背景的不同,使得系统管理的难度越来越大,任何厂商都难以提供一个产品化的完整的管理方案。因此,需要有针对用户的、基于标准管理框架的软硬件构成系统管理模块。

对于计算机信息系统,安全问题至关重要。计算机信息系统内有可能存放着政府的机密数据、企业的商业机密、个人的隐私等,因此,安全问题是不同层次的用户共同关心的问题。在技术上,从底层的网络平台直到应用系统均存在安全问题,因此需要采取相应的安全措施,保护重要数据的安全。为了保障信息系统的数据安全,可采取的安全措施包括数据的软硬件加密、防火墙、访问控制、认证、防病毒和数据备份等。安全不仅仅是技术问题,还涉及社会环境、法律、心理等方面的问题。

1.4.2 信息系统的集成

所谓集成,就是把各个独立部分组合成具有全新功能的、高效和统一的整体的过程。系统集成则是指在系统工程学的指导下,提出系统的解决方案,将部件或子系统综合集成,形成一个满足设计要求的自治整体的过程①。系统集成是一种指导系统规划、实施的方法和策略,体现了改善系统性能的目的和手段。

---

① 张卫.局域网组网理论与实践教程[M].成都:电子科技大学出版社,2001.

信息系统的集成在计算机领域已成为提供整体解决方案,提供整套设备,提供全面服务的代名词。系统集成的任务可以分成以下 4 个层次。

1.4.2.1 应用功能的集成

应用功能的集成是指将用户的实际需求和应用功能在同一系统中加以实现。常见的应用需求有信息查询、检索、信件收发、数据分析等。用户通过应用功能是否实现来判定系统建设的成败。因此,应用功能的集成反映了系统集成者对用户系统建设目标的理解,同时也直接影响到后续层次的集成。应用功能的集成是在系统需求分析、系统设计及应用软件开发等阶段完成的,最终通过应用软件和支撑环境实现。

1.4.2.2 支撑系统的集成

支撑系统的集成是指为了实现用户的应用需求和功能而必须建立的支撑环境的集成。例如,用户需要远程查询功能,系统集成者不仅要为用户提供远程访问的通信手段,而且还要建立供查询使用的查询信息库和相应的服务器。于是,系统就应建立 3 个支持系统:网络平台、数据库平台和服务器平台,这 3 个平台又共同组成了远程查询应用的支撑平台。

支撑环境可分为两大部分:一部分是直接为应用软件的开发提供开发工具和环境的软件开发平台;另一部分用于实现数据处理、数据传输和数据存储,即由服务器平台、网络平台及数据库平台共同构建的基础支撑平台。这 3 个平台是现代信息系统建设过程中必不可少的部分,往往需要投入较多资金。支撑环境的集成难点主要表现为,如何使不同的平台能够协调一致地工作,使系统整体性能达到优良。

1.4.2.3 技术集成

无论是功能目标及需求的实现,还是支撑系统之间的集成,实际上都是通过各种技术之间的集成来实现的。例如,在网络平台的建设过程中,往往不仅需要局域网技术,还需要广域网技术;不仅需要数据通信技术,还需要多媒体通信技术;甚至在一个局域网环境中,往往也集成了 10 Mbps、100 Mbps、1 Gbps 以太网技术、交换以太网技术和 ATM 技术等。又如,在信息系统平台中,有可能需要以客户机/服务器为主的结构和浏览器/服务器访问方式的集成;在操作系统平台上会有 UNIX 或者 Windows Server 2003 等其他操作系统的集成。

　　以上是在同一支撑平台上不同技术的集成问题,即使在不同平台之间,技术集成的问题也大量存在。例如,异种机网络互连就是服务器平台与网络平台集成过程中的典型技术集成问题。

　　技术集成是系统集成的核心。作为系统集成者,必须熟知各种技术及相应的产品。此外,还要有把握总体技术集成的能力和具体实施的方法。

1.4.2.4 产品集成

　　产品集成是系统集成最终、最直接的体现形式,是指把不同类型、不同厂商、能实现不同应用目的的计算机设备和软件,依照设计要求有机地组合在一起。应用功能、支撑系统和技术的集成最终都将落实在具体产品和设备的集成上[①]。例如,要实现交换以太网技术,就要选择能支持该技术的产品设备;要实现远程查询功能,就要选择可支持远程拨号能力的网络产品和操作系统。

　　产品集成首先要建立在上述 3 个层次集成的调查、设计的基础上;其次,对所集成的设备或产品要有深入、透彻的了解,最好有这些产品的集成经验,至少应使用过同类产品。系统集成者应掌握各种厂商的众多产品,一般来讲,掌握的产品设备越多,系统集成能力就越强[②]。

1.4.3 计算机网络工程的特点

　　作为网络平台和传输平台的计算机网络由网络结构、网络设备、网络服务器、网络工作站、综合布线、网络操作系统等子系统组成。计算机网络工程就是使用系统集成的方法,根据建设计算机网络的目标和网络设计原则将计算机网络的技术、功能、子系统集成在一起,为信息系统构建网络平台、传输平台和基本的网络应用服务。计算机网络的建设已经进入了系统化和工程化时代。

　　计算机网络的建设涉及网络的需求分析、设计、施工、测试、维护和管理等方面。进行网络建设时,首先要进行详细的需求调查和分析,了解网络上必要的应用服务和预期的应用服务,确定网络系统的目标和设计原则。就一项工程而言,按用户的需求,有时需要分阶段进行,即存在工程的近期目标和远期目标。这时必须明确各个阶段的建设目标是什么,网络建设到怎样的规模,满足用户怎样的需求。设计原则是指导网络建设

---

① 张卫,俞黎阳.计算机网络工程[M].北京:清华大学出版社,2010.
② 张卫.局域网组网理论与实践教程[M].成都:电子科技大学出版社,2001.

的总体原则,必须根据设计目标的要求,遵循系统整体性、先进性和可扩充性等一般性原则,指导网络设计人员建立经济合理、资源优化、符合用户需求的系统设计方案。

网络设计无疑是网络建设能否成功的关键性环节。网络设计人员既要了解系统集成的一般规律,又要理解计算机网络的体系结构、协议和标准,掌握计算机网络的技术、发展的现状和趋势。这样才能够根据用户的特点设计出符合建网目标的具体施工方案,指导网络工程的实施。

计算机网络工程的基础是计算机网络技术。通过灵活应用各种网络技术,网络设计者可以依据网络用户的要求,从功能和性能两个方面设计出能满足各种需求的计算机网络。

第 2 章　网络传输介质与互连设备

　　计算机网络是用传输介质和各种互连设备将不同计算机连接在一起而组成的。在网络布线系统中使用的线缆通常分为双绞线、同轴电缆、光纤、光缆等。市场上供应的品种型号很多,工程技术人员应根据实际工程需求来选购电缆。选购线缆应考虑线缆质量、型号、品种和主要性能。本章主要对网络传输介质、物理层使用的设备、数据链路层使用的设备、网络层使用的设备和应用层使用的设备进行阐述。

2.1　网络传输介质

　　计算机网络中的传输介质主要包括有线传输介质和无线传输介质两类。有线传输介质是指在两个通信设备之间实现的物理连接部分,利用它能将信号从一方传输到另一方,有线传输介质主要有双绞线、同轴电缆和光纤。

　　无线传输介质指周围的物理空间,利用无线电波在物理空间的传播可以实现多种无线通信。在物理空间传输的电磁波根据频谱可将其分为无线电波、微波、红外线、激光等,信息被加载在电磁波上进行传输。

2.1.1　双绞线

　　双绞线是一种最廉价的传输媒体,并且易于使用。双绞线也可支持高带宽的传输,因此作为一种最主要的网络传输介质被广泛应用于计算机网络中。

2.1.1.1　双绞线工作原理

　　双绞线采用了一对互相绝缘的铜导线互相绞合在一起,形成有规则的螺旋形,来抵御一部分外界电磁波干扰,更主要的是降低自身信号的对外干扰。通常是把若干对双绞线集成一束,并且用护套外皮包住,形成了典型的双绞线电缆。把多个线对扭在一块可以使各线对之间或其他电子噪声源的电磁干扰最小。通常所说的双绞线是指由 8 芯(4 对)组成的。

2.1.1.2 双绞线类型

双绞线主要分为两大类,即屏蔽双绞线和非屏蔽双绞线。

(1)屏蔽双绞线。

屏蔽双绞线在双绞线与外层绝缘封套之间有一个金属屏蔽层。屏蔽层可减少辐射,防止信息被窃听,也可阻止外部电磁干扰的进入,使屏蔽双绞线比同类的非屏蔽双绞线具有更高的传输速率。屏蔽系统在干扰严重的环境下,不仅可以安全地运行各种高速网络,还可以安全地传输监控信号,以避免干扰带来的监控系统假信息、误动作等。对一些对传输有非常特殊要求的网络,包括涉及安全的重要信息,一定要使用屏蔽双绞线。屏蔽系统能防止电磁辐射泄漏,保证机密信息的安全传输。

(2)非屏蔽双绞线。

屏蔽双绞线是一种数据传输线,由四对不同颜色的传输线所组成,就是常用的普通电话线或数据线,广泛用于以太网络和电话线中。非屏蔽双绞线一般可以满足用户的电话业务及数据业务需求,也是物美价廉、最易于安装和使用的传输媒体。非屏蔽系统可以在普通的商务楼宇环境下稳定地工作,但不适合在对信息安全有高度要求,或者有电磁干扰的环境中。

非屏蔽双绞线具有成本低廉、柔性好、传输性能好等特点,是全世界范围内综合布线工程中应用最广泛的电缆。EIA/TIA(电子工业协会电信工业协会)按照电气性能的不同,将非屏蔽双绞线定义为 7 种类别:

①一类线。主要用于模拟语音传输(一类标准主要用于 20 世纪 80 年代初之前的电话线缆)。

②二类线。用于语音传输和最高传输速率 4 Mb/s 的数据传输。

③三类线。用于语音传输和最高传输速率为 10 Mb/s 的数据传输。

④四类线。用于语音传输和最高传输速率 16 Mb/s 的数据传输。

⑤五类线。该类电缆增加了绕线密度,外套采用一种高质量的绝缘材料,传输率为 100 MHz,用于语音传输和最大传输速率为 100 Mb/s 的数据传输,主要用于 100 BASE-T 和 1000BASE-T 网络。在五类线与六类线之间定义了超五类线,在五类双绞线的基础上,增加了额外的参

数(ps NEXT、ps ACR),性能也得到一定程度的提升,但传输速率仍为 100 Mb/s。这是最常用的以太网电缆。

⑥六类线。在物理上与超五类不同,线对与线对之间是分隔的,传输的速率为 250 Mb/s,其标准已于 2002 年 6 月 5 日通过。

⑦七类线。七类线是一种 8 芯屏蔽线,每对都有一个屏蔽层(一般为金属箔屏蔽),然后 8 根线芯外还有一个屏蔽层(一般为金属编织丝网屏蔽),接口与现在的 RJ-45 不兼容。七类系统可以说是一种全新的系统,支持万兆以太网及未来的 40G 或 100G 以太网:国际上只对 CAT7 有所定义,但美国的 Siemon 公司已宣布开发出了 CAT8。

七类线的带宽为 600 MHz,最高传输频率为 600 ~ 1 000 MHz。七类线一般采用皮 - 泡沫 - 皮单线结构,对缆芯进行二次屏蔽,即总屏蔽(一般为金属编织丝网屏蔽)+ 线对屏蔽(一般为金属箔屏蔽),也就是增加铝箔或编织,实现了线对单独铝 / 聚酯箔状屏蔽,整体镀锡铜网屏蔽。

通常主要使用超五类线、六类线作为语音或数据传输系统。六类非屏蔽双绞线可以非常好地支持千兆以太网,并实现 100 m 的传输距离。六类双绞线虽然价格较高,但由于与超五类布线系统具有非常好的兼容性,且能够非常好地支持 1000BASE-T,所以正逐渐成为主流产品。七类线是一种新的双绞线产品,性能优异,但目前价格较高,施工复杂且可选择的产品较少,目前使用较少。

2.1.2 同轴电缆

同轴电缆以硬铜线为芯,外包一层绝缘材料,其内部的铜芯主要用于实现信号的传输;屏蔽层通常由金属丝编织网构成,以实现与外界电缆干扰的隔离,同时防止外界电磁场对铜芯上传输信号的干扰;内部绝缘层主要隔离铜芯与屏蔽层;外部绝缘层较厚并具有较好的弹性 [1]。

同轴电缆可分为粗缆和细缆两种,粗缆用于较大型局域网的构建,具有通信距离长、可靠性较高等优点;细缆主要应用于总线型局域网的建设,成本低、安装方便。

同轴电缆主要应用于总线型计算机网络。采用同轴电缆构建总线型网络时,还需要 50 终结器、T 型头。

终结器:通信时,电信号在同轴电缆(总线)上传播,终结器装在电缆的两端,可以吸收掉传播到电缆的两端的电磁波,否则这些电磁波会反射

---

[1]　陈明,张永斌 . 网络概论 [M]. 北京:北京理工大学出版社,2014.

回来,对正常的电信号造成干扰,使得通信失效。终结器的阻抗为 50 Ω。

T 型头:电缆从 T 型头穿过,而 T 型头中有一针状导体,拧紧之后可以扎破电缆的保护套、绝缘层,而与电缆导体相接。另一端与计算机的网络适配器相连,电缆中的电信号就可以通过 T 型头、网络适配器传送到计算机中。

BNC 头:用同轴电缆连接两台计算机或其他设备时,可以使用 BNC 头。

2.1.3 光纤

2.1.3.1 光纤结构

光纤是光导纤维的简称,是一种由玻璃或塑料制成的纤维,是一种常用的通信传输媒介。光纤是一种细小、柔韧并能传输光信号的介质。利用光纤作为传输介质的通信方式叫光通信,是一种传输频带宽、通信容量大、传输损耗低、中继距离长、抗电磁干扰能力强、无串话干扰和保密性好的传输介质

在局域网或广域网组网工程布线构建中,光缆是一种主要使用的综合布线材料。一根光缆包含有多条光纤,比较常见的有 4 芯、8 芯、12 芯、24 芯、48 芯、96 芯甚至更大芯数的光缆。光缆最核心的部分是它所包含的纤芯,纤芯通常是石英制成的横截面积很小的双层同心圆柱体,质地脆、易断裂。纤芯外面包围着一层折射率比芯线低的玻璃封套作为包层,以使光纤保持在芯内。在实际组网工程时所用到的光纤都已经加装了保护套层,以形成一个保护外壳,以增强光缆的机械抗拉强度,有利于在实际布线中使用。

2.1.3.2 光纤分类

(1)按传输点模数分类。

按传输点模数分类,光纤可分为单模光纤(Single Mode Fiber)和多模光纤(Multi Mode Fiber)。

①单模光纤是指只能传输一个模式,光线以直线形状沿纤芯中心轴线方向传播的光纤。这种光纤的信号畸变很小,传输的带宽大、距离远。常用单模光纤的直径一般为 125 μm,芯为 8.3 μm 左右。在单模光纤中,因只有一个模式传播,不存在模间色散,具有较大的传输带宽,并且在 1 310 nm 波长区的损耗约 0.4 dB/km,在 1 550 nm 波长区的损耗约 0.3 dB/km,因损耗较低而被广泛应用于高速长距离的光纤通信系统中。

使用单模光纤时,色度色散是影响信号传输的主要因素,这样单模光纤对光源的谱宽和稳定性都有较高的要求,即谱宽要窄,稳定性要好。单模光纤一般必须使用半导体激光器激励。

②多模光纤是在给定的工作波长上,能以多个模式同时传输的光纤。常用多模光纤的直径也为 125 μm,其中芯径一般为 50 μm 和 62.5 μm 两种。在多模光纤中,可以有数百个光波模在传播。多模光纤一般工作于短波长(0.8 μm)区,损耗与色散都比较大,带宽较小,适用于低速短距离光通信系统中。多模光纤的优点在于其具有较大的纤芯直径,可以用较高的耦合效率将光功率注入多模光纤中。多模光纤一般使用发光二极管(LED)激励。

（2）按折射率分布分类。

按折射率分布分类,光纤可分为跳变式光纤和渐变式光纤。跳变式光纤纤芯的折射率和保护层的折射率都是一个常数。在纤芯和保护层的交界面,折射率呈阶梯型变化。渐变式光纤纤芯的折射率随着半径的增加按一定规律减小,在纤芯与保护层交界处减小为保护层的折射率。纤芯的折射率的变化近似于抛物线 ①。

国际上单模光纤的标准是 ITU–TG.652 "单模光纤和光缆特性";多模光纤的标准主要是 ITU–T 的 G651 "50/125 μm 多模渐变折射率光纤和光缆特性"。我国的光纤标准包括国家标准 GB/T 15912 系列和信息产业部颁布的通信行业标准 YD/T 系列。关于光纤详细的性能参数,在实际工作中用到时建议查阅相关国际标准和国内标准,有利于合理选用单模和多模光纤。

2.1.4　光缆

光纤是一种传输光束的细微而柔韧的传输介质。光缆由一捆纤芯组成,是数据传输中最有效的一种传输介质。光缆一般可以按以下方式分类。

（1）按敷设方式分有:自承重架空光缆、管道光缆、铠装地埋光缆和海底光缆。

（2）按光缆结构分有:束管式光缆、层绞式光缆、紧抱式光缆、带式光缆、非金属光缆和可分支光缆。

（3）按用途分有:长途通信用光缆、短途室外光缆、混合光缆和建筑物内用光缆。

---

① 　陈明 . 计算机网络概论 [M]. 北京：中国铁道出版社, 2012.

这些光缆使用不同的光纤作为纤芯，并采用不同的方法制成各种各样的光缆。光缆常见的有 GYTA 光缆、GYTS 光缆、GYXY 光缆、GYTA53光缆、GYTY53 光缆等多种单模或多模光缆，如 GYTA 是一种松套层绞式非铠装光缆，属于室外光缆，可管道可架空。

2.1.5 无线通信传输介质

有线传输并不是在任何条件下都能实现。例如，通信线路要通过一些高山、岛屿或公司临时在一个场地做宣传而需要连网时这样就很难施工，而且代价较大。因此，无线传输能起到较好的替补作用。另外一方面，随着 5G 通信、无线网络技术的发展，无线传输也得到了前所未有的发展。

无线通信传输介质主要有无线电波、微波、红外线或其他无线电波、蓝牙技术等，它们具有较高的通信频率，理论上可以达到很高的数据传输速率。

2.1.5.1 无线电短波

无线电短波的信号频率低于 100 MHz，它主要靠电离层的反射来实现通信，而电离层的不稳定所产生的衰落现象和电离层反射所产生的多径效应使得短波信道的通信质量较差。因此，当必须使用短波无线电台传输数据时，一般都是低速传输，速率为一个模拟话路每秒传几十至几百比特。只在采用复杂的调制解调技术后，才能使数据的传输速率达到每秒几千比特。

短波通信是指波长在 100 m 以下，10 m 以上的电磁波，其频率为 3 ~ 30 MHz。其电波通过高层大气的电离层进行折射或反射而回到地面，又由地面反射回电离层，可以反射多次，因而传播距离很远（几百至上万千米），而且不受地面障碍物阻挡，从而实现远距离通信。由于电离层的高度和密度容易受昼夜、季节、气候等因素的影响，所以短波通信的稳定性较差，噪声较大。它广泛应用于电报、电话、低速传真通信和广播等方面。

2.1.5.2 微波

微波通常是指波长在 1 mm ~ 1 m（不含 1 m 的电磁波，对应的频率范围为：300 MHz ~ 300 GHz，它介于无线电波和红外线之间。微波通信不需要固体介质，当两点间直线距离内无障碍时就可以使用微波传送。

微波是一种定向传播的电波,收发双方的天线必须对应才能收发信息,即发送端的天线要对准接收端,接收端的天线要对准发送端。

我国微波通信广泛应用 L、S、C、X 等频段,K 频段的应用尚在开发之中。由于微波的频率极高,波长又很短,其在空中的传播特性与光波相近,也就是直线前进,遇到阻挡就被反射或被阻断,因此微波通信的主要方式是视距通信,超过视距以后需要中继转发。一般说来,由于地球球面的影响以及空间传输的损耗,每隔 50 km 左右,就需要设置中继站,将电波放大转发而延伸。这种通信方式,也称为微波中继通信或称微波接力通信。长距离微波通信干线可以经过几十次中继而传至数千米仍可保持很高的通信质量。

利用微波进行通信具有容量大、质量好并可传至很远距离的优点,因此是国家通信网的一种重要通信手段,也普遍适用于各种专用通信网。

2.1.5.3　红外线

红外是一种无线通信方式,由国际红外数据协会(IrDA)提出并推行,可以进行无线数据的传输。自 1974 年发明以来,得到普遍应用,如红外线鼠标、红外线打印机、红外线键盘等。红外使用 850 nm 的红外光来传输数据和语音,已广泛地使用在笔记本电脑、移动电话、PDA 等移动设备中。红外线被广泛应用于室内短距离通信。

红外技术的主要特点有:利用红外传输数据,无须专门申请特定频段的使用执照;具有设备体积小、功率低的特点;由于采用点到点的连接,数据传输所受到的干扰较小,数据传输速率高,速率可达 16 Mb/s,称之为超高速红外(VIFR)。

由于红外技术使用红外线作为传播介质。红外线是波长在 0.75 ~ 1 000 μm 的无线电波,是人用肉眼看不到的光线。红外数据传输一般采用红外波段内波长在 0.75 ~ 25 μm 的近红外线。国际红外数据协会成立后,为保证不同厂商基于红外技术的产品能获得最佳的通信效果,规定所用红外波长在 0.85 ~ 0.90 μm,红外数据协会相继也制定了很多红外通信协议,有些注重传输速率,有些则注重功耗,也有二者兼顾的。

随着科学的进步,红外技术已经逐渐在退出市场,逐渐被 USB 连线和蓝牙所取代,红外技术发明之初短距离无线连接的目的已经不如直接使用 USB 线和蓝牙方便,所以,市场上带有红外线收发装置的机器会逐步退出人们的视线。

2.1.5.4 蓝牙技术

蓝牙技术（Bluetooth）是无线数据和语音传输的开放式标准,它将各种通信设备、计算机及其终端设备、各种数字数据系统、甚至家用电器采用无线方式连接起来。它的传输距离为 10 cm ~ 10 m,如果增加功率或是加上某些外设便可达到 100 m 的传输距离。它采用 2.4 GHz ISM 频段和调频、跳频技术,使用权向纠错编码、ARQ、TDD 和基带协议。蓝牙支持 64 kbit/s 实时语音传输和数据传输,语音编码为 CVSD,发射功率分别为 1 mW、2.5 mW 和 100 mW,并使用全球统一的 48 bit 的设备识别码。由于蓝牙采用无线接口来代替有线电缆连接,具有很强的移植性,并且适用于多种场合,加上该技术功耗低、对人体危害小,而且应用简单、容易实现,所以易于推广。

2.2　物理层使用的设备

物理层使用的网络设备有：中继器、集线器、调制解调器。

2.2.1 中继器

中继器（Repeater）工作在物理层,适用于完全相同的两类网络的互联,主要功能是通过信号进行再生和还原,对数据信号重新发送或者转发,实现扩大网络传输距离的目的。因此,在局域网中,中继器可以用来扩展局域网的网段长度。

信号在线路上传输时,由于存在损耗,信号的功率会逐渐衰减,衰减到一定程度时将造成信号失真,会导致接收错误。中继器连接在两段线路之间,在物理层上按位传递信息,完成信号的复制,对衰减的信号进行放大和调整,保持与原数据相同,从而延长网络的长度。

中继器的作用是增加局域网的覆盖区域。例如,传统的以太网标准规定单段同轴电缆的最大长度为 500 m,但利用中继器连接 4 段电缆后,以太网中信号传输电缆最长可达 2 000 m。有些中继器可以连接不同物理介质的电缆段,如细同轴电缆和光缆。

中继器不能对传输的数据进行理解和识别（解析）,只会将电缆段上的任何数据发送到另一段电缆上,而不管数据中是否有错误数据或不适于网段的数据。

优点：

（1）扩大了通信距离。

（2）增加了局域网中节点的最大数目。

（3）各个网段可使用不同的通信速率。

（4）提高了可靠性。当网络出现故障时，一般只影响个别网段。

（5）性能得到改善，由于信号功率增强，差错率会降低。

（6）对高层协议完全透明，即高层协议工作时不用考虑中继器的存在。

（7）安装简单、使用方便、价格相对低廉。

缺点：

（1）由于中继器需要对收到的衰减的信号进行再生，并转发出去，因而增加了时延。

（2）当网络上的负荷很重时，可能会因中继器中缓冲区的存储空间不够而发生溢出，以致产生帧丢失的现象。

（3）中继器若出现故障，对相邻两个子网的工作都将产生影响。

2.2.2 集线器

集线器可以视作多端口的中继器，主要工作在物理层，也含有数据链路层的内容。主要功能是对接收到的信号进行再生整形放大，以扩大网络的传输距离。集线器在局域网中的连接，是把所有用户节点连接在以它为中心的节点上。

集线器是一个共享型设备，如一个 8 端口的 10 M 集线器，可以连接八个用户节点，则 8 个用户设备共享 10 M 带宽。同时，它又是共享线路的，转发数据是没有针对性的，采用广播方式发送，也就是说当它要向某节点转发数据时，不是直接把数据转发到目的节点，而是把数据包转发到与集线器相连的所有节点，因此，由集线器连接的网络只能采用半双工的通信方式。多个节点同时发送数据会发生冲突，集线器采用 CSMA/CD 协议来处理冲突，CSMA/CD 协议属于数据链路层。

2.2.3 调制解调器

调制解调器来源于英文术语（Modulator/Demodulator），它是一种翻译器，用于将计算机输出的原始数字信号转换成模拟信号的设备称为调制器；从已调制的信号恢复为数字信号的过程称为解调，相应的设备称为解调器。调制器和解调器合起来称为调制解调器。

　　调制解调器是个人计算机联网中的一个非常重要的设备。在个人计算机联网中,经常需要将分布在不同区域的数据装置连接起来,以实现数据的传输。但在这些远程连接中,不同数据装置的空间距离很远,实际操作中很难为它们铺设专用的通信通道,于是人们把眼光放在了早已遍布全球的电话网上,基于双绞铜线的 xDSL(数字用户线)技术也随之迅速发展起来。调制解调器把计算机产生出来的信息翻译成可沿普通电话线传送的模拟信号,这些模拟信号在线路的另一端由另一台调制解调器接收,并译成接收计算机可理解的语言。在我国使用的是不对称数字用户线 ADSL 和 HDSL。其中 ADSL 使用由负载电话线提供高速数字接入的传输技术,可在现有任意双绞线上传输,误码率低,下行速率可达 8 Mb/s,行速率可达 640 kb/s 或 1 Mb/s[①]。

2.3　数据链路层使用的设备

　　数据链路层使用的网络设备有:网桥、网卡、交换机。

2.3.1 网桥

　　网桥也叫桥接器,是连接不同物理层的局域网的一种存储/转发设备。扩展局域网最常见的方法是使用网桥,它能将一个大的 LAN 分割为多个网段,或将两个以上的 LAN 互联为一个逻辑 LAN,使逻辑 LAN 上的所有用户都能通信。

2.3.1.1 网桥的工作原理

　　网桥在数据链路层进行数据的存储和转发,数据链路层的数据传输单元是帧。网桥从一个局域网上接收数据帧,然后判断帧中的目的地址,以便决定是否转发帧,以及在网桥的哪一个端口转发,因此网桥应了解整个互联网中各个站点的位置信息。网桥不是简单地转发信号,而是对帧存储转发,因而可以起到一定的过滤作用。此外,网桥还有隔离作用。

　　使用不同类型的网桥既可以互联相同的局域网,也可以互联不同的

---

① 　武奇生.网络与 TCP/IP 协议 [M].西安:西安电子科技大学出版社,2010.

局域网。对于具有相同 LLC 子层，而 MAC 子层不同的局域网，网桥可以进行 MAC 帧的转换，即把输入端子网的 MAC 帧转换为输出端子网的 MAC 帧并发送出去。

2.3.1.2 网桥的分类

根据网桥的路径选择算法、网桥的工作层次和网桥所能驱动的传输距离，可以将网桥分为透明桥、源路由桥、MAC 桥、LLC 桥、本地桥和远程桥几种类型。

（1）透明桥（Transparent Bridge）。

透明桥也叫生成树网桥，其基本特点是无需用户设置地址开关和装入路由表，也不必修改硬件和软件。用户在使用网络时，感觉不到网桥的存在，即对用户来说是完全透明的。这类网桥实现的基本功能是网际帧格式变换、速率匹配、网际寻址和网际路由选择等。透明网桥内部具有自学习机制，可以自动获得网络的拓扑信息。透明网桥主要用于连接不同传输介质、不同传输速率的以太网。

透明网桥的主要优点是易于安装，不作任何配置就能正常工作。它的不足在于不能充分利用网络资源，且选定的路径不一定是最佳路径。另外，在互联的网络数比较多的情况下，生成树算法可能需要较长的时间。

（2）源路由桥（Source-Route Bridge）。

源路由桥采用和透明桥不同的路径选择方案，路径选择由发送数据帧的源站负责。源站点通过广播"查找帧"的方式，获得到达目的站点的最佳路径。在每个帧中携带着这个路由信息，途径的网桥设备会从帧头中获得最佳路径，并按照这个路径将数据帧转发到目的站点。源路由桥主要用于连接 IEEE 802.5 令牌环网。

（3）MAC 桥。

MAC 桥是工作在介质访问控制（MAC）子层的网络互联设备，它只能互联具有相同 MAC 协议的同类局域网。如 IEEE 802.3 与 IEEE 802.3 或 IEEE 802.5 和 IEEE 802.5 局域网的互联。

（4）LLC 桥。

LLC 桥又称为混合桥，它作用于逻辑链路控制（LLC）子层。LLC 桥能够连接采用不同 MAC 协议的异类局域网。如 IEEE 802.3 以太网和 IEEE 802.5 令牌环网。

（5）本地网桥和远程网桥。

网桥可分为本地网桥和远程网桥。本地网桥是指在传输介质允许长度范围内互联网络的网桥；远程网桥是指连接的距离超过网络的常规范围时使用的远程桥，通过远程网桥互联的局域网将成为城域网或广域网。如果使用远程网桥，则远程网桥必须成对出现。

在网络的本地连接中，网桥可以使用内桥和外桥。内桥是文件服务的一部分，通过文件服务器中的不同网卡连接起来的局域网，由文件服务器上运行的网络操作系统来管理。外桥安装在工作站上，实现两个相似或不同网络之间的连接。外桥不运行在网络文件服务器上，而是运行在一台独立的工作站上，外桥可以是专用的，也可以是非专用的。作为专用网桥的工作站不能当普通工作站使用，只能建立两个网络之间的桥接。而非专用网桥的工作站既可以作为网桥，也可以作为工作站。

2.3.1.3 网桥的特点

网桥独立于高层协议，它具有以下特点。

（1）网桥可实现不同类型网络的互联，在不同类型的局域网之间提供协议转换功能，如以太网和令牌环网的互联。

（2）网桥可实现更大范围的网络互联，因为它工作在数据链路层，不再受 MAC 定时特性的限制，因而可互联距离较远的网络。

（3）有过滤功能，网桥可隔离要害部门的网络段，也可隔离和丢弃错误信息，以提高网络的可靠性和安全性。

（4）网桥是一种存储转发设备，它先接收整个数据帧加以缓存，再根据 MAC 地址经路由选择后再进行数据帧的转发。

（5）用网桥互联起来的网络是一个单个的逻辑网。

（6）网桥可以改善局域网的性能。以以太网为例，当一个以太网的站点很多时，产生冲突的可能性会很大，网络的吞吐率会急剧下降。

2.3.2 网卡

网卡（Network Interface Card），学名网络适配器（Network Adapter）、网络接口控制器（Network Interface Controller, NC）、局域网接收器（LAN Adapter），是计算机主板与网络通信介质相连接的网络互联设备。每张网卡在出厂时都被分配有全球唯一的 MAC 地址，因此属于数据链路层设备。不同的局域网类型有不同的网卡，比如现在普遍的以太网卡。

2.3.2.1 网卡的功能

串行 / 并行转换：网卡和通信介质之间以串行方式进行通信，而网卡和主板之间是以主板上 I/O 总线的并行方式进行通信。

实现以太网协议：比如以太网中 CSMA/CD（带冲突检测的载波监听多路访问，Carrier Sense Multiple Access with Collision Detection）协议的实现。

帧的封装与解封：接收网络层的分组数据加上首部和尾部，使之成为帧向物理层发送；接收物理层传来的帧，剥去首部和尾部使之成为分组然后送交网络层。

编码与解码：比如曼彻斯特编码与解码、差分曼彻斯特编码与解码。

2.3.2.2 网卡的种类

按照局域网类型或接口类型可分为 Ethernet 网卡（8 芯线的 RJ45 接口，但实际大多数只接 4 芯线，接网线；4 芯线的 RJ-11 接口，但大多数只接 2 芯线，接电话线）、FDDI 网卡（光纤分布数据接口，接光纤）、ATM 网卡（异步传输模式接口，接光纤或双绞线）、Toen 网卡（令牌网接口，BNC 接口接细同轴电缆、AUI 接口接粗同轴电缆）、Fiber Ethernet 网卡（光纤以太网接口，按接口类型又分为 LC、SC、FC、ST、MTRJ）等。

按照传输速率可分为 10 Mb/s 网卡（配合 3 类 UTP 使用）、100 Mb/s 网卡（配合 5 类 UTP 使用）、10/100 Mb/s 网卡、1 000 Mb/s 网卡、10 Gb/s 网卡等。

按网卡支持的总线类型可分为 ISA 网卡（多已不用）、EISA 网卡（通信速度快但价格偏贵）、PCI 网卡（台式机中主流产品）、VESA 网卡、PCMCIA 网卡（笔记本中主流产品）等。

按照计算机种类可分为标准 Ethernet 网卡（用于台式计算机）和 PCMCIA 网卡（用于笔记本电脑）。

按照网卡所接介质类型可分为有线网卡和无线网卡。

2.3.2.3 网卡的应用

以太网网卡品牌：国外的普联 TP-LINK、友讯 D-Link、英特尔和 Broadcom 博通等，国内的水星网络 MERCURY、磊科 Netcore、迅捷 FAST、必联 B-Link。

网卡质量鉴别：采用喷锡板(网卡板材为白色,而劣质网卡为黄色)、采用优质的主控制芯片(劣质网卡采用版本较老的主控制芯片)、大部分采用 SMT 贴片式元件(劣质网卡则大部分采用插件)、金手指选用镀钛金制作(节点处为圆弧形设计,劣质网卡大多采用非镀钛金节点为直角转折)。

2.3.3 交换机

网络交换技术的产生已经有一百多年的历史了,这是一种结构化的网络解决方案。交换机不是一项新的网络技术,而是计算机网络发展到高速传输阶段而出现的一种新的网络应用形式,现有网络技术通过交换设备提高了性能。

交换机是一个具有流量控制能力的多端口网桥。交换机和网桥有很多共同之处,它们都工作在数据链路层,且都基于 MAC 地址对数据进行转发。由于交换机用硬件实现交换,因此比网桥的转发速度快。

2.3.3.1 交换机的工作原理

将局域网分成若干个网段,然后用网桥将网段连接起来的本质是将冲突域变小,从而提高局域网的吞吐率。交换机可以说是这种思想的进一步发展,将局域网的冲突进一步变小。交换机的每个端口都可以视为一个冲突域。它的工作原理是通过内部交换矩阵机制将输入端送来的信息包送到输出端。当一个数据进入输入端时,它的 MAC 地址会被读取,并且被传送到与那个地址相连的端口上。若该端口处于忙碌状态,则将数据包放到一个队列中,该队列实际上是位于输入端的缓冲存储器,数据包在那里等待,直到目的输出端可以使用为止。

交换机工作在网络的第二层,它只需要通过网络第二层地址——MAC 地址,便可判断一个以太网帧该怎么处理和送到什么地方,而路由器则工作在网络的第三层,需要识别网络的第三层地址,以决定一个数据包该如何重新包装及送到哪里。

因为网络的第二层地址在每个网络设备出厂时就已固定,而且大部分局域网技术(如以太网、令牌环网、FDDI 等)都规定 MAC 地址在数据包的前端,所以交换机可迅速识别数据包从哪里来,又到哪里去,而在瞬间就可把数据包从一个网段送到另一个网段。更重要的是这个过程是以硬件实现为主的。

　　在交换机 – 服务器和交换机 – 交换机干线上，存在着包丢失的问题。一般地说，人们定义交换机是"在信息源端口和目的端口之间实现低时延、低开销的网络设备。"在给定端口提供数据时，可能会出现交换机端口十分繁忙的现象。为避免丢失数据，交换机都带有缓冲区，在处理数据之前先保存它。交换机生产厂商认为信息缓冲的最佳位置是在输入端口。用户以应用程序读取数据的速度向交换机输入数据，交换机在缓冲区中读取它。当有能力向目的端口传送时，交换机就从缓冲区提取下一个数据。但利用缓冲区并非在任何时候都合适，如果该缓冲区中信息过多，就会出现时延[①]。

　　如果交换机中不设缓冲功能，信息管理陷入资源堵塞，结果就是交换机网络运行缓慢，甚至根本不运行。

　　如果输出端口使应用程序瘫痪，可采用两种解决办法。

　　第一种是利用缓冲。如果交换机有足够缓冲区对付大量数据冲突，总的交换延迟会增加（由于缓冲延迟），但不会丢失数据。不过，如果没有抑制传输信息的手段，当数据到达端口速度超过端口速度时，就会出现缓冲区被"涨破"的情况。

　　第二种方案是将信息交换与输出端口处连接起来，在数据传输时，发送器可以看见目的端口的紧张情况。这就允许发送器端口在 MAC 层建立一个虚冲突，促使发送器返回重新发送。换句话说，这是模拟了资源共享的 LAN 的冲突检测。这种方法只能用于冲突检测 MAC 层，例如以太网，对于令牌环或 FDDI，MAC 层的流量控制是无效的。

　　要有效地实现流量控制，交换机必须做到数据到达输出端口时满负荷工作，并可产生一个人为冲突阻止发送器继续发送。

2.3.3.2 交换机的功能

　　传统的局域网技术是基于共享访问方式的，如 Ethernet、Token Ring、FDDI 等。在这种传统网络中常常会遇到带宽不足或带宽瓶颈问题，特别是在使用最广泛的 Ethernet 中，随着网络节点数量的增加，由于介质访问控制采用竞争方式 CSMA/CD，碰撞后，等待时间呈指数级增加，这时情况会急剧恶化。在局域网交换技术产生前，通常采用网桥或路由器进行网段的划分与隔离，这虽然在某种程度会缓减带宽问题，但这样一方面会

---

① 黎连业，王萍，李淑春，等 . 计算机网络工程 [M]. 北京：清华大学出版社，2017.

增加设备的投资和维护费用,另一方面效果并不很明显且缺乏灵活性①。

交换机将大型网络划分成比较小的网段,从而将工作组与其他工作组在本地的流量隔离开来,提高了总体带宽。网桥和交换机的本质区别是:后者通常具有两个以上的端口,支持多个独立的数据流,具有较高的吞吐量。另外,与基于硬件的传输设备,如 Intel 的 Express Switching Hub(Express 交换集线机),集成为一体的交换机,其包处理速度比网桥利用软件实现该功能的速度快很多。

交换机还可以与共享集线器,如 Intel Express 100 BASE-T Stackable Hub(可叠放式集线器)一起使用,以打破快速以太网中的距离障碍。使用 UTP(100 BASE-TX),可使连接距离长达 320 m。使用多模光纤,交换机对交换机的连接可长达 2 km,而使用单模光纤则可长达 20 km。快速以太网集线器与交换机结合起来带来的好处是每个用户的成本降低了,同时又使网段保持每个快速以太网的交换端口拥有48 ~ 144 个用户。

2.3.3.3 交换机的工作模式

交换机的工作模式决定了它转发信息包的速度,也即交换机的时延。交换机时延是指交换机在一个端口接收信息包的时间到在另一个端口发送这个信息包的时间差。一方面,人们希望时延尽可能小,另一方面,人们也希望交换机可对转发的信息包进行检验,以保证信息传输的可靠性。而校验需要时间,这就产生了矛盾。因此,常常要根据具体情况选择交换机的工作模式。交换机的工作模式共有以下 3 种。

(1)直通(cut-through)方式。

(2)只检验包前端 64 个字节。

(3)存储转发(store-and-forward)方式。

2.3.3.4 交换机的交换结构

众多交换机中有一个不同之处在于交换结构。由于目前市场上大多数交换机都是基于 ASIC 的,因此,芯片及芯片组的设计以及它们如何与交换机的其他部分集成,包括输入/输出缓冲器的选择,都是十分重要的。工作于网络层的交换机通常使用 RISC 处理器,处理由路由选择产生的软件密集型服务。

交换结构是实现其核心的关键,交换机有四种主要的交换结构。

---

① 黎连业.交换机及其应用技术[M].北京:清华大学出版社,2004.

（1）软件执行交换结构。

这种结构存在于早期的一些交换机产品中，其主要特点是以特定的软件来实现交换机端口之间帧的交换。它的主要优点是结构灵活，缺点是交换机堆叠实现比较困难，无法处理信息的传播，当交换的端口数比较多的时候，CPU 负载太重。

（2）矩阵交换结构。

矩阵交换结构的主要特点是完全采用硬件的方法来实现。它的主要优点是利用硬件交换，结构紧凑，交换速度快，延迟时间短。主要缺点是不宜于简单堆叠而扩展端口数和带宽，端口数越多，越不利于交换机的性能监控和运行管理，不易实现帧的广播传送。

（3）总线交换结构。

交换机的背板上配置了一条总线，采用时分复用技术，每个端口均可以往总线上发送帧，根据帧的目的地址获得输出端口号，在确定的端口上输出帧。

这种结构的主要优点是便于叠堆扩展，方便监控和管理，容易实现帧的广播。主要缺点是总的带宽要求很高，价格比较贵。

（4）共享型存储器交换结构。

共享型存储器交换结构的特点是使用大量高速 RAM 来存储输入数据；结构简单，比较易于实现替堆扩展，但扩展到某种程度时，存储器的存储操作会产生延迟；再加上在这种结构中增加冗余交换引擎不仅复杂，而且成本高，因此适合于小型交换机、可堆叠式或箱体式交换机中的交换模块。

2.3.3.5 交换机的种类

按照服务网络类型可分为广域网交换机（主要应用于国家电信部门）和局域网交换机（主要用于企事业单位以及家庭）。

按照传输介质和传输速度可分为以太网交换机、快速以太网交换机、千兆以太网交换机、FDDI 交换机、ATM 交换机、令牌环交换机等。

按照规模应用可分为企业级交换机（多是机架式）、部门级交换机（插槽较少的机架式或者固定配置式）、工作组交换机（固定配置式）等。

按照是否能进行功能重置可分为不可管理式交换机（多为家用）、可管理式交换机（通过 RS-232 串行口或并行口管理即带外管理、通过 Web 浏览器管理即带内管理、通过网络管理软件管理）。

按照性能可分为二层交换机（MAC 地址识别，多用于小型网络）、三层交换机(IP 地址识别即路由功能,多用于大型网络)、四层交换机(端口号识别,多用于与服务器相连)。

2.3.3.6 交换机的应用

交换机的品牌:国际品牌如思科 Cisco、3com 等,国内品牌如华为、华为 3com、锐捷 Ruijie 等。

交换机的辨别:具有应用级 QoS 保证(拥塞控制、流量限制等)、支持 VLAN (虚拟局域网,划分子网、隔离广播)、具有管理功能(Web、Telnet、SNMP、RMON 等管理)、支持链路聚合(提高带宽、均衡负载)、支持 VRP 协议(虚拟路由冗余协议,提供冗余保障稳定)。

2.4　网络层使用的设备

网络层使用的网络设备是路由器。路由器是互联网的主要节点设备,作为不同网络之间互相连接的枢纽,路由器构成了基于 TCP/IP 的国际互联网络 Internet 的主体脉络,也可以说,路由器构成了 Internet 的骨架。它的处理速度是网络通信的主要瓶颈之一,它的可靠性则直接影响着网络互连的质量。

路由器是一台计算机,因为它的硬件和计算机类似,通常具有:

·处理器(CPU);

·不同种类的内存,用于存储信息;

·操作系统,提供各种功能;

·各种端口的接口,用于连接到外围设备或允许它和其他计算机通信。

当前,最先进的路由器具有三层交换功能,提供千兆位端口的速率、服务质量(QoS)、多点广播(multicasting)能力。

所谓"路由",是指把数据从一个地方传送到另一个地方的行为和动作,路由器是一种典型的网络层设备。它在两个局域网之间按帧传输数据,在 OSI/RM 中被称为中介系统,完成网络层中继或第三层中继的任务。随着网络系统的扩大,特别是多种平台工作站、服务器及主机连成大规模广域网时,网桥在路由选择、系统容错及网络管理等方面已远远不能满足实际需要。因此要用新的网间连接器——路由器来满足以上需求。路由器工作在 OSI 模型的网络层,通常它只能连接相同协议的网络。

路由器比网桥更复杂,但更具灵活性,有更强的网络互联能力。它利用网际协议将整个网络分成几个逻辑子网;而网桥只是把几个物理网络连接起来,提供给用户的还是一个逻辑网络。

路由器用于将信息包从一个子网转发到另一个子网,实现网络层上的协议转换。

2.4.1 路由器的原理与作用

2.4.1.1 路由器的组成原理

路由器组成可以看成两部分,即数据通道功能和控制功能。

从输入到转发决定、背板、输出链路调度和输出,都会表现出数据通道功能。在这一过程中,数据包的操作依靠特定硬件来完成。

控制功能是通过软件实现的,包括与相邻路由器之间的信息交换、系统配置、系统管理等。

数据通道功能是体现路由器性能的重要标志,着重表现为:

· 转发决定:当数据包抵达路由器时,它首先在转发表中查找它的目的地址。若找到目的地址,就在数据包的前部添加下一跳的 MAC 地址,IP 数据包头的 TTL(Time-to-Live)域开始减数,并计算新的校验和(checksum)。

· 背板转发:数据包通过背板被转发到它的输出端口。当数据包等待通过背板转发时,数据包需要进行排队;若排队空间不足,那么可能需要丢弃该包,或替代其他数据包。

· 输出链路调度:当数据包抵达输出端口时,它需要按顺序等待以便传送到输出链路上。在大多数路由器中,输出端口保持“先到先服务”队列,按数据包抵达的次序进行传送。更先进的路由器可将数据包分成不同的流量队列和优先级,并精心安排每个数据包的离开时间以便满足服务质量(QoS)要求。

2.4.1.2 路由表

路由器的主要工作就是为经过路由器的每个数据帧寻找一条最佳传输路径,并将数据有效地传送到目的站点。由此可见,选择最佳路径的策略(即路由算法)是路由器的关键所在。为完成这项工作,在路由器中保存着各种传输路径的相关数据——路径表(Routing Table),供路由选择时使用。路径表中保存着子网的标志信息、网上路由器的个数和下一个路由器的名称等内容。路径表可以由系统管理员固定设置好,也可以由系统动态修改,可以由路由器自动调整,也可以由主机控制。

(1)静态路径表。

由系统管理员事先设置好的固定路径表称为静态(Static)路径表,一般是在系统安装时就根据网络的配置情况预先设定的,它不会随未来网络结构的改变而改变。

(2)动态路径表。

动态(Dynamice)路径表是路由器根据网络系统的运行情况而自动调整的路径表。路由器根据路由选择协议(Routing Protocol)提供的功能,自动学习和记忆网络运行情况,在需要时自动计算数据传输的最佳路径。

2.4.2 路由器的功能

路由选择:通过各种协议确定网段之间的路径,比如动态协议、静态协议。

数据处理:比如分组过滤、分组转发、优先级、复用、加密、压缩、防火墙等功能。

网络管理:比如配置管理、性能管理、容错管理、流量控制等功能。

2.4.3 路由器的体系结构

路由器体系结构因生产厂家而异。选择不同的路由器体系结构主要基于以下几个因素:费用、端口数、所需的性能以及现有的技术和工艺水平。

2.4.3.1 中央 CPU 路由器体系结构

最初的路由器模仿传统计算机体系结构,采用共享中央总线、中央CPU、内存及外围线卡。中央 CPU 必须执行:过滤/转发数据包,根据需要修改数据包头标,更新路由及地址数据库,解释管理数据包,响应SNMP 请求,生成管理数据包以及处理其他业务等功能。

每块线卡执行 MAC 层功能,用于将系统连至外面的链路。从输入链路上抵达的数据包穿过共享总线抵达中央 CPU,CPU 做出转发决定。然后,数据包再次通过总线传送到它的输出线卡上。中央 CPU 路由器主要局限是:CPU 必须处理每个数据包,从而限制了系统的吞吐量;即使所有数据包抵达同一线卡中的网络接口,它们也必须两次穿越系统总线,这将导致系统性能随接口的增加而降低;转发决定由软件完成,因此受到

CPU 运行速率的限制；中央 CPU 出现故障将导致系统瘫痪。

2.4.3.2 并行处理路由器体系结构

并行处理路由器体系结构即在每个接口处都放置一个独立的 CPU，并行处理数据包。另外，本地转发 / 过滤数据包的决定可由每个接口处的专用 CPU 来完成，这样数据包就可以立即转发到相应的输出接口，也就是说，对数据包的处理被进一步分散到每块线卡上。这种结构有一个优点，即每个数据包只需要一次穿过总线即可完成转发，从而提高系统的吞吐能力。

并行处理路由器体系结构主要局限是：第一，转发决定由软件完成，因此受到通用 CPU 运行速率的限制。目前，经过精心设计的专用 ASIC 可很容易地实现原来由通用 CPU 完成的功能，如做出转发决定、管理队列及仲裁总线访问等。因此，这些 CPU 正在被专用 ASIC 所替代。第二，共享总线的使用，在某一时刻，在两块线卡之间，只有一个数据包可通过总线，这限制了路由器性能。

2.4.3.3 纵横式交换路由器体系结构

路由器体系结构是最先进的路由器体系结构。它采用纵横式交换结构替代共享总线，这样就允许多个数据包同时通过总线进行传送，从而极大地提高了系统的吞吐量，使系统的性能得到显著提高，如 Cisco 的 GSR12000 系列千兆交换路由器就是根据这种结构来设计的。这种路由器内部是无阻塞的，但需要采用合理的调度算法来解决行首 HOL 阻塞、输入、输出阻塞等影响系统性能的问题。

2.4.4 路由器的类型

路由器可根据它所支持的网络协议种类和局域网、广域网的接口来区分不同的路由器。一般路由器被划分为中低档路由器和高档路由器两种。

2.4.4.1 中低档路由器

中低档路由器支持单协议双端口。

单协议路由器是低端路由器，通常仅支持单个网络层协议，即支持单一的端到端数据传输协议（es-es）和相关的 es-is 和 is-is 协议，其他协议数据传送则必须经由封装的隧道。

单协议路由器只适用于特定网络环境,特别是,如果单协议路由器支持的仅是特定网络厂家的网络层协议,那么用户对其投资显然是短暂的。从长期看,用户购买的单协议路由器应该是 IP 路由器,因为现在许多厂家的操作系统都开始将 TCP/IP 作为本厂家协议之外的首选嵌入协议。

2.4.4.2 高档路由器

高档路由器采用模块化结构,可配置多种网络接口和网络层协议。如果从应用角度看,主要有内部路由与边界路由之分。内部路由的作用主要是将不同网段连接起来,或将不同网络操作系统(Network Operation System)上运行的不同协议(如 Macintosh 机上运行的 Apple Talk,NT 上运行的 TCP/IP 以及 NetWare 中的 IPX/SPX)进行转换,以实现异构互通。而边界路由器则以同步方式(X.25、Frame Relay 或 ISDN)或异步方式(V.34 或 V.90)通过专线(Leased One)或公用网(PSTN)接入 Internet 或实现 LAN to LAN 连接。

在实际中,路由器一般都用于跨 WAN 的 LAN 的互联,即 LAN–WAN–LAN 形式网络,所以没有独立的本地路由器,而路由器中通常配有多个接口,可同时接入多个 LAN 和 WAN。

2.4.5 路由器的应用

路由器的品牌:国际品牌如思科 Cisco、3com 等,国内品牌如华为、华为 3com、锐捷 Ruijie 等。

路由器的辨别:主要注意安全性(包括身份认证、访问控制、信息隐藏、数据加密、攻击探测防护、线路可靠等)、控制软件(包括软件的安装、参数的自动设置、软件版本的升级等)、网络扩展能力(包括支持的扩展槽数目、扩展接口数目等)、网管系统、带电插拔能力等方面。

2.5　应用层使用的设备

应用层使用的网络设备有网关、防火墙等。

2.5.1 网关

网关(Gateway)是连接两个协议差异很大的计算机网络时使用的设备。它可将具有不同体系结构的计算机网络连接在一起。在 OSIRM 中,网关属于最高层(应用层)的设备,工作在 OSIRM 的第七层。

网关使不同的体系结构和环境之间的通信成为可能。它把数据重新进行包装并进行转换。

网关是用来互联完全不同的网络。它的主要功能是把一种协议变成另一种协议,把一种数据格式变成另一种数据格式,把一种速率变成另一种速率,以求两者的统一,提供中转中间接口。在 Internet 中,网关是一台计算机设备,它能根据用户通信用的计算机 IP 地址,决定是否将用户发出的信息送出本地网络。同时,它还接收外界发送给本地网络计算机的信息。

目前,网关已成为网络上每个用户都能访问大型主机的通用工具。在 OSI/RM 中,网关属于最高层(应用层)的设备,在 OSI 中网关有两种:一种是面向连接的网关,一种是无连接的网关。当两个子网之间有一定距离时,往往将一个网关分成两半,中间用一条链路连接起来,称之为半网关。网关提供的服务是全方位的。例如,若要实现 IBM 公司的 SNA 与DEC 公司的 DNA 之间的互联,则网关需要完成复杂的协议转换工作,并将数据重新分组后才能传送。网关的实现非常复杂,工作效率也很难提高,一般只提供有限的几种协议的转换功能。常见的网关设备都是用在网络中心的大型计算机系统之间的连接上,为普通用户访问更多类型的大型计算机系统提供帮助。当然,有些网关可以通过软件来实现协议转换操作,并能起到与硬件类似的作用,但它是以损耗机器的运行时间来实现的[①]。

网关可分为核心网关和非核心网关。核心网关(Core Gateway)由网络管理操作中心进行控制,而受各个部门控制的被称为非核心网关。

网关使用适当的硬件和软件来实现不同网络的协议转换,硬件是提供不同网络的接口,软件进行不同的协议转换。根据互联网络的多少,网关可以分为双向网关和多向网关。

此外,网关按功能大致分以下三类。

---

① 　武奇生.网络与 TCP/IP 协议 [M].西安:西安电子科技大学出版社,2010.

（1）协议网关。

顾名思义，此类网关的主要功能是在不同协议的网络之间进行协议转换。

（2）应用网关。

主要是针对一些专门的应用而设置的一些网关，其主要作用是将某个服务的一种数据格式转化为该服务的另外一种数据格式，从而实现数据交流。最常见的此类服务器就是邮件服务器。

（3）安全网关。

最常用的安全网关就是包过滤器，实际上就是对数据包的源地址、目的地址、端口号和网络协议进行授权。

2.5.2 防火墙

防火墙是网络工程中一个常用的重要设备。防火墙是网络安全的保障，可以实现内部可信任网络与外部不可信任网络（互联网）之间或内部网络不同区域之间的隔离与访问控制，阻止外部网络中的恶意程序访问内部网络资源，防止更改、复制、损坏用户的重要信息。

防火墙由软件和硬件设备组合而成，是在内部网和外部网之间、专用网与公共网之间的界面上构造的保护屏障。防火墙是一种获取安全的方法，依照特定规则，允许或限制所传输数据的通过。它允许"经用户同意"的人员和数据进入网络，同时将"未经同意"的人员和数据拒于门外，最大限度地阻止网络中的非法访问。

2.5.2.1 防火墙的分类

防火墙的分类方法有很多种，按照工作的网络层次和作用对象可分为4种类型。

（1）包过滤防火墙。

包过滤防火墙又被称为访问控制表，它根据预先静态定义好的规则审查内、外网之间通信的数据包是否与自己定义的规则（分组包头源地址、目的地址端口号、协议类型等）相一致，从而决定是否转发数据包。包过滤防火墙工作于网络层和传输层，可将满足规则的数据包转发到目的端口，不满足规则的数据包则被丢弃。

（2）应用程序代理防火墙。

应用程序代理防火墙又称为应用网关防火墙，可在网关上执行一些特定的应用程序和服务器程序,实现协议的过滤和转发功能。它工作于应用层,掌握着应用系统中可作为安全决策的全部信息。其特点是完全阻隔了网络信息流,当一个远程用户希望和网内的用户通信时,应用网关会阻隔通信信息,然后对这个通信数据进行检查,若数据符合要求,应用网关会作为一个桥梁转发通信数据。

（3）复合型防火墙。

出于对更高安全性的要求,常把基于包过滤的方法与基于应用代理的方法结合起来形成复合型防火墙产品。这种结合通常是以下两种方案。

①屏蔽主机防火墙体系结构:在该结构中,分组过滤路由器或防火墙与 Internet 相连,同时一个堡垒主机安装在内部网络,通过在分组过滤路由器或防火墙上设置过滤规则,使堡垒主机成为 Internet 上其他节点所能到达的唯一节点,从而确保内部网络不受未授权外部用户的攻击。

②屏蔽子网防火墙体系结构:堡垒主机放在一个子网内形成非军事化区,两个分组过滤路由器放在该子网的两端,使该子网与 Internet 及内部网络分离。在屏蔽子网防火墙体系结构中,堡垒主机和分组过滤路由器共同构成了整个防火墙的安全基础。

（4）个人防火墙。

目前网络上有许多个人防火墙软件,很多都集成在杀毒软件当中,它是应用程序级的,在某一台计算机上运行,保护其不受外部网络的攻击。

一般的个人防火墙都具有“学习”机制,一旦主机防火墙收到一种新的网络通信要求,它会询问用户是允许还是拒绝,并应用于以后该通信要求。现在很多杀毒软件都集成相应防火墙功能。

2.5.2.2 选择防火墙的基本原则

选择防火墙有很多因素,但最重要的是以下几点。
（1）总拥有成本和价格。
（2）确定总体目标。
（3）明确系统需求。
（4）需要的防火墙基本功能。
（5）满足企业特殊要求。
（6）防火墙本身是安全的。

第 3 章　局域网技术

当今使用网络的人越来越多,网络的规模也越来越大,但大多还是直接使用局域网络,单位或企业也都组建本单位或本企业的局域网络。掌握局域网的基本概念和基本原理及某些扩展知识,对于学习计算机网络是十分重要的。本章主要介绍局域网参考模型、以太网的发展及基本技术、交换式局域网、虚拟局域网和无线局域网技术。

3.1　局域网参考模型

局域网由于其拓扑结构比较简单,所有网上的主机都是直接连接,而且采用广播式发送,当同属于一个局域网中的主机发送数据帧时,其他所有主机都能收到该数据帧,目的主机可以通过核对帧的目的地址确认该帧是否是发给自己的,然后完成该帧的接收。也就是说,在不考虑局域网之间的互联时,局域网不存在路由问题,一个单独的局域网通过数据链路层和物理层就可以实现网络数据通信功能,所以理论上单独的局域网体系结构中只有数据链路层和物理层,而不设网络层。

局域网除了解决网络的通信功能外,还要解决局域网络与主机交互的问题,即解决与高层交互的问题。按照 OSI 模型,完整的网络系统由低层和高层两个部分组成。低层负责通信控制,对应网络部分;高层负责数据处理,对应主机部分。主机处于高层,主机连入网络,通过网络实现主机间的通信。为了实现局域网与高层的交互,局域网在数据链路层与高层的界面设置了服务访问点 LSAP,局域网与高层(主机)的交互通过数据链路层上面的服务访问点 LSAP 实现。

局域网的体系结构仍然按照 OSI 参考模型的原则进行架构,局域网的体系结构定义了局域网的物理层和数据链路层的功能以及与网际互联有关的网络层接口服务功能。局域网的体系结构参考模型由 IEEE 制订。

局域网中,不同的局域网采用了不同的介质访问方式,为了区别不同局域网采用不同的介质访问方式,在局域网的参考模型中,将介质访问控制的问题独立出来,形成一个单独的介质访问控制子层 MAC,通过它描述不同局域网不同的介质访问控制方式。所以局域网参考模型的数据链路层被进一步细分为逻辑链路控制子层 LLC 和介质访问控制子层 MAC。其好处在于,不同局域网采用的不同的介质访问控制方式可以单独地表示出来,使得 LLC 子层与介质及介质访问控制方式无关,无论 MAC 层采用什么样的介质访问控制方式,都可以采用统一的 LLC 子层实现逻辑链路层功能。同时,LIC 子层在高层与 MAC 子层之间起到了一个隔离作用,使得高层屏蔽了低层的实现细节[①]。

通过这样的分层,局域网的参考模型变成由逻辑链路控制子层 LC、介质访问控制子层 MAC 和物理层 PHY 三个部分构成。在这三个部分中,数据链路子层功能与 OSI 定义的数据链路层的功能基本是一样的,而且所有不同的局域网都使用同一个数据链路层。也就是说,不同局域网的 LLC 层是相同的,不同局域网的数据链路控制子层具有同样的结构、采用同样的协议和实现同样的功能,它们在规范标准中统一以逻辑链路控制子层 LC 来表达,各种各样的局域网的差别主要是在介质访问控制方式和物理层使用的传输介质以及接口的不同,在局域网的规范标准中,它们通过介质访问控制子层和物理层被独立地表示出来。

前面谈到,局域网与主机的交互通过数据链路层上面的服务访问点 SAP 实现。在计算机网络的一个主机上,可能同时存在多个进程与另外一个或多个主机的不同进程进行通信。为了解决不同进程之间的通信问题,在 LLC 子层的上边界处设置多个链路层服务访问点 LSAP,例如,用户使用一台主机通过网络进行网页的访问,同时还在收发电子邮件。此时该主机具有两个 LSAP,一个 LSAP 实现网页访问,另一个 LSAP 实现收发电子邮件,该主机同时与远端的网站服务器通信,还在与邮件服务器通信[②]。

此外,在 MAC 层的上边界设置了单个介质访问控制服务访问点 MSAP,MAC 层实体通过 MSAP 向 LLC 实体提供访问服务,在物理层上边界处设置了单个物理服务访问点 PSAP,物理层实体通过 PSAP 向 MAC 实体提供访问服务。

---

① 　邓世昆 . 计算机网络 [M]. 北京: 北京理工大学出版社, 2018.
② 　邓世昆 . 计算机网络工程与规划设计 [M]. 昆明: 云南大学出版社, 2014.

3.1.1 IEEE 802 标准

局域网的发展,一开始就注重了标准化的工作。1980 年 2 月,美国电气与电子工程师协会(IEEE)成立了局域网标准化委员会(简称 IEEE 802 委员会),专门从事局域网协议标准的制订,形成了一系列标准,称为 IEEE 802 标准(即 1980 年 2 月推出的标准)。IEEE 802 标准被国际标准化组织(ISO)采纳,作为局域网的国际标准系列,称为 ISO 802 标准。

IEEE 802 标准描述了局域网的体系结构。局域网的体系结构由物理层、逻辑链路控制子层、介质访问控制子层构成。物理层实现物理连接和比特流的传输功能,涉及使用的传输介质、设备连接的接口、传输编码、传输速率等规范。数据链路控制子层实现将物理层传送的比特流组织成数据帧在数据链路上传输,涉及数据帧格式、建立、维持和拆除数据链路、差错控制、流量控制等规范。

在实际的组网过程中,仅由物理层和数据链路层组成的网络只能是简单的网络,实际上的网络一般都比较复杂,或者是若干个简单局域网互联而成的复杂网络,或者是一个规模较大的网络被分成若干小的子网再互联起来的网络。所以,实际的局域网仍然存在网络之间的互联的问题,即存在网际的互联问题,其网络体系结构仍然存在网络层。所以 IEEE 802 标准体系由实现网络互联、网络寻址、网络管理等功能的 802.1 标准和逻辑链路控制子层 802.2 标准以及介质访问控制子层、物理层标准构成[①]。

由于在局域网标准中,网际互联层、逻辑链路控制子层都是统一的标准,不同的局域网的差别主要体现在采用了不同的介质访问控制方式、传输介质、传输编码和网络接口方面。所以在局域网标准中,网际互联层、逻辑链路控制层是统一定义的,不同局域网的介质访问控制子层和物理层的标准是分别定义的。

3.1.2 逻辑链路控制子层

3.1.2.1 服务访问点 SAP 的功能

局域网只有两层,数据链路层和物理层,局域网之上就是高层,即应用系统,局域网中数据通信的问题由数据链路层和物理层实现,而数据处

---

① 邓世昆.计算机网络工程与规划设计 [M].昆明:云南大学出版社,2014.

理的问题由高层实现。逻辑链路控制子层 LLC 处于高层与 MAC 子层之间,向上通过 IEEE 802.2 规范向高层提供服务,向下使用 MAC 子层提供的服务,通过本层的实体实现本层功能。LLC 子层通过逻辑链路控制子层上边界处设置的服务访问点 SAP 与主机的应用进程建立联系。

假设主机 A 向主机 B 发送一个报文,这时主机 A 就会利用 LLC 层的一个服务访问点 LSAP 向主机 B 的一个服务访问点 LSAP 发出一个连接请求。该连接请求中不但包含有发出请求主机 A 的源 MAC 地址,而且还有对方主机 B 的 MAC 地址,另外还包含进程在主机中的访问控制点的 LSAP 地址。

也就是说,主机通过局域网进行通信涉及两个地址,一个是 MAC 地址,一个是 LSAP 地址。局域网使用 MAC 地址找到主机,通过 LSAP 地址找到主机的应用进程,实现通信双方的进程通信。

LLC 子层与高层应用的寻址通过 LSAP 来实现。LLC 子层通过逻辑链路控制子层上边界处设置的服务访问点 LSAP 与主机的应用进程的联系,通过不同的 LSAP 实现同一主机中的不同进程的通信,LSAP 的设置实现了网络与主机应用进程的通信。

一台主机可以设置多个 LSAP,多个 LSAP 的设置使得在同一台主机上可以并行多个应用任务,可以在发送电子邮件的同时还在浏览 Web 页面,甚至同时还在下载 FTP 文档,这时每个进程都在使用同样的 MAC 地址,但每个进程对应一个 LSAP 地址,这种通信方式在网络中被称为复用功能。

3.1.2.2 LLC 层提供的服务

从局域网的体系结构可以看出,LLC 层主要涉及三部分:第一是 LLC 层与高层的界面,主要是向高层提供服务;第二是 LLC 层与 MAC 层的界面,指明 LLC 层要求 MAC 层提供的服务;第三是 LLC 层本身的功能。

在 LLC 层与高层的界面服务中,LLC 子层向高层提供了三种操作类型的服务,即无确认无连接的服务、有确认面向连接的服务,以及有确认无连接的服务。这三种服务类型分别对应 LLC1(类型 1)、LLC2(类型 2)和 LLC3(类型 3)三种操作类型。

类型 1 的操作是一种数据报服务,信息帧在 LLC 实体间交换,无需在同等层实体间事先建立逻辑链路(建立连接)。类型 1 的操作对传输的 LLC 帧既不确认,也无任何流量控制或差错控制。局域网中,类型 1 一般用于点对点、一点对多点和广播传输的情况。由于局域网具有较低的误码率,可靠性高,所以这种方式仍然适用于局域网的通信。

类型 2 的操作是有确认面向连接的服务,类型 2 操作提供服务访问点之间的虚电路服务。在任何信息帧交换前,在一对 LLC 实体间必须建立逻辑链路(建立连接)。在数据传送过程中,信息帧依次发送,并提供差错恢复和流量控制功能,传输结束后,还需拆除连接。

类型 3 的操作是提供有确认的数据包服务,但不建立连接。类型 3 主要用于类似自控系统的过程控制的情况。在这样的系统中,为了及时传输控制命令,中心站用数据报方式发送各种控制命令,省去建立连接的时间开销,但由于控制命令的重要性,则对传输的 LLC 帧需要进行确认。

LLC 层之所以提供三种服务类型,主要是让用户可以根据传输的业务情况选择相应的操作类型,以提高最合适的服务。

3.1.3 介质访问控制子层

MAC 子层完成介质访问控制功能,根据不同的局域网提供不同的介质访问控制方式。MAC 子层通过 MSAP 为 LLC 子层提供服务,MAC 子层完成介质访问控制、帧发送时的封装以及帧接收时的解封,并实现帧的同步和寻址。

3.1.3.1 MAC 子层的介质访问控制

在局域网中,所有站点数据传输都采用共享同一传输介质的信道方式,需要解决有效的分配传输介质的使用权,各种局域网分配传输介质使用权的问题为局域网的介质访问控制问题。局域网中不同拓扑结构的网络采用不同的介质访问控制方式,介质访问控制方式主要有竞争式、循环式、预约式等。

(1)竞争式。

竞争式用于总线式网络拓扑,所有工作站连接在总线上,共享传输总线实现数据传输。竞争式采用谁先发送成功谁获得传输介质使用权的控制方式。竞争式在轻负载下效率很高,即发送成功率很高,当负载较重时,效率下降,即发送成功率下降。以太网属于总线网,以太网就是采用这种方式实现介质访问控制。以太网中的任何站在发送前,先侦听是否线路上是否空闲,空闲就发送数据,不空闲就不发送数据。侦听到空闲,发送数据成功的站获得介质的使用权。竞争式介质访问方式工作原理示意如图 3-1 所示。

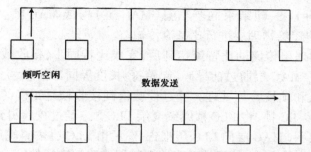

倾听空闲　　　　　　　数据发送

图 3-1　竞争式介质访问方式工作原理示意

（2）循环式。

循环式用于环形网络拓扑。传输线路构成环,所有工作站连接在环路上,共享环路实现数据传输。循环式让各个站轮流得到发送机会,轮流到某站时,某站获得发送权,需要发送则进行数据发送,不需要发送,则将发送权利交给下游站,继续轮询。发送站在获得发送权并发送数据后,就一直占有传输介质,直到传输结束,再将发送权交给下游站。

循环式的主要优点是环上若有许多站需要发送数据,则效率较高,而当环上仅有少量的站需要发送数据时,由于必须等发送权轮询到发送站,发送站才能发送数据,使得时间开销较大,效率不高。同时,环网的一个节点与另外一个节点通信时,网上的每个节点都要为其进行转发,参与传输,同样使得转发时间开销较大。

（3）预约式。

预约式的介质访问方式采用事先预约的方法实现介质访问控制。需要发送数据的站向网络的管理者事前申请传输介质,获准后,在获准的时间进行数据传输,而没有申请或申请没有获准的站是不能发送数据的,按照这样的方式也能实现介质的访问控制,使得介质上的传输有序的进行。

3.1.3.2 MAC 子层的 MAC 帧格式

在局域网中,不同的局域网具有不同的 MAC 帧格式。这里以太网的 MAC 帧进行讨论。

在以太网的 MAC 帧中,通过封装前导码、起始符、长度实现帧的同步接收;通过封装目的地址、源地址信息实现寻址;通过封装校验码,对收到的数据帧进行校验。

在数据帧传输时,来自 LLC 子层的 LLC 帧传递给 MAC 层,MAC 层又把 LLC 帧封装成 MAC 帧,即把 LLC 帧作为 MAC 帧的数据段,加上源主机的 MAC 地址和目的主机的 MAC 地址,帧起始同步信息（MAC 头）、帧校验系列 FCS、帧结束同步信息（MAC 尾）构成 MAC 帧。封装好的 MAC 帧将传递给物理层进行比特流传输。

通过物理层传递的比特流达到后,完成比特同步,接收数据流,再交给 MAC 层。MAC 层通过前导码、起始符、长度等同步信息,完成 MAC 帧的同步接收和帧校验等处理。经过校验得到接收帧是正确的情况下,去除帧尾,恢复 LC 帧,将 LLC 帧继续交给 LLC 层;经过校验得到接收帧是出错的情况下, MAC 层向 LLC 层报告,然后由 LLC 层按照规范处理出错帧。通过这样的方式,数据帧透明地在数据链路间进行传输。

从前面的讨论可以看出,数据链路子层完成了与高层应用的交互、通过 LASP 实现对不同应用进程的寻址,并完成了链路管理、差错控制、流量控制,而介质访问控制子层完成了对主机的物理地址寻址、数据帧的同步、介质访问控制、最小帧处理等步骤,LLC 子层和 MAC 子层一起共同完成了局域网体系结构中的数据链路层的功能。物理层完成数据编码、码元同步,然后形成比特通过网络接口完成发送、接收。局域网通过数据链路控制子层、介质访问控制子层,以及物理层实现了局域网的通信功能。

3.1.4 物理层

物理层是局域网体系结构的最底层,涉及的是网络物理设备间的接口关系。物理层的功能是发送方与接收方之间提供比特流的传输,为在物理介质上建立、维持和终止传输数据比特流的物理连接提供机械的、电气的、功能的和规程的手段。

具体地说,在局域网中为了实现物理层的功能,物理层必须定义比特流传输的比特同步和数据编码方式,定义使用的传输介质、接口类型、传输速率等规范。由于局域网往往支持多种传输介质、多种传输速率、不同的标准采用了不同的编码方式、不同的网络接口,所以对于局域网的物理层规范将在具体的局域网技术标准中体现,这里不再加以详细的讨论。

3.2 以太网的发展及基本技术

目前,局域网中使用最多、最普遍的网络基础技术是以太网技术,而且在城域网互联中也逐渐以以太网技术为主。在局域网中的网络设备、通信协议也以以太网技术为主。传统的以太网中,在任意一个时刻网络中只能有一个站点发送数据,其他站点只可以接收信息,若想发送数据,只能退避等待。因此,网络中的站点越多,每个站点平均可以使用的带宽就越窄,网络的响应速度就越慢。交换机的出现解决了这个问题。在交换式局域网中,采用了交换机设备,只要发送数据的源节点和目的节点不冲突,那么数据发送就可以完全并行,这样大大提高了数据传送的速率[①]。

3.2.1 以太网的发展

以太网起源于 20 世纪 70 年代。以太网(Ethernet)指的是由 Xerox 公司创建并由 Xerox、Intel 和 DEC 公司联合开发的基带局域网规范。1982 年 12 月,IEEE 公布了与以太网规范兼容的 IEEE 802.3 标准,它们的出现标志着以太网技术标准的起步,为符合国际标准、具有高度互通性的以太网产品的面世奠定了基础。

由于以太网结构简单、组网容易、建网成本低、扩充方便,一出现就受到业界的普遍欢迎,并迅速发展起来,在很大程度上逐步取代了其他局域网标准。如当时比较流行的令牌环、FDDI 和 ARCNET 都逐渐被以太网淘汰。日前,以太网成为局域网技术的主流技术,以太网技术在局域网市场的占有率超过 90%。

以太网是一种以总线方式连接、广播式传输的网络,所有站点通过共享总线实现数据传输,一个站发出的数据帧,所有的站都能收到,通过这种方式实现站点间的数据传输。

以太网采用带有冲突检测的载波侦听多路访问(CSMA/CD)协议实现介质访问控制,在 IEEE 802 标准中,以太网标准为 IEEE 802.3 标准。

20 世纪 80 年代推出的以太网以 10 Mb/s 的速率在共享介质上传输数据,20 世纪 90 年代,速率能达到 100 Mb/s 的快速以太网出现,使网络速度有了一个较大的提升。之后,为了提高网络带宽和改善介质效率,一种能同时提供多条传输路径的以太网技术——交换式以太网出现了,它标志着以太网从共享时代进入了交换时代。交换式以太网利用多端口的以太网交换机将竞争介质的站点和端口减少到两个,能为需要传输的多台主机间建立独立的传输通道,同时进行数据传输。交换式以太网的出现,改变了站点共享 10 Mb/s 带宽的局面,显著地提高了网络系统的整体

---

① 林宏刚,何林波,唐远涛 . 网络设备安全配置与管理 [M]. 西安:西安电子科技大学出版社,2019.

带宽。1993 年,交换式以太网在交换技术的基础上又出现了全双工以太网技术,它改变了原来以太网半双工的工作模式,不仅使以太网的传输速度又提高了一倍,而且彻底解决了收发数据的端口信道竞争问题[①]。

以太网从出现至今近 30 年的时间,其数据传输速率不断提高,从最早的 10 Mb/s 速率,发展到今天的 10 Gb/s,组网的拓扑结构也从早期的总线型拓扑结构发展到现在的层次性拓扑结构,这些技术进步极大地提高了以太网的服务能力,也使以太网成为高速局域网络组网的主流技术,并进入了城域网和广域网的技术领域。

1982 年 2 月,IEEE 推出了 IEEE 802.3 规范,这是最早的 10 Mb/s 以太网的标准。

1995 年 3 月,IEEE 通过了 IEEE 802.3u 规范,这是一个关于以100 Mb/s 的速率运行的快速以太网的规范。

1998 年 6 月,IEEE 通过了 IEE 802.3z 规范,使以太网进入了千兆时代,以太网数据传输速率达到了 1 000 Mb/s。

2002 年 7 月,IEEE 通过了 IEEE 802.3ae 规范,使以太网进入了万兆时代,以太网数据传输速率达到了 10 000 Mb/s,即 10 Gb/s。

2010 年 6 月,IEEE 通过了 802.3ba 规范,使以太网进入了十万兆时代,以太网数据传输速率达到了 100 Mb/s。

无论是 10 Mb/s 以太网、100 Mb/s 快速以太网,还是千兆以太网,乃至万兆以太网都采用 CSMA/CDMAC 层协议和相同的以太网帧结构。相同的协议和帧结构,使得以太网在对网络性能进行升级的同时,保护了原有的投资,受到用户的欢迎。

3.2.2 IEEE 802.3 和 OS 模型

IEEE 802 局域网体系结构只对应于 OSI/RM 的数据链路层和物理层,以太网将数据链路层的功能划分到了两个不同的子层:逻辑链路控制(LLC)子层和介质访问控制(MAC)子层。这些子层的使用极大地促进了不同终端设备之间的兼容性。对于以太网,IEEE 802.2 标准规范LLC 子层的功能,而 802.3 标准规范 MAC 子层和物理层的功能。逻辑链路控制处理上层与网络软件以及下层(通常是硬件)之间的通信。LLC子层获取网络协议数据(通常是 IPv4 数据包)并加入控制信息,帮助将数据包传送到目的节点。第二层通过 LLC 与上层通信。

---

① 邓世昆.计算机网络[M].北京:北京理工大学出版社,2018.

　　局域网对 LLC 子层是透明的,只有到 MAC 子层才能见到具体局域网。局域网链路层有两种不同的数据单元:LLC PDU(LLC 子层协议数据单元)和 MAC 帧(介质访问控制子层协议数据单元)。高层的协议数据单元传到 LLC 子层的时候,会加上适当控制信息,便构成了 LLC PDU;LLC PDU 再向下传到 MAC 子层的时候,也会在首部和尾部加上控制信息便构成了 MAC 子层的协议数据单元 MAC 帧[①]。

3.2.3　以太网 MAC 地址

　　由于 IEEE 802 局域网体系将数据链路层分为 LLC 和 MAC 子层,其中 MAC 位于 LLC 的下面,MAC 负责数据封装和媒体访问控制。在封装的时候,还提供了数据链路层寻址,便于将帧发送到某目的地。为协助确定以太网中的源地址和目的地址,创建了称为介质访问控制(MAC)地址的唯一标识符。

　　MAC 地址由 48 bit 长,12 个 16 进制数字组成,0 ~ 23 位是厂商向 IETF 等机构申请用来标识厂商的代码,也称为"编制上唯一的标识符"(Organizationally Unique Identifier,是识别 LAN(局域网)结点的标志。MAC 地址的 24 ~ 47 位由厂商自行分派,是各个厂商制造的所有网卡的一个唯一编号。在 OSI 模型中,第三层网络层负责 IP 地址,第二层数据链路层则负责 MAC 地址。因此一个网卡会有一个全球唯一固定的 MAC 地址,但可对应多个 IP 地址。

　　所有连接到以太网 LAN 的设备都有确定的 MAC 地址的接口。不同的硬件和软件制造商可能以不同的十六进制格式代表 MAC 地址。地址格式可能类似于 00-05-9A-3C-78-00、00:05:9A:3C:78:00 或 0005.9A3C.7800。MAC 地址被分配到工作站、服务器、打印机、交换机和路由器等通过网络发送或接收数据的任何设备。MAC 地址举例如下:

　　00:1D:09:14D2:7E(Dell)

　　00:13:02:81:7C:3fF(Intel Corporate)

　　00:11:11:74:02:fD(Intel)

　　00:ID:72:8C:8C:D6(Wistron)

　　00:18:39:84:8A:84(Cisco-Linksys)

　　00:50:56:C0:AA:01(VMWare)

[①] 林宏刚,何林波,唐远涛.网络设备安全配置与管理[M].西安:西安电子科技大学出版社,2019.

3.2.4 介质访问控制方法

以太网通信中,节点在共享信道的时候,如何保证传输信道有序、高效地为许多节点提供传输服务,这就是以太网的介质访问控制协议要解决的关键问题。目前主要采用的是带有冲突检测的载波监听多路访问控制技术,即 CSMA/CD(Carrier Sense Multiple Access/Collision Detect)。其实现流程如下:

(1)一个节点要发帧之前,必须首先监听信道,以确认共享信道上是否有其他节点正在发送帧。

(2)如果共享信道空闲,则发送帧。

(3)如果共享信道忙,则使用某种坚持退避算法(ALOHA,即不坚持、1—坚持、P—坚持)等待一段时间后重试。

(4)在发送帧的同时,继续作载波监听。

(5)如果检测到发生了冲突,则立即停止发送帧,同时向共享上广播一串阻塞信号,以通知信道上其他节点发生的冲突。

(6)在发生冲突后,使用退避算法作一段时间的退避,然后重发。如果重传次数超过 16 次时,就认为此帧永远无法正确发出,抛弃此帧,并向高层报错。

3.2.5 冲突域与广播域

以太网中会出现在通信信道发生数据碰撞,造成数据被破坏形成了冲突的情况。而且当在共享信道中接入的终端节点设备越多,这种冲突的概率就会越大,造成数据无法传输,因此需要采用 CSMA/CD 机制避免这种冲突。

以上提到的冲突,就是我们常说的“冲突域”,指一个支持共享介质的网段所在的区域都是冲突域。同时还有一个术语叫“广播域”,指一个广播帧能够到达的范围。目前的网络设备主要有以下三类。

3.2.5.1 集线器

集线器是一个工作在 OSI 参考模型的物理层上的设备,当它收到数据后,会立即把数据向集线器的所有的物理端口发送一次,因此此时所有端口不能发送数据,一旦发送,就会产生发送冲突,所以我们说集线器所有的端口是一个冲突域和广播域。

3.2.5.2 交换机

交换机是一个工作在 OSI 参考模型的数据链路层上的设备,它能够识别数据帧和 MAC 地址,根据数据帧中的目的 MAC 地址表查找交换机中的 MAC 地址表来转发数据到某一端口,其他端口不会产生冲突,所以我们说交换机的每个端口都是一个冲突域。当目的 MAC(比如广播帧)地址在交换机的 MAC 地址表中找不到的时候,将会直接将数据帧向所有端口进行广播,此时交换机的所有端口就都属于一个广播域。

3.2.5.3 路由器

路由器是一个工作在 OSI 参考模型的网络层上的设备,路由器转发数据是依靠路由表来转发数据。对于广播流量,路由器会处理但是不会转发数据。所以我们说路由器的每个端口都属于同一个冲突域和广播域。

3.2.6 以太网类型

3.2.6.1 10 Mb/s 以太网

10 Mb/s 以太网是早期传统的 10 Mb/s 传输率局域网技术,是一个广播式的、符合 IEEE 802.3 标准系列、采用 CSMA/CD 访问控制技术的以太网技术。其网络部署以总线型网络、星型网络为主。其中连接网络的网络设备以普通交换机和集线器为主,采用双绞线、同轴电缆和低速光纤作为传输介质。10 Mb/s 以太网主要有以下四种物理层标准:

10 BASE–5(粗同轴电缆以太网)

10 BASE–2(细同轴电缆以太网)

10 BASE–T(非屏蔽双绞线以太网)

10 BASE–F(光纤以太网)

其中"10"表示传输速率为 10 Mb/s;"BASE"表示"基带传输";"T"表示双绞线传输介质;"F"表示光纤传输介质。

3.2.6.2 快速以太网技术

随着多媒体技术、电子商务应用的发展,传统以太网组网技术已经不能满足用户的传输要求了。因而出现了 100 Mb/s 的快速以太网,被定义为 IEEE 802.3u。

在快速以太网中,局域网体系结构仍然处于 OSIRM 中的数据链路层和物理层,在数据链路层的 MAC 仍然采用 CSMA/CD 访问控制协议;在物理层中,IEEE 802.3u 定义了以下三种不同的物理技术规范:

(1)100 BASE-TX。

这种物理技术规范需要 2 对 UTP 双绞线,支持 5 类 UTP 和 1 类 STP 双绞线,支持全双工。其中,5 类 UTP 采用 RJ-45 连接器,而 1 类 STP 采用 9 芯梯形(DB-9)连接器。100BASE-TX 没有定义新的信号编码和收发技术,而是采用 FDDI 网络的物理技术标准,即 4B/5B 编码技术。

(2)100 BASE-FX。

这种物理技术规范采用光纤作为传输介质,使用 2 芯 625 μm/125 μm 多模光纤或用 2 芯 9 μm/125 μm 单模光纤。它也用 FDDI 物理层标准,使用相同的 4B/5B 编码方式。100 BASE-FX 可以支持全双工方式,节点和网络设备之间的最大距离可达 2 000 m。

(3)100 BASE-T4。

这种物理层协议采用 4 对 UTP 双绞线作为传输介质,支持 3 类、4 类、5 类 UTP 双绞线,其中 3 对用于数据传输,每对线的传输速率约为 33.3 Mb/s,总传输率为 100 Mb/s,1 对用于检测冲突。UTP 电缆线还是采用 RJ45 作为连接器,最大水平布线长度为 100 m。

3.2.6.3 千兆以太网技术

千兆以太网又称为吉比特以太网,允许在 1 GB/s 下全双工和半双工两种方式工作。千兆以太网不仅仅定义了新的媒体和传输协议,还保留了 10 M 和 100 M 以太网的协议、帧格式,以保持其向下的兼容性。随着越来越多的人使用 100 M 以太网,越来越多的业务负荷在骨干网上承载,千兆以太网因而成功地广泛应用。

千兆以太网使用与 IEEE 802.3 定义的 10 M/100 M 以太网一致的 CSMA/CD 和 MAC 层协议,与 10 BASE-T 和 100 BASE-T 技术兼容。千兆以太网主要用于连接核心服务器和高速局域网交换机,在半双工方式下使用 CSMA/CD 协议。

目前支持千兆以太网的物理技术标准主要有两个。

(1)IEEE 802.3z 标准。

这种标准是基于光纤通道的物理技术,采用 8B/10B 编码技术,有 3 种传输介质 1 000 BASE-SX、1 000 BASE-LX、1 000 BASE-CX。

①1 000 BASE-SX。1 000 BASE-SX 只支持短波的多模光纤,可以

采用直径为 62.5 μm/125 μm 或 50 μm/125 μm 的多模光纤,传输距离约 300 ~ 550 m。

②1 000 BASE-LX。1 000 BASE-LX 可以采用直径为 62.5 μm/125 μm 或 50 μm/125 μm 的多模光纤,工作波长范围为 1 270 ~ 1 355 nm,传输距离约为 550 m;1000 BASE-LX 可以支持直径为 9 μm/125 μm 或 10 μm/125 μm 的单模光纤,常见为 9 μm/125 μm 的单模光纤,工作波长范围为 1 270 ~ 1 355 m,传输距离为 3 000 m 左右。

③100 BASE-CX。采用 150 Ω 屏蔽双绞线(STP),传输距离为 25 m。

(2)IEEE 802.3ab 标准。

IEEE 802.3ab 定义了基于 4 对 5 类 UTP 的 1 000 BASE-T 标准的双绞线,链路操作模式为半双工操作,以 1 000 Mb/s 速率的传输距离可达 100 m。IEEE 802.3ab 标准的优点主要是保护用户在 5 类 UTP 布线系统上的投资;1 000 BASE-T 是 100 BASE-T 的自然扩展,与 10 BASE-T、100 BASE-T 完全兼容,但是需要解决 5 类 UTP 的串扰和信号衰减问题才可以支持 1 000 Mb/s 传输速率。

3.2.6.4 万兆以太网技术

最初,万兆以太网主要应用于大容量的以太网交换机间的高速互连,随着 Internet 的快速发展和带宽需求的增长,万兆以太网已经应用于整个网络,包括应用服务器、骨干网和校园网。它使得 ISP 和 NSP 能够以一种廉价的方式提供高速的服务。

10 吉比特以太网与 10 Mb/s,100 Mb/s 和 1Gb/s 以太网的帧格式完全相同,保留了 IEEE 802.3 标准规定的以太网最小和最大帧长,便于升级,不再使用铜线而只使用光纤作为传输媒体,最大的传输距离从 300 m 一直到 40 km。

10 吉比特以太网只工作在全双工方式,因此没有争用问题,也不使用 CSMA/CD 协议。

10 吉比特以太网技术的应用,使得以太网技术从局域网,推广到城域网和广域网,实现了远距离的端到端的以太网传输。用于广域网时,其物理层的数据率为 9.953 28 Gb/s,这是为了和所谓的 "Gb/s" 的 SONET/SDH (即 0C-192/STM-64)相连接。

3.3 交换式局域网

以太网交换技术是在多端口网桥的基础上于 20 世纪 90 年代初发展起来的。交换式局域网的核心是交换式集线器(交换机,Switch),其主要特点是:所有端口平时都不连通;当高点需要通信时,交换机才同时连通许多对端口,使每一对相互通信的站点都能像独占通信信道那样,进行无冲突的传输数据,即每个站点都能独享信道速率;通信完成后就断开连接。因此,交换式网络技术是提高网络效率、减少拥塞的有效方案之一。

目前,80% 的局域网(LAN)是以太网,在局域网中大量地使用了集线器(Hub)或交换机(Switch)。利用集线器连接的局域网叫共享式局域网,利用交换机连接的局域网叫交换式局域网。交换式局域网作为一种能通过增加网段提高局域网容量的技术,已经迅速地确立了它自己的地位。这是因为局域网交换机能够以较低的成本在多个网段提供高质量的报文传输服务。这正如以前的路由器,作为连接局域网段的互联设备曾大量替代了互联网桥,而现在交换机趋向于替代局域网中的路由器。

3.3.1 交换式局域网的体系结构

3.3.1.1 共享式局域网

传统的局域网技术建立在"共享介质"的基础上,网中所有节点共享一条公共通信传输介质,典型的介质访问控制方式是 CSMA/CD、Token Ring 与 Token Bus。介质访问控制方式用来保证每个节点都能够"公平"地使用公共传输介质。IEEE 802.2 标准定义的共享介质局域网有以下三种。

(1)采用 CSMA/CD 介质访问控制方式的总线型局域网。

(2)采用 Token Bus 介质访问控制方式的总线型局域网。

(3)采用 Token Ring 介质访问控制方式的环型局域网。

共享式局域网存在以下几个问题。

(1)共享式以太网虽然具有搭建方法简单、实施成本低(适用于小型网络)的优点,但它的缺点是明显的。由于所有用户共享带宽,每个用户的实际可用带宽随着网络用户数的增加而递减。依据实际的工程经验,采用 100 Mb/s 集线器的站点不宜超过三四十台,否则很可能会导致网络速度非常缓慢。而 10 Mb/s 共享式以太网目前已不能满足网络通信的需求,因此很少使用了。所以,当网络规模较大时,只有通过使用交换机才能保证每台主机分配足够的网络带宽。

（2）在网络设计中,网络设备的选型具有决定性的意义。如果选型不当,很可能会导致网络性能达不到要求,或者造成网络设备的浪费。由于共享式以太网采用 CSMA/CD 机制,使得网络没有 QoS（服务质量）保障。"QoS"的意思是网络可以给每台主机分配指定的带宽,或者至少要达到某一带宽要求。现在网络交换机的价格越来越低,与相同级别的集线器的价格相差不大,而性能上的差异却非常大,因此应尽可能地选购带宽独享的交换机,使用交换式以太网,以提高网络性能。

3.3.1.2 交换式以太网

交换式以太网中,变换机供给每个用户专用的信息通道,除非两个源端口企图将信息同时发往同一目的端口,否则各个源端口与各自的目的端口之间可同时进行通信而不发生冲突。交换机只是在工作方式上与集线器不同,其他的连接方式、速度选择等则与集线器基本相同。目前,局域网中的交换机正逐渐取代集线器。

近几年突起的交换式局域网技术,能够解决共享式局域网所带来的网络效率低、不能提供足够的网络带宽和网络不易扩展等一系列问题。它从根本上改变了共享式局域网的结构,解决了带宽瓶颈问题。目前已有交换以太网、交换令牌环、交换 FDDI 和 ATM 等交换局域网,其中交换以太网应用最为广泛。交换局域网已成为当今局域网技术的主流。

交换式以太网是以以太网交换机为中心而构成的星型拓扑结构网络。交换机提供了桥接能力以及现存网络上增加带宽的功能。以太网交换机的原理很简单,它检测数据包的源和目的地 MAC(介质访问层)地址,然后与系统内部的动态查找表进行比较,若数据包的 MAC 层地址不在查找表中,则将该地址加入查找表中,并将数据包发送给相应的目的端口。

交换式以太网不需要改变网络其他硬件,包括电缆和用户的网卡,仅需要用交换式交换机改变共享式集线器,节省用户网络升级的费用。

3.3.1.3 交换式局域网

交换式局域网中采用三种交换技术。

（1）端口交换。

端口交换技术最早出现在插槽式的集线器中,这类集线器的背板通常划分有多条以太网段,不用网桥或路由器连接,网络之间是互不相通的。以太主模块插入后通常被分配到某个背板的网段上,端口交换用于将以太模块的端口在背板的多个网段之间进行分配、平衡。

（2）帧交换。

帧交换是目前应用最广的局域网交换技术,它通过对传统传输媒介进行微分段,提供并行传送的机制,以减小冲突域,获得高的带宽。

（3）信元交换。

ATM 技术代表了网络和通信技术发展的未来方向,也是解决目前网络通信中众多难题的一剂"良药"。ATM 采用固定长度 53 个字节的信元交换,由于长度固定,因此便于使用硬件实现。ATM 采用专用的非差别连接,并行运行,可以通过一个交换机同时建立多个节点,但并不会影响每个节点之间的通信能力。

3.3.2 交换式局域网的技术特点

与共享介质的传统局域网相比,交换式以太网具有以下优点。

（1）保留现有以太网的基础设施,只需将共享式 Hub 改为交换机,大大节省了升级网络的费用。

（2）交换式以太网使用大多数或全部的现有基础设施,当需要时还可追加更多的性能。

（3）在维持现有设备不变的情况下,以太网交换机有着各类广泛的应用,可以将超载的网络分段,或者加入网络交换机后建立新的主干网等。

（4）可在高速与低速网络间转换,实现不同网络的协同。目前大多数交换式以太网都具有 100 Mb/s 的端口,通过与之相对应的 100 Mb/s 的网卡接入到服务器上,暂时解决了 10 Mb/s 的瓶颈,成为网络局域网升级时首选的方案。

（5）交换式以太网是基于以太网的,只需了解以太网这种常规技术和一些少量的交换技术就可以很方便地被工程技术人员掌握和使用。

（6）交换式局域网可以工作在全双工模式下,实现无冲突域的通信,大大提高了传统网络的连接速度,可以达到原来的 200%。

（7）交换式局域网提供多个通道,比传统的共享式集线器提供更多的带宽。传统的共享式 10/100 Mb/s 以太网采用广播式通信方式,每次只能在一对用户间进行通信,如果发生碰撞还得重试,而交换式以太网允许不同用户间进行传送,比如一个 16 端口的以太网交换机允许 16 个站点在 8 条链路间通信。

（8）在共享以太网中,网络性能会因为通信量和用户数的增加而降低。交换式以太网进行的是独占通道、无冲突的数据传输,网络性能不会因为通信量和用户数的增加而降低。交换式以太网可提供最广泛的媒体支持,因为交换式以太网是以太网的一种,它可以在第 5 类双绞线与光纤上运行,尤其是光纤以太网使得交换式以太网非常适合于作主干网。

3.4　虚拟局域网

3.4.1 虚拟局域网简介

随着以太网技术的普及,以太网的规模也越来越大,从小型的办公环境到大型的园区网络,网络管理变得越来越复杂。首先,在采用共享介质的以太网中,所有节点位于同一冲突域中,同时也位于同一广播域中,即一个节点向网络中某些节点的广播会被网络中所有的节点所接收,造成很大的带宽资源和主机处理能力的浪费。为了解决传统以太网的冲突域问题采用交换机对网段进行逻辑划分。但是,交换机虽然能解决冲突域问题,却不能克服广播域问题。例如,一个 ARP 广播就会被交换机转发到与其相连的所有网段中,当网络上有大量这样的存在时,不仅是对带宽的浪费,还会因过量的广播产生广播风暴,当交换网络规模增加时,网络广播风暴问题还会更加严重,并可能因此导致网络瘫痪。再者,在传统的以太网中,同一个物理网段中的节点也就是一个逻辑工作组,不同物理网段中的节点是不能直接相互通信的。这样,当用户由于某种原因在网络中移动但同时还要继续原来的逻辑工作组时,就必然会需要进行新的网络连接乃至重新布线。

为了解决上述问题,虚拟局域网(Virtual Local Area Network , VLAN)应运而生。虚拟局域网是以局域网交换机为基础,通过交换机软件实现根据功能、部门、应用等因素将设备或用户组成虚拟工作组或逻辑网段的技术,其最大的特点是在组成逻辑网时无须考虑用户或设备在网络中的物理位置。VLAN 可以在同一个交换机或者跨交换机实现。

VLAN 是一种比较新的技术,工作在 OSI 参考模型的第二层和第三层,一个 VLAN 就是一个广播域,VLAN 之间的通信是通过第三层的路由器来完成的。

与传统的局域网技术相比较,VLAN 技术更加灵活,它具有以下优点:网络设备的移动、添加和修改的管理开销减少;可以控制广播活动;可以提高网络的安全性。

IEEE 于 1999 年颁布了用以标准化 VLAN 实现方案的 IEEE 802.1Q 协议标准草案。802.1Q 协议(Virtual Bridged Local Area Network 协议)主要规定了 VLAN 的实现。802.1Q 协议规范确定了 VLAN 数据帧的带有四个字节共 32 位标签头(tag)的数据帧包头,所有 32 位均插入在正常数据帧包头的目的地址与源地址之后。

这四个字节的 802.1Q 标签头包含了两个字节的 TPID(Tag Protocol Identifer,标签协议标识)和两个字节的 TCI(Tag Control Information,标签控制信息)。TPID 是 IEEE 定义的新的类型,表明这是一个加了 802.1Q 标签的数据帧。

在标签头中,TCI 字节中 Priority 字段有三个优先位用于指明帧的优先级,一共有八种优先级,主要用于当交换机阻塞时,优先发送哪个数据包。802.1Q 的优先位可由桌面系统服务器、路由器和第三层交换机来设置。

虚拟局域网与物理局域网的差异有:

(1)虚拟局域网的覆盖范围不受区域的限制,可以位于不同的省市、国家。而物理局域网要受距离的限制,例如一般的 Hub 与站点之间的传输距离为 100 m。

(2)虚拟局域网能充分发挥网络的优势,体现交换网络高速、灵活、易管理等特性。对于物理局域网,如果对某些用户重新进行网段分配,需要网络管理员对网络系统的物理结构重新进行调整,甚至需要追加网络设备,增大网络管理的工作量。而对于采用 VLAN 技术的网络来说,一个 VLAN 可以根据部门职能、对象组或者应用将不同地理位置的网络用户划分为一个逻辑网段。

3.4.2 虚拟局域网的类型

VLAN 是建立在物理网络基础上的一种逻辑子网,因此要建立 VLAN 就需要相应的支持 VLAN 技术的网络设备。当网络中的不同 VLAN 之间进行相互通信时,需要路由的支持,这时就需要增加路由设备;要实现路由功能,既可采用路由器,也可采用三层交换机来完成。通常划分交换机

VLAN 的方式有以下几种。

3.4.2.1 根据 MAC 地址来划分 VLAN

这种划分 VLAN 的方法是根据每个主机的 MAC 地址来划分的,即对每个 MAC 地址的主机都配置它所属的组。这种划分 VLAN 方法的最大优点就是当用户物理位置移动时,即从一个交换机换到其他的交换机时,VLAN 不用重新配置,所以,可以认为这种根据 MAC 地址的划分方法是基于用户的 VLAN。这种方法的缺点是初始化时,所有的用户都必须进行配置,如果有几百个甚至上千个用户时,配置是非常累的。而且这种划分的方法也导致了交换机执行效率的降低,因为在每一个交换机的端口都可能存在很多个 VLAN 组的成员,这样就无法限制广播包了。另外,对于使用笔记本式计算机的用户来说,他们的网卡可能需要经常更换,这样,VLAN 就必须不停地配置。

3.4.2.2 根据网络层划分 VLAN

这种划分 VLAN 的方法是根据每个主机的网络层地址或协议类型(如果支持多协议)划分的,虽然这种划分方法是根据网络地址,如 IP 地址划分的,但它不是路由,与网络层的路由毫无关系。

这种方法的优点是用户的物理位置改变了,不需要重新配置所属的 VLAN,而且可以根据协议类型来划分 VLAN。不需要附加的帧标签来识别 VLAN,这样可以减少网络的通信量。

这种方法的缺点是效率低,因为检查每一个数据包的网络层地址是需要消耗处理时间的,一般的交换机芯片都可以自动检查网络上数据包的以太网帧头,但要让芯片能检查 IP 帧头则需要更高的技术,同时也更费时。

3.4.2.3 基于端口划分 VLAN

基于端口的 VLAN 是最常应用的一种 VLAN,目前绝大多数 VLAN 协议的交换机都提供这种 VLAN 配置方法。这种 VLAN 是根据以太网交换机的交换端口来划分的,它是将 VLAN 交换机上的物理端口和 VLAN 交换机内部的 PVC(Permanent Virtual Circuit,永久虚电路)端口分成若干个组,每个组构成一个虚拟网,相当于一个独立的 VLAN 交换机。例如,一个交换机的 1、2、3、4、5 端口被定义为虚拟网 A,同一交换机的 6、7、8

端口组成虚拟网 B。基于端口划分 VLAN 方法的优点是定义 VLAN 成员时非常简单,只需将所有的端口都定义为相应的 VLAN 组即可,适合于任何大小的网络。它的缺点是如果某用户离开了原来的端口,到了一个新的交换机的某个端口,则必须重新定义。

3.4.2.4 基于规则的 VLAN

基于规划的 VLAN 也称为基于策略的 VLAN。这是比较灵活的 VLAN 划分方法,具有自动配置的能力,能够把相关的用户连成一体,在逻辑划分上称为"关系网络"。网络管理员只需在网管软件中确定划分 VLAN 的规则(或属性),那么当一个站点加入网络中时,将会被"感知",并被自动地包含进正确的 VLAN 中。同时,对站点的移动和改变也可自动识别和跟踪。

3.4.2.5 按用户划分 VLAN

基于用户定义、非用户授权来划分 VLAN 是指为了适应特别的 VLAN 网络,根据具体的网络用户的特别要求来定义和设计 VLAN,而且可以让非 VLAN 群体用户访问 VLAN。但是需要提供用户密码,在得到 VLAN 管理的认证后才可以加入一个 VLAN。

以上划分 VLAN 的方式中,基于端口划分 VLAN 的方式建立在物理层上;MAC 方式建立在数据链路层上;网络层和广播方式建立在第三层上。

3.4.3 虚拟局域网的技术特点

3.4.3.1 广播控制

将网络划分为多个 VLAN 可减少参与广播风暴的设备数量。LAN 分段可以防止广播风暴波及整个网络。VLAN 可以提供建立防火墙的机制,防止交换网络的过量广播。使用 VLAN,可以将某个交换端口或用户赋于某一个特定的 VLAN 组,该 VLAN 组可以在一个交换网中或跨接多个交换机,在一个 VLAN 中的广播不会送到 VLAN 之外。同样,相邻的端口不会收到其他 VLAN 产生的广播。这样可以减少广播流量,释放带宽给用户应用。

3.4.3.2 安全性

对于保密要求高的用户，可以分在一个 VLAN 中，尽管其他人在同一个物理网段内，也不能透过虚拟局域网的保护访问保密信息。由于 VLAN 是一个逻辑分组，与物理位置无关，所以 VLAN 间的通信需要经过路由器或网桥，当经过路由器通信时，可以利用传统路由器提供的保密、过滤等 OSI 三层的功能对通信进行控制管理。当经过网桥通信时，利用传统网桥提供的 OSI 一层过滤功能进行包过滤。

3.4.3.3 性能

VLAN 可以提高网络中各个逻辑组中用户的传输流量，比如在一个组中的用户使用流链很大的 CAD/CAM 工作站，或使用广播信息很大的应用软件，它只影响到本 VLAN 内的用户，对于其他逻辑工作组中的用户则不会受它的影响，仍然可以以很高的速率传输，因此提高了使用性能。

3.5　无线局域网技术

3.5.1 无线局域网简介

无线局域网（ Wireless Local Area Networks，WLAN ）是相对于有线网络而言的一种全新的网络组建方式，是一种相当便利的数据传输系统，它主要利用射频（ Radio Frequency，RF ）技术，取代传统的双绞线所构成的局域网络。

WLAN 能够利用简单的存取架构让用户透过它达到"信息随身化、便利走天下"的理想境界。这样，你可以坐在家里的任何一个角落，享受网络的乐趣，而不必像从前那样必须要迁就于网络接口的布线位置。

无线局域网是无线网络的主要应用形式，在无线网络中占据很大比例。它提供无线接入功能，具有节省投资，建网方便等优点。

无线局域网遵守 802.11 标准；是一个无线以太网；采用星型拓扑结构；中心设备是基站，又称为接入点 AP，基站具有一个 32 字节的基本服务集标识符（ BSSID ）。不同于以太网 CSMA/CD 协议，无线局域网 MAC 层使用 CSMA/CA 协议；得到广泛使用的 Wi-Fi（无线高保真度）技术，就是应用于无线局域网中。

3.5.2 无线局域网的组成

无线局域网的基本组成单元是基本服务集 BSS。基本服务集是一个基站和与该基站连接的所有移动站。若干个基站通过分配系统 DS（通常是有线连接方式）构成一个扩展服务集 ESS，一个 ESS 相当于一个局域网。一个 ESS（局域网）可以通过 Portal（户）与其他局域网相连，构成扩展局域网（在整个互联网中具有相同网络号），然后通过路由器与互联网相连。

无线连接只存在于移动站和基站之间，除此之外的所有连接都是有线连接。 Portal 功能相当于网桥，但与网桥不同。网桥一般连接同类型网络（如都是 802.3 标准的以太网），Portal 主要将采用 802.11 标准的无线以太网与有线以太网相连，所以可以说 Portal 连接的是不同类型的网络，这是普通网桥做不到的。

与以太网中的工作站不同，无线局域网中的移动站能够移动，当移动站移动到不同基站之间时必须实现自动切换功能。

与有线网比较，有线网是由几个局域网经过网桥形成一个扩展局域网，构成一个具有相同网络号的局域网络。因此，有线局域网是一个由局域网和扩展局域网构成的两级网络。无线网首先由几个基本服务集 BSS 经分配系统 DS 相连构成一个扩展服务集 ESS，几个 ESS 经过 Portal 相连形成一个扩展局域网，构成一个具有相同网络号的局域网络。因此，无线局域网是一个 BSS、ESS 和扩展局域网构成的三级网络。但对于网络建设而言 BSS 部分只是一个基站[①]。

一个移动站若要加入到一个基本服务集 BSS，就必须先选择一个作为接入点 AP 的基站，并与此基站建立关联（association）。建立关联就表示这个移动站加入了选定的基站所属的子网，并和这个基站之间创建了一个虚拟线路。只有关联的基站才向这个移动站发送数据帧，而这个移动站也只有通过关联的基站才能向其他站点发送数据帧。

移动站与基站建立关联的方法有被动扫描和主动扫描两种。被动扫描是移动站等待接收周期性发出的信标帧（beacon frame）。信标帧中包含有若干系统参数（如服务集标识符 SSID 以及支持的速率等）。主动扫描，即移动站主动发出探测请求帧（probe request frame），然后等待从基

---

① 于子凡.计算机网络管理及应用 [M].武汉：武汉大学出版社，2018.

站发回的探测响应帧(probe response frame)[1]。

现在许多地方,如办公室、机场、快餐店、旅馆、购物中心等都能够向公众提供有偿或无偿接入的 Wi-Fi 服务,这样的地点叫作热点。由许多热点和基站连接起来的区域叫作热区(hot zone)。热点也就是公众无线入网点。现在也出现了无线因特网服务提供者 WSP (Wireless Internet Service Provider)这一名词。用户可以通过无线信道接入到 WSP,然后再经过无线信道接入因特网。

3.5.3 IEEE 802.11 标准

由于 WLAN 是基于计算机网络与无线通信技术,在计算机网络结构中,逻辑链路控制层及其之上的应用层对不同的物理层的要求可以是相同的,也可以是不同的。因此,WLAN 标准主要是针对物理层和媒质访问控制层,涉及所使用的无线频率范围、空中接口通信协议等技术规范与技术标准。

IEEE 802.11 是在 1997 年 6 月通过的标准,该标准定义物理层和媒体访问控制规范。物理层定义了数据传输的信号特征和调制,定义了两个 RF 传输方法和一个红外线传输方法,RF 传输标准是跳频扩频和直接序列扩频,工作在 2.4 ~ 2.483 5 GHz 频段范围内。IEEE 802.11 是 IEEE 最初制定的一个无线局域网标准,主要用于解决办公室局域网和校园网中用户与用户终端的无线接入,业务主要限于数据访问,速率最高只能达到 2 Mb/s。由于它在速率和传输距离上都不能满足人们的需要,所以 IEEE 802.11 标准被 IEEE 802.11b 标准取代了。

IEEE 802.b 标准规定 WLAN 工作频段在 2.4 ~ 2.483 5 GHz 范围内,数据传输速率达到 11 Mb/s,传输距离控制在 15.24 ~ 45.72 m。该标准是对 IEEE 802.11 的一个补充,采用补偿编码键控调制方式,采用点对点模式和基本模式两运作模式,在数据传输速率方面可以根据实际情况在 11 Mb/s、5.5 Mb/s、2 Mb/s、1 Mb/s 的不同速率间自动切换,它改变了 WLAN 设计状况,扩大了 WLAN 的应用领域[2]。

IEEE 802.11a 标准规定 WLAN 工作频段在 5.15 ~ 5.825 GHz 范围内,数据传输速率达到 54 Mb/s 或 72 Mb/s,传输距离控制在 10 ~ 100 m。

①　陈健,金志权,许健,等 . 计算机网络基础教程 [M]. 北京: 中国铁道出版社,2015.
②　吴阳波,廖发孝 . 计算机网络原理与应用 [M]. 北京: 北京理工大学出版社,2017.

该标准也是 IEEE 802.1 的一个补充,扩充了标准的物理层,采用正交频分复用(Orthogonal Frequency Division Multiplexing, OFDM)的独特扩频技术和 QFSK 调制方式,可提供 25 Mb/s 的无线 ATM 接口和 10 Mb/s 的以太网无线帧结构接口,支持多种业务如话音、数据和图像等,一个扇区可以接入多个用户,每个用户可带多个用户终端。IEEE 802.11a 标准是 IEEE 802.11b 的后续标准,其设计初衷是取代 802.11b 标准。然而工作于 2.4 GHz 频带是不需要执照的,该频段属于工业、教育、医疗等专用频段,是公开的,而工作于 5.15 ~ 8.825 GHz 频带则需要执照。

IEEE 802.11g 标准的最大网络传输速率为 54 Mb/s,并且可以向下兼容 801.11b 标准。该标准在 24 GHz 频段使用正交频分复用调制技术,使数据传输速率提高到 20 Mb/s 以上。

IEEE 802.11i 标准是结合 IEEE 802.1x 中的用户端口身份验证和设备验证,对 WLAN MAC 层进行修改与整合,定义了严格的加密格式和鉴权机制,以改善 WLAN 的安全性。IEEE 802.11i 新修订标准主要包括两项内容: Wi-Fi 保护访问(Wi-Fi Protected Access, WPA)技术和强健安全网络(Robust Security Network, RSN)。Wi-Fi 联盟采用 802.11i 标准作为 WPA 的第二个版本,并于 2004 年年初开始实行。IEEE 802.11i 标准在 WLAN 网络建设中是相当重要的,数据的安全性是 WLAN 设备制造商和 WLAN 网络运营商应该首先考虑的头等工作[1]。

IEEE 802.11n 是在 IEEE 802.11g 和 IEEE 802.11a 之上发展起来的一项技术,它最大的特点是速率提升,理论速率最高可达 600 Mb/s。802.11n 可工作在 24 GHz 和 5 GHz 两个频段。

IEEE 802.11ac 是 IEEE 802.11ln 的继承者,它通过 5 GHz 频带进行通信。理论上,它能够提供最多 1 Gb/s 带宽进行多站式无线局域网通信,或是最少 500 Mb/s 的单一连接传输带宽。目前市面上高端主流的无线宽带路由器都支持这个标准。

3.5.4 无线局域网的组网设备

无线网络的组网设备主要包括无线网卡、无线接入点(Access point, AP)、无线路由器(Wireless Router)和无线天线。当然,并不是所有的无线都需要以上 4 种设备。

---

[1]　毕开春,夏万利,李维娜.国外物联网透视 [M].北京:电子工业出版社,2012.

事实上,只需几块无线网卡,就可以组建一个小型的对等式无线网络。对等式无线网络的优点是省略了一个无线接入点的投资,仅需要为台式机或笔记本电脑购置一块 PCI 或 USB 接口的无线网卡即可。但是,当需要扩大网络规模或需要将无线网络与传统的局域网连接在一起时,才需要使用无线接入点。

无线局域网只有当实现 Internet 接入时,才需要用到以上所列无线路由器。而无线局域网中的无线天线主要用于放大信号,以接收更远距离的无线信号,从而扩大无线网络的覆盖范围。

3.5.4.1 无线网卡

无线网卡是终端无线网络的设备,是不通过有线连接,采用无线信号进行数据传输的终端。无线网卡的作用、功能跟普通计算机网卡一样,是用来连接到局域网上的。它只是一个信号收发的设备,只有在找到连接互联网的出口时才能实现与互联网的连接,所有无线网卡只能局限在已布有无线局域网的范围内。无线网卡根据接口的不同,主要有 PCMCIA 无线网卡、PCI 无线网卡、MiniPCi 无线网卡、USB 无线网卡、CF/SD 无线网卡等几类产品。从速度来看,无线网卡主流的速率为 54 Mb/s、108 Mb/s、150 Mb/s、300 Mb/s、450 Mb/s,无线网卡的传输速度和环境有很大的关系。

3.5.4.2 无线接入点

在典型的 WLAN 环境中,主要有发送和接收数据的设备,称为接入点 / 热点 / 网络桥接器(Access Point, AP)。无线 AP 是在工作站和有线网络之间充当桥梁的无线网络节点,它的作用相当于原来的交换机或者是集线器,无线 AP 本身可以连接到其他的无线 AP,但是最终还要有一个无线设备接入有线网来实现互联网的接入。

无线 AP 类似于移动电话网络的基站。无线客户端通过无线 AP 同时与有线网络和其他无线客户端通信。无线 AP 是不可移动的,只用于充当扩展有线网络的外围桥梁。

一个典型的企业应用,就是在有线网络上安装数个无线接入点,提供办公室局域网络的无线存取。在无线接入点的接收范围内,无线用户端既有移动性的好处,又能充分地与网络连接。在这种场合,无线接入点成为使用者端接入有线网络的一个接口。另外一个用途则是不允许使用网缆连接,如制造商使用无线网络连接办公室和货仓之间的网络连线。

3.5.4.3 无线路由器

无线路由器是指将单纯性无线接入点和宽带路由器合二为一的扩展型产品,它不仅具备单纯性无线接入点所有功能,如支持 DHCP 客户端、支持虚拟专用网、防火墙、支持 WEP 加密等,还包括了网络地址转换(Network Address Translation,NAT)功能,可支持局域网用户的网络连接共享。

无线路由器可实现家庭无线网络中的 Internet 连接共享,实现非对称数字用户线(Asymmetric Digital Subscriber Line,ADSL)、电缆调制解调器(Cable Modem,CM)和小区宽带的无线共享接入。无线路由器可以与所有以太网接的 ADSL 调制解调器或 CM 直接相连,也可以在使用时通过交换机/集线器、宽带路由器等局域网方式再接入。其内置有简单的虚拟拨号软件,可以存储用户名和密码拨号上网,可以实现为拨号接入 Internet 的 ADSL、CM 等提供自动拨号功能,而无须手动拨号或占用一台计算机作为服务器。此外,无线路由器一般还具备相对更完善的安全防护功能。

3.5.4.4 无线天线

当计算机与无线接入点或其他计算机相距较远时,或者根本无法实现与 AP 或其他计算机之间的通信时,就必须借助于无线天线对所接收或发送的信号进行增益(放大)。

无线天线有多种类型,不过常见的有两种:一种是室内天线,优点是方便、灵活,缺点是增益小、传输距离短;另一种是室外天线。室外天线的类型比较多,一种是锅状的定向天线,另一种是棒状的全向天线。室外天线的优点是传输距离远,比较适合远距离传输。

无线设备本身的天线都有一定距离的限制,当超出这个限制的距离,就要通过这些外接天线来增强无线信号,达到延伸传输距离的目的。

3.5.5 WLAN 的配置及应用

当两个独立的有线局域网需要互联但是相互之间又不便于进行物理连线时,可以采用无线网桥进行连接。

这里可以选择具有网桥功能的无线接入点来实现网络连接,这种网络连接属于点对点连接,无线网桥不仅提供了两个局域网间的物理层与数据链路层的连接,还为两个局域网内的用户提供路由与协议转换的较高层的功能。在无线组网结构上,主要有以下 3 种。

3.5.5.1 无线接入点接入型

利用无线接入点作为中心节点组建星型结构的无线局域网,具有与有线组网方式类似的特点,与无线接入点连接的终端可以是智能手机、平板式电脑和计算机等。

这种局域网可以采用类似于交换型以太网的工作方式,但要求无线接入点具有简单的网内交换功能。

3.5.5.2 交换接入型

多台装有无线网卡的计算机利用无线接入点连接在一起,再通过交换机接入有线局域网,实现一个网络中无线部分与有线部分的连接。

在这种结构中,如果使用宽带路由功能的无线接入点或添加路由器,则可以与独立的有线局域网连接。

3.5.5.3 无中心接入型

在无中心接入型结构中,不使用无线接入点,每台计算机只要装上无线网卡就可以实现任意两台计算机之间的通信,这种通信方式类似于有线局域网中的对等局域网,这种结构的无线网络不能连接到其他外部网络。

第4章 广域网和网络接入

当主机之间的距离较远时,局域网就无法完成主机之间的通信任务,这时就需要另一种结构的网络,即广域网。广域网技术主要用于地区、国家、洲际、全球之间把局域网连接起来,它由交换系统和传输网络构成,采用分组交换和存储转发技术,可向上层提供面向连接的服务和无连接的服务。

4.1 广域网

4.1.1 广域网概述

广域网是指在一个更大的地理范围内建立的计算机网络,从本质来说,广域网与局域网即以太网一样,都属于通信子网的范畴,均是用于实现资源子网内主机间的相互连接。但是与局域网明显不同的是广域网往往由政府电信部门或专业的电信公司建立与管理,这些网络多数会为社会公众提供通信服务,因此也被称为公用电信网络;少数大型的企事业单位因自身业务需求,也会建立属于本单位自用的广域网,如全国公安网络、税务网络等。

广域网技术及其协议主要对应于 OSI 体系结构最下面的三层:物理层、数据链路层、网络层。在互联网发展的早期,这三层的广域网协议众多且相互间的兼容性并不很好,尤其在物理层与数据链路层中广域网的协议标准众多且并没有实现完全统一,在不同的广域网技术标准中,这两层的协议可以说是千差万别,但随着 TCP/IP 的逐步成功,现今使用的广域网技术多数已经可以与 TCP/IP 体系结构中网络层的 IP 协议相兼容,不同的广域网之间可以通过相同的 IP 协议进行异构网络的互连。因此在如今的广域网相互连接中,经常需要使用网络层的路由器进行基于 IP 协议的互连。底层异构的广域网通过 IP 协议的相互连接构成了如今的互联网,可以说互联网是目前最大的广域网[1]。

　　根据作用的不同,广域网可以划分为骨干网、城域网、接入网三个不同的层次,其中的骨干网与城域网也合称核心主干网,多采用分布式结构连接网络中的节点设备,如广域网交换机、路由器等;接入网介于本地局域网(或用户)与核心主干网之间,通常使用点到点链路(如电话线路、光纤等)将局域网或用户接入到核心主干网,并通过核心主干网连接到互联网。

　　广域网的复杂性很大程度上是由于其使用的交换技术不统一造成的,这些交换技术主要有电路交换、报文交换、分组交换三种技术。

　　交换技术是交换节点为了完成交换功能所采用的互通技术,传统意义上的交换技术只有电路交换与分组交换,用于实现两层以下的信息交互。严格来说,第二层之上的任何技术都不能说是交换技术,但目前交换的概念已广义化,三层交换、四层交换和七层交换的概念也相继被提出。随着互联网快速的发展,广域网内使用的主要交换技术也出现了一些变化,现在的广域网中使用的交换技术可以分为 4 种:电路交换、虚电路分组交换,数据报分组交换、光交换。了解广域网使用的交换技术对于理解广域网的复杂性非常重要[2]。

4.1.2 广域网的内部结构

　　按照资源子网和通信子网的划分,对应在通信子网的层次,广域网主要实现通信任务。按照 OSI 参考模型,广域网主要涉及七层模型的下面三层,即网络层、数据链路层、物理层。

　　广域网的内部结构主要是交换节点和传输链路。广域网内部的交换节点使用交换机,传输链路是由各种传输介质组成的物理链路。节点交换机通过物理链路来实现互联构成远程通信网络。数据传输时,数据从源端出发,通过通信子网内部节点交换机的不断转发到达目的端,实现了从发送端到接收端的远距离数据通信任务。广域网的结构如图 4-1 所示[3]。

---

①　翔高教育计算机教学研究中心 .2013 计算机学科专业基础综合复习指南 [M].
上海：复旦大学出版社，2012.
②　邓世昆 . 计算机网络 [M].北京：北京理工大学出版社，2018.
③　邓世昆 . 计算机网络 [M].昆明：云南大学出版社，2015.

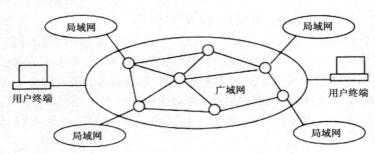

图 4-1　广域网的结构

广域网的内部结构与互联网内部结构不同。互联网内部结构的交换节点是路由器,物理链路是物理网络(局域网和广域网),通过路由器实现了不同网络的互联,在不同的网络间实现了数据转发,完成不同网络间的通信任务。而广域网内部的交换节点是交换机,传输链路是由各种传输介质组成的各种物理链路,节点交换机通过物理链路实现互联构成远程通信广域网①。

广域网中,节点交换机主要完成分组交换,传输链路提供节点交换机到节点交换机的连接。为了提高可靠性,通常一台节点交换机通过多条链路与多台节点交换机相连,使得通过广域网通信的双方具有多条路径可达,广域网的网络拓扑一般为网状拓扑。

现代广域网中的传输链路一般是长距离的光缆,由这些光缆组成高速传输链路。在无线交换网中,通信链路可以通过卫星链路、微波链路以及其他无线信道实现传输。

广域网中之所以使用节点交换机,而不是使用路由器来构建网络,主要原因是广域网是在同一种网络中进行传输,它们使用同一种协议进行通信,通过中间节点的不断转发,实现远距离传输通信。

广域网使用交换机来获得更高的转发速率。而互联网是通过路由器将不同的网络互联起来,不同的网络使用了不同的协议,由互联的路由器实现不同网络之间的协议转换,最终实现了数据跨越不同网络的通信。

广域网的主要应用是远距离的局域网通过广域网实现互联,在此种情况下,局域网需要设置边界路由器,通过边界路由器实现与广域网的互联。在这里边界路由器将完成局域网、广域网两个不同网络的互联。局域网通过广域网互联示意如图 4-2 所示。

①　何林波.网络设备配置与管理技术[M].北京:北京邮电大学出版社,2010.

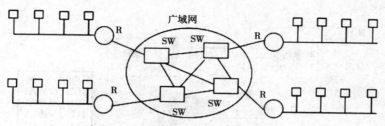

图 4-2　局域网通过广域网互联示意

广域网（Wide Area Network，WAN）是指覆盖范围广阔（通常可以覆盖一个城市，一个省，一个国家）的一类通信子网，有时也称为远程网。其覆盖范围广，通信的距离远（范围从几十千米到几千千米，它能连接多个城市或国家，或横跨几个州并能提供远距离通信）。

4.1.3 广域网结点交换机的工作原理

与网桥的原理类似每一个广域网结点交换机中的内存中都有一个转发表，转发表中存放了到达每一个主机的路由。如果广域网中的每个主机都需要在转发表中对应一条路由条目则会导致转发表过大，查找转发表就越费时间。为了减少查表时间在广域网中一般都采用层次地址结构（Hierarchical Addressing）[1]。

最简单的方法是将主机地址对应的二进制数分为前后两部分（假设主机地址为 8 bit）前一部分的二进制数表示该主机所连接的分组交换机的编号而后一部分的二进制数表示所连接的分组交换机的端口号或主机的编号。交换机之间互联的端口是高速端口交换机与主机之间的互联端口是低速端口。

下面举例说明结点交换机的转发表和分组转发机制。

如图 4-3 所示三个结点交换机通过广域网高速链路互联其对应的编号分别为 1、2、3。按照图 4-3 的地址格式交换机 1 所接入的两个主机的地址可以记为 [1 1] 和 [1 3]。假设主机地址为 8 个比特其中交换机的编号和低速端口的编号都各用 4 个比特，那么上述的两个主机的地址就分别是 00010001 和 00010011。这种编制方法可以保证广域网主机地址的唯一性。对用户和应用程序来说这种编制方式的层次结构与自身无关不必知道这个地址是分层结构的而可以将这样的地址简单地看成是一个二进制数。这样就可以将转发表中的路由条目进行简化减少查表时间。

---

① 　邓世昆．计算机网络 [M]．北京：北京理工大学出版社，2018.

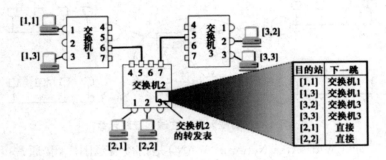

图 4-3　主机在广域网中的地址和交换机中的转发表

图 4-3 给出了交换机 2 的转发表中有到达所有主机的 6 个路由条目。交换机转发分组的方法与网桥类似,首先从分组中取出目的主机地址,用这个地址查找转发表找到下一个交换机的编号并通过相应的端口将分组传递给下一个交换机。为了简化转发表的路由条目数量可以将下一跳相同的项目进行合并,也就是说目的站仅用交换机编号就行因此可以将转发表合并为三行,如图 4-4(a)所示。图中的符号"x"可用全"0"来表示,含义是只匹配前 4 比特即交换机编号。为了进一步减少转发表中的重复项目可以用一个默认路由(Default Route)代替所有的具有相同"下一跳"的项目。默认路由比其他项目的优先级低。若转发分组时找不到明确的项目对应才使用默认路由。图 4-4 (b)是使用了默认路由后的交换机 1 的转发表。

目的地	下一跳
[1 x]	交换机 1
[3 x]	交换机 3
[2 x]	直接

目的地	下一跳
[1 x]	直接
默认	交换机 2

（a）交换机 2 简化的转发表　　　（b）交换机 1 使用默认路由的转发表

图 4-4　简化后的转发表

广域网又有公共传输网和专用传输网。公共传输网一般是由电信运营商进行建设,并负责运行、维护和管理,向全社会提供有偿的远程通信网。公用电话网是一个公共传输网,为全社会提供电话通信服务;公用数据网也是一个公共传输网,为全社会提供数据通信服务,用户可以利用公用数据网,将分布在不同地区的局域网或计算机系统互联起来达到数据通信和资源共享的目的。专用传输网是由一个组织或团体自己建立、营运、维护,专门供系统内部使用的远程通信网络。如中国教育科研计算机网、电子政务网、税务网、公安网等就是教育、政府、税务、公安系统使用的专用传输网 [1]。

4.2　广域网技术

4.2.1 广域网的交换技术

数据通信的目的就是要完成计算机之间、计算机与各种数据终端之间的信息传递。为了实现数据通信,必须进行数据传输,即将位于一地的数据源发出的数据信息通过数据通信网络送到另一地的数据接收设备。通常,为了提高线路的利用率和降低线路的费用,网络中任意两个节点间的通信不大可能都建立在一条完整的通信线路上,而是通过两条乃至更多条的通信线路。把数据从一条线路上转接到另一条线路上,称为数据交换。

由于广域网地域跨度极大,任意两个节点间都铺设一条线路既不经济也不现实,因此,广域网中的数据通信过程都要经过数据交换过程。在广域网中,进行数据交换的节点称为交换节点,而实现数据交换的设备称为交换机构。交换机构的功能就是将一个输入端口与一个输出端口对应起来,将接入的输入线路上的数据转接到相应的输出线路上。

数据交换技术历经了电路方式、分组方式、帧方式信元方式等多个阶段。

4.2.1.1 电路交换(Circuit Switching)

电路交换也叫线路交换,类似于电话交换方式,两台计算机通过通信子网进行数据传输之前,首先要在通信子网中建立一条实际的物理连接。事实上,早期的广域网连接很多都通过公共电话交换网(PSTN),由电话交换完成物理连接。

电路交换由一方发起呼叫,独占一条物理线路。当交换机完成接续,对方收到发起端的信号,双方即可进行通信。在整个通信过程中双方一直占用该线路。

① 邓世昆.计算机网络[M].北京:北京理工大学出版社,2018.

电路交换的步骤是建立连接数据传输、线路释放。线路交换的特点是建立连接过程中需要时间,故适合传输大流量数据,传输小流量数据则效率不高;数据传输过程中,以固定速率传输数据,除传输时延外,没有其他时延;在线路释放之前,不管通信与否,都独占通信线路。电路交换的优点是线路交换实时性强,时延小,交换设备成本较低;其缺点是线路利用率低,线路接续时间长,通信效率低,不同类型终端用户之间不能通信。

电路交换比较适用于信息量大、报文长,经常使用的固定用户之间的通信。严格地说电路交换只是物理线路的一个延伸,只进行比特流的转发,其位置处于物理层。其他的数据控制功能则需要由上层或是由 Modem 来承担。

4.2.1.2 报文交换(Message Switching)

报文交换实际上是一种存储–转发交换(Store and Forward Switching)。对于一些非实时数据,交换节点先把待传输数据存储起来,等线路空闲的时候再转发到下一节点,下一节点如还是交换节点,则仍存储数据,并继续向目标节点方向转发[1]。

报文交换的源节点以报文为单位进行数据发送,交换节点按报文存储转发,每次转发到一个相邻线路,直到数据到达目标节点为止。所谓报文就是源节点拟发的数据块,如一个数据文件或一条控制信息,其大小并不一定相等。在交换中,报文作为一个整体进行传输。报文交换适用于传输的报文较短、实时性要求较低的网络用户之间的通信,但现在已基本被分组交换等方式所取代。报文交换在进行数据转发的时候,可以对数据进行简单的差错和流量控制,其位置基本上处于数据链路层。

4.2.1.3 分组交换(Packet Switch)

分组交换实际上也是一种存储–转发交换,兼有线路交换和报文交换的优点。分组交换的源节点先把长的报文分割成若干较短的报文分组,然后再以分组为单位进行数据发送。与报文交换不同,分组交换的分组必须有分组编号,以便分组到达目标节点后重装成报文。分组交换的优点是分组较小且分散,因此数据传输灵活,转发时延小,转发差错少,差

---

① 高飞,高硕,黄伟力,等.计算机网络教程[M].北京:北京理工大学出版社,2006.

错恢复容易,便于转发控制,允许传输打断;缺点是分组中必须有分组编号,增加网络开销,目标节点需要对分组进行重装,增加系统开铺。分组交换比线路交换的线路利用率高,比报文交换的传输时延小,交互性好。其位置基本上也处于数据链路层。

报文交换和分组交换在交换网内部进行数据传输时,都位于第二层即数据链路层。即使这个交换过程具有某些路由选择的功能,也是在交换网内部的一种寻址过程,就如同在局域网内交换机所提供的寻址功能一样。但另一方面,当局域网的分组进入交换网时,会在局域网数据帧的基础上加上网络层信息而构成具有第三层特征的分组,这时可认为报文交换和分组交换位于第三层即网络层。

分组交换提供两种不同的服务,虚电路服务和数据报服务,虚电路是面向连接的服务,而数据报是面向非连接的服务。

(1)虚电路(Virtual Circuit)。虚电路是在分组交换散列网络上的两个或多个端点站点间的链路。它为两个端点间提供临时或专用面向连接的会话。它的固有特点是有一条通过多路径网络的预定路径。

(2)数据报。这种方式没有逻辑上的链路,它把每个数据帧都看成是独立的数据,在发送过程中,网络的交换设备会给每个数据帧选择一条最佳的路径,数据达到目标计算机后,目标计算机必须按照分组编号重新排列各数据帧的顺序。这种连接传输的速度比较快,而且传输路径灵活,数据传输可靠,因此它特别适合于网络间的互联。

(3)虚电路与数据报的异同。虚电路与数据报同属于分组交换,但虚电路更接近于电路交换,而数据报更接近于报文交换,因此具有以下区别。

·虚电路有连接过程,数据报无连接过程。
·虚电路提供有连接的服务,数据报提供无连接的服务。
·虚电路按相同的路径传输数据,数据报可按不同的路径传输数据。
·虚电路分组按发送顺序接收,数据报分组可不按发送顺序接收。
·虚电路分组附加地址信息少,数据报分组附加地址信息多。
·虚电路适合长报文通信,数据报适合突发性短报文通信。

4.2.1.4 帧交换

帧交换方式的典型技术就是帧中继(Frame Relay),这是在 20 世纪 80 年代发展起来的一种数据通信技术。帧中继技术实际上是对分组交换的一种改进,因此也可以看成是一种快速的分组交换。随着传输技术的发展,数字光纤网络和各种高性能设备的出现,数据传输的误码率大大降低,原来分组通信的差错恢复机制开始显得过于烦琐。

帧中继就是一种减少节点处理时间的技术。帧中继将分组通信的三层协议简化为两层,简化了差错控制、流量控制和路由选择等功能,内部的纠错功能很大一部分都交由用户终端设备来完成,从而大大缩短了处理时间,提高了效率。

帧中继在节点交换过程中,中间节点在接收完帧首部分后就开始进行帧的转发,而不再等待帧的完全到达与检验,这样就大大减少了交换时延。但当帧完全接收并检验,发现差错时,帧可能已经经过多个交换节点甚至到达目的端了,这样帧中继网络需要向后继节点发出终止转发的指令,并请求源端对该帧进行重发。帧中继网络处理一个比特的差错所消耗的时间将比分组交换网络稍多,只有在网络传输差错率非常低时,才有实现的可能。

4.2.1.5 信元交换

信元交换技术以固定长度的信元为单位,在数据链路层上进行数据交换。信元交换的特点是具有高度灵活性、高速传输、支持广播传送。

典型的信元交换技术是异步传输模式(Asynchronous Transfer Mode,ATM)。ATM 是在分组交换的基础上发展起来的。由于光纤通信提供了低误码率的传输通道,ATM 进一步简化了网络,不再提供任何数据链路层功能,而将差错控制与流量控制工作都交给终端去完成[1]。

ATM 信元由固定长度的 5 字节信头加 48 字节信息段构成。信头用于存放信元的路径及其他控制信息,信元的交换控制根据信头来进行。由于信元长度固定,ATM 网络将信道时间划分为等长的时段,每个时段都可以传送一个信元,这其实就是一种时分复用信道的形式。ATM 网络只负责信元的交换和传送,它通过信头来识别通路,只要信道空闲,就将信元投入信道,从而使传输时延减小。

ATM 实际也可以看成是一种快速的分组交换方式,ATM 信元也就相当于分组。ATM 连接都采用虚电路的方式实现,只有真正发送信元时,才占用网络资源。通常采用的连接方式有虚通道连接、虚通路连接。

ATM 网络适用于高速交换业务,如宽带综合业务数字网。

---

① 张彬,段国云,杜丹蕾,等.计算机网络[M].北京:中国铁道出版社,2017.

4.2.2 广域网的路由技术

广域网的节点主要是交换机,各节点间的交换机与交换机之间都是点对点的连接。所以广域网的路由也不同于互联网的路由方式。交换机的路由使用层次编址方式,将地址表示为交换机、端口两部分,路由时,首先找到交换机,再通过交换机找到目的网络所连接的端口(或主机)。

广域网中的每台交换机中存有一张路由表,表中存放了到达每个目的网络(或站点)应转发到的交换机号以及对应的转发端口号。在如图 4-5 所示的网络中,3 台节点交换机分别为 SW1、SW2、SW3,站点 1 1 连接在 SW1 的第 1 端口,站点 1 4 连接在 SW1 的第 4 端口,站点 2 1 链接在 SW2 的第 1 端口,站点 2 4 链接在 SW2 的第 4 端口,站点 3 1 链接在 SW3 的第 1 端口,站点 3 4 链接在 SW3 的第 4 端口。

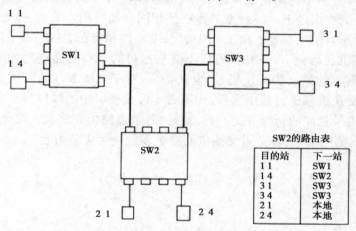

目的站	下一站
1 1	SW1
1 4	SW2
3 1	SW3
3 4	SW3
2 1	本地
2 4	本地

SW2的路由表

图 4-5　有 3 台节点交换机的广域网

当数据包的目的站是 1 1 时,说明目地址是交换机 SW1 上端口 1 所连接的网络,转发应从 SW2 与 SW1 连接的端口转发到 SW1 去,再从 SW1 的端口 1 转发出去,到达目的网络 [1]。

当数据包的目的站是 1 4 时,说明目地址是交换机 SW1 上端口 4 所连接的网络,转发应从 SW2 与 SW1 连接的端口转发到 SW1 去,再从 SW1 的端口 4 转发出去,到达目的网络。

当数据包的目的站是 3 1 时,说明目地址是交换机 SW3 上端口 1 所连接的网络,转发则应从 SW2 与 SW3 连接的端口转发到 SW3 去,再从

---

① 　邓世昆.计算机网络工程与规划设计 [M].昆明:云南大学出版社,2014.

SW3 的端口 1 转发出去,到达目的网络。

当数据包的目的站是 3 4 时,说明目地址是交换机 SW3 上端口 1 所连接的网络,转发则应从 SW2 与 SW3 连接的端口转发到 SW3 去,再从 SW3 的端口 4 转发出去,到达目的网络[1]。

当数据包的目的站是 2 1 时,由于本站就连接在 SW2,不需再向其他交换机转发,只需将数据包直接转发到 SW2 的端口 2 即可。同样,当数据包的目的站是 2 4 时,不需再向其他交换机转发,只需将数据包直接转发到 SW2 的端口 4 即可。

综合以上情况,可以看出,广域网的路由表示方法对于直接连的站点或网络,属于(本地交付)直接交付,下一跳就是该站点或网络。对于没有直接连接的站点或网络,属于间接交付,下一跳则是前向路径的节点交换机,通过前向节点交换机的不断转接最终达到目的节点。

从以上例子的路由表可以看出,如果路由表中的目的站点的交换机号相同,则查出的下一跳站点的也必然相同。如在图 4-6 的 SW2 的路由表中,对于目的站是 3 1 和 3 4 的情况,下一跳站点都是 SW3。因此转发中,交换机在确定下一跳时,可以不必根据目的站点的完整地址来确定,只需根据目的站点的交换机号,也就是说,对于两层编址的广域网,可以只根据交换机号进行路由选择,而不必考虑交换机中的端口号是多少,并将交换机号相同的行合并为一行,这样,各节点路由表将大大简化。如图 4-6 所示的网络中,各节点交换机的路由表就是简化路由表。

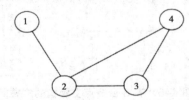

节点1的路由表			节点2的路由表			节点3的路由表			节点4的路由表	
目的站点	下一站点		目的站点	下一站点		目的站点	下一站点		目的站点	下一站点
1	本地		1	1		1	2		1	2
2	2		2	本地		2	2		2	2
3	2		3	3		3	本地		3	3
4	2		4	4		4	4		4	本地

图 4-6　交换机号相同的广域网及各节点交换机的简化路由表

① 　邓世昆.计算机网络[M].北京:北京理工大学出版社,2018.

4.3   公用数据网

随着计算机技术的发展,通过电信通信网进行数据通信的要求越来越多。电话网作为最早的电信通信网已经有很多年的历史,但严格地说,电话网不能算作数据通信网,它只是为通信的计算机之间提供了一条传输介质,它不提供任何的信号和数据转换能力,不涉及任何的数据链路层协议。随着人们对计算机通信需求的不断提出,通过电话网进行数据通信已经不能满足需要。为了解决这些问题,20 世纪 60 年代,许多国家开始研究专门用于数据传输的公用数据网 PDN(Public Data Network)技术,随后诞生了许多公用数据网,如美国的 Arpanet Telenet 和加拿大的 Datapac。

4.3.1 交换方式

按公用数据网的交换方式,公用数据网有两种类型:电路交换数据网 CSDN(Cireuit Switch Data Network)和分组交换数据网 PSDN(Package Switch Data Network)。

4.3.1.1 电路交换数据网

电路交换数据网 CSDN 在两台计算机开始通信之前,需要通信的用户通过呼叫在通信网间接通一条专用的,物理的数据传输通道。电路交换数据网完成一次数据传输,通常需要经过呼叫建立连接、数据传输和拆除连接三个阶段。在呼叫建立连接阶段,主叫用户和被叫用户之间建立的物理信道一直保持到数据传输完毕,然后拆除连接。在数据传输期间,信道一直被两用户独自占用。拆除连接是交换机释放线路、复原的过程。电路交换数据网具有以下特点。

(1)存在建立连接、拆除连接的时间开销。如遇到被叫用户忙或无空闲中继线时,则要拆除部分已建立起的连接。

(2)不同速率、不同编码的用户不能交换通信。

(3)信息时延短而且固定不变。

(4)连接时间长。在数据传输之前,必须先通过网络建立连接。

(5)连接信道具有固定的数据速率,所有用户设备必须以该数据速率发送数据和接收数据。根据电路交换数据网的这些特点,通常用于连续的、大批量的数据传输。

4.3.1.2 分组交换数据网

分组交换数据网 PSDN 采取分组交换、存储转发技术。发送方将把要传送的数据文件分割成固定长度的分组,交给分组交换数据网源边界节点,再通过分组交换数据网的中各节点的不断转发,最终到达目标边界节点,通过目标边界节点将传输数据交给接收方。在转发过程中,传输的分组转发到一个节点时先被存储在该节点,在可以向前向节点传输时,继续向前向节点转发,经过多次中间节点的存储转发,最后到达目标边界节点,再由目标边界节点将收到的分组重新组装成原来的数据文件,提交给接收方。

在分组网中传送。分组交换网整体上可以分为两个部分:与用户的接口部分以及内部网络部分。与用户接口部分遵循分组交换数据网与用户连接的接口协议,内部网络部分可以看成黑盒子,由网络厂商和电信部门自行定义,通常包括边界交换节点、内部交换节点和传输主干。

边界节点负责连接用户计算机。内部交换节点负责为到达的分组选择路径,将分组从源边界节点向目标边界节点传送。由于数据在内部交换节点中传送时,使用内部的数据封装格式,所以发送端的边界节点需要将用户数据封装成内部网络数据分组格式,通过内部网络进行传输。同样,到达目标边界节点时,再由目标边界节点将内部网络数据格式解封恢复用户数据,再传给用户。传输主干连接各个内部交换节点和边界交换节点,它通常是一个快速的、高质量的数据链路。分组交换公用数据网的基本结构如图 4-7 所示[①]。

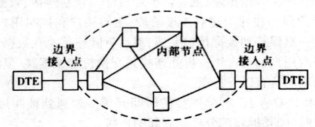

图 4-7　分组交换公用数据网的基本结构

---

① 邓世昆.计算机网络[M].北京:北京理工大学出版社,2018.

分组交换数据网具有以下特点。

①支持面向连接的传输和无连接的传输。分组交换网可以采取面向连接的传输方式和无连接的传输方式,用户可以根据业务需要选择不同的传输方式。

②支持不同速率计算机间的通信。由于分组交换网采取存储 – 转发机制,用户数据到达各节点时,先存储后转发,因此可采用不同的数据传输率进行数据传输。

③支持不同规程计算机间的通信。不同规程的用户数据都可以边界节点转换成内部网络数据格式进行传输,因此分组交换数据网可支持不同规程计算机间的通信。

④具有较高的网络传输质量。分组交换网具有差错控制功能,用户和分组网之间、分组网内各交换节点之间,都对每一个分组进行校验,发生差错时采取措施恢复,提高了传输的可靠性。分组交换网是网状拓扑结构,任何用户间的传输有多条路径可达,当网络内部某个节点和链路出故障时,分组数据可以自动通过迂回路由进行传输,不会因单节点和链路故障造成通信的中断。

⑤分组交换数据网内资源利用率高。分组中的链路是被用户断续占用的,一条链路上可同时进行多个用户的数据传输,消除了电路交换中由于用户空闲造成的通信网资源的浪费。

但是,分组交换数据网的这些特点是由于采用了存储转发方式而获得的,存储转发方式使得对到达的分组可以进行处理,从而获得了以上特点。但是存储转发方式使得分组交换数据网传输延时相对增加,也就是说,这些特点是通过增加了传输延迟为代价换来的。

一般来说,每个分组的传输延迟为数十到数百毫秒,所以分组交换网不适于用在实时性要求高的场合。

4.3.2 公用数据网

公用数据网 X.25 是为公众用户提供数据通信服务的传输网,是一种基于分组交换技术的公用数据网。X.25 采用了面向连接的虚电路工作方式,同时采用了差错控制和拥塞控制的控制机制,能在不可靠的网络上实现可靠的数据传输。X.25 网络内部由分组交换机和传输链路构成,用户 DTE 的设备或者局域网可以在 X.25 网络上的任何边界上接入,实现远距离的数据通信[①]。

---

① 邓世昆.计算机网络工程与规划设计 [M].昆明:云南大学出版社,2014.

X.25 网由分组传输网和分组拆装设备 PAD（Packet Assembler Disassembler）组成，终端用户（计算机、局域网等）的数据报文送到 PAD 拆成分组后送到分组传输网，分组传输网按照建立的虚电路将各分割的分组传输到目的端，再经过目的端的 PAD 组装成原来的数据报文交给目的端的用户终端（图 4-8）[①]。

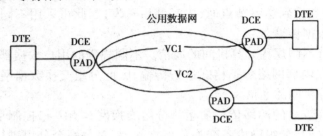

图 4-8　公用数据网 X.25

CCITT 在 1976 年制定了访问分组交换网的协议标准 X.25，1980 年和 1984 年又先后经补充修正。CCITT 对 X.25 的定义为：在公用数据网上以分组方式工作的数据终端设备 DTE 和数据通信设备 DCE 之间的接口。X.25 协议标准实际上只是涉及用户终端与公用分组交换网连接的接口，由于分组交换网是一个通信子网，涉及物理层、数据链路层、网络层，所以 X.25 协议标准只涉及终端用户与公用分组交换网连接的物理层、数据链路层、网络层接口规范，它并不涉及网络内部应做成什么样子，网络内部的具体情况可以由各公共分组网自己来决定，通信主机独立于公共分组交换网。

用户终端使用 X.25 接口及协议，通过分组交换网进行主机间的通信。这一概念如图 4-8 所示。图中画的是一个 DTE 同时和两个 DTE 进行通信的情况，其中 DTE 为终端用户，DCE 为数据通信设备，是公共数据交换网的一个边界交换节点，也就是 PAD 设备。网络中的两条虚线代表两条虚电路，图 4-9 中还画出了 3 个 DTE-DCE 的接口。X.25 规定的正是关于这一接口的标准。现在大家常说的 "X.25" 网实际上就是说该网与用户 DTE 的接口遵循 X.25 标准的网络。

从 ISO/OSI 的分层体系结构概念来看，X.25 实际上是与 OSI 模型的物理层、数据链路层和网络层相对应的。但在 X.25 中，第三层不叫作网络层，而是叫作分组层，原因是它没有涉及网络层的路由选择、网际互联等问题，仅涉及分组传输的问题。

---

① 邓世昆.计算机网络工程与规划设计 [M].昆明：云南大学出版社，2014.08

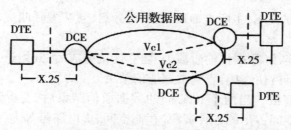

图 4-9　用户使用 X.25,通过分组交换网进行主机间的通信

　　X.25 的物理层和数据链路层没有再定义新的协议标准,而是采用 OSI 模型中原有的物理层和数据链路层协议标准。X.25 在物理层使用 X.21 协议,它定义了用户终端 DTE 和网络端节点 DCE 之间的物理接口;在数据链路层规定使用 HDLC/LAPB 链路访问控制规程。LAPB 是 HDLC 中的异步平衡工作方式,它负责在 DTE 和 DCE 的数据链路层实体之间传送 HDLC 信息帧。分组层是 X.25 的最高层,提供用户终端 DTE 与分组交换网端节点 DCE 之间的分组传送、呼叫建立、数据交换、差错恢复及流量控制等功能。X.25 网络的层次关系如图 4-10 所示。

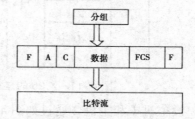

图 4-10　X.25 与 OSI 模型的对应关系及层次关系

4.3.3 虚电路服务

　　X.25 的网络层采用虚电路的传输方式。用户终端 DTE 在使用 X.25 网传输时,需要在传输用户源端到目的端间,通过公用数据网建立一条虚电路,一旦该条虚电路建立起来,后续的分组都沿着这条虚电路进行传输。在虚电路传输的整个过程中,需要经过建立连接、数据传输、拆除连接 3 个阶段,这 3 个阶段的工作过程如下:

　　①建立连接。当两 DTE 之间有数据传送时,先建立 DTE 之间的连接。主叫方 DTE 通过发送“呼叫请求”分组到主叫方的 DCE,该分组通过 X.25 网送到被叫方的 DCE,被叫方的 DCE 通过“呼叫指示”分组送到被叫方 DTE,如果被叫方 DTE 同意呼叫,就回送一个“呼叫接受”的分组到被叫方 DCE,通过 X.25 网返回主叫方 DCE,主叫方 DCE 通过“呼叫建立”分

组送给主叫方 DTE,主叫方 DTE 收到该分组,意味着呼叫成功,虚电路连接已经建立。

②维持连接(数据传输阶段)。建立连接完成后,开始进入数据通信,此时仍然要维持住连接,直到数据通信结束。

③拆除连接。当两个 DTE 间的数据通信结束后,要拆除连接,以释放维持连接期间占用的各种资源(存储空间、虚电路号等)。此时,主叫方 DTE 向主叫方 DCE 发出"释放请求"分组,主叫方 DCE 将该释放请求分组通过 X.25 网送到被叫方 DCE,被叫方 DCE 通过"释放指示"分组送到被叫方 DTE,被叫方 DTE 确认接受释放请求,返回"释放确认"到被叫方 DCE,该释放确认分组通过 X.25 网返回主叫方 DCE,主叫方 DCE 送出释放确认分组给主叫方 DTE,意味着拆除连接完成。图 4-11 为建立、维持、拆除连接的示意图。

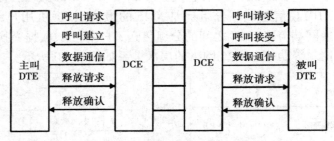

图 4-11　X.25 的建立、维持、拆除连接的示意

设主机 1 和主机 2 通过如图 4-12 所示的 X.25 网络进行通信,X.25 在连接阶段建立的虚电路过程如下:

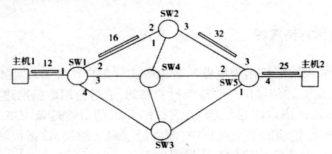

图 4-12　两台主机通过 X.25 的通信过程示意

主机 1 与主机 2 通过 X.25 网进行通信时,在建立连接阶段发出的请求分组,该请求分组的报头中有一个地址字段,该地址字段中具有发送方主机的源地址和目的主机的目的地址,该分组由主机 1 发出,选择的路由是经主机 1 到 SW1 之间的链路传送给 SW1,此时在该链路上将新建立一条虚电路,分配一个新的虚电路号。如果原来主机 1 与其他主机的通信已经建立了若干条虚电路,此时新的建虚电路要使用还没有使用虚电路号中的最小虚电路号,假设原来从主机 1 到 SW1 链路上建立的虚电路使用的虚电路号已经用到 11,则当前建立的这条虚电路分配使用的虚电路号为 12。

当该请求分组经 SW1 的端口 1 送到 SW1 后,SW1 为该分组进行路由选择,假设 SW1 为该分组选择的路径为送往 SW2。同样,在使用从 SW1 到 SW2 这条链路传输时,也要在该链路上建立一条新的虚电路,分配一个新的虚电路号,假设当前从 SWI 到 SW2 分配使用的虚电路号为 16。此时 SW1 要将选择的路径和使用的虚电路号记录在 SW1 的虚电路表中。记录的信息为来自主机 1 的分组使用了虚电路号 12,转发将从端口 2 转发出去,使用虚电路号为 16。

同样,该分组被转发到 SW2 时,SW2 也要为该分组选择路由,分配虚电路号,假设选择的路由为转发到 SW5,从 SW2 到 SW5 分配使用的虚电路号为 32,SW2 在虚电路表中记录了来从端口 2 送来的分组,使用的虚电路号为 16,转发将从端口 3 转发出去,使用虚电路号为 32。

同样,该分组被转发到 SW5 时,由于已经达到目的节点,属于本地提交,SW2 也要为从 SW5 到主机 2 的这条链路分配虚电路号,假设从 sW5 到主机 2 使用的虚电路号为 25,SW5 在虚电路表中记录了从端口 3 送来的分组,使用的虚电路号为 32,转发将从端口 4 转发出去,使用虚电路号为 25。

各交换机建立虚电路表中建立的虚电路信息如图 4-13 所示[1]。

SW1	inport	inVCI	outport	outVCI
	1	12	2	16

SW2	inport	inVCI	outport	outVCI
	2	16	3	32

SW5	inport	inVCI	outport	outVCI
	3	32	4	25

图 4-13　各交换机建立的虚电路表

按照以上方式,本次通信在建立连接期间,X.25 网络内部为本次传输建立起了一条从 SW1 到 SW2 再到 SW5 的虚电路,同时在各交换机中为本次传输建立起了虚电路表。

在进入数据传输阶段,每个传输的分组将不再使用源主机地址和目

① 邓世昆.计算机网络[M].昆明:云南大学出版社,2015.

的主机地址，而是通过分配使用虚电路号进行传输，使用虚电路号的传输使得本次数据传输的所有分组将按照建立的这条固定的虚电路的路径进行传输。

传输时，数据分组格式中存在一个虚电路号字段，数据分组从主机 1 发出后，虚电路号字段填写的是 12，该分组从主机 1 经主机与 SW1 之间的链路发送到 SW1，从端口 1 送入 SW1。SW1 收到该分组后，经 SW1 查自己的虚电路表，得到来自端口 1，使用虚电路号为 12 的分组，转发将从端口 2 转发出去，使用虚电路号为 16。此时，SW2 将该分组的虚电路号字段中的虚电路号换成 16，从端口 2 转发出去，向前向节点 SW2 转发。

同样，SW2 收到该分组后，经 SW2 查自己的虚电路表，得到来自端口 2，使用虚电路号为 16 的分组，应该从端口 3 转发出去，使用虚电路号为 32。此时，SW2 将该帧的虚电路号字段中的虚电路号换成 32，从端口 3 转发出去，向前向节点 SW5 转发。

SW5 收到该帧后，经 SW5 查自己的虚电路表，得到来自端口 3，使用虚电路号为 32 的分组，应该从端口 4 转发出去，使用虚电路号为 25。此时，SW5 将该分组的虚电路号字段中的虚电路号换成 25，从端口 4 转发出去。向目的主机 2 转发，以这样的方式，该数据分组最终达到目的主机 2。显然，分组在传输过程中是沿着建立连接阶段建立起来的虚电路路径进行传输的，由于虚电路路径是固定路径，本次传输的所有分组将按固定路径传输，分组将按照源端的分组顺序到达主机 2，主机 2 对收到的各个分组不需要排序，可以根据分组到来的顺序进行组装，恢复报文。

X.25 使用虚电路方式传输，在虚电路方式中又分为临时虚电路（SVC）和永久虚电路（PVC）两种方式。临时虚电路在每次传输时，为本次传输建立起虚电路，传输完毕就拆除该虚电路。所以临时虚电路在每次数据传输时，都有建立连接、维持连接、拆除连接的过程。而永久虚电路一旦建立连接就不再拆除，永久提供使用，每次数据传输时不需要建立连接、维持连接、拆除连接的过程。

X.25 采用自动请求重发方式实现差错控制。为实现差错控制，每个中间节点必须完整地接收每一个分组，并在转发之前进行检错，如果有错误发生，要求重传，直到收到正确的分组。

X.25 采用了滑动窗口机制来避免传输网拥塞。在网络初始传输时，网络层设定了一个发送窗口值，使进入网络而没有收到应答的分组被控制在一定为数量。传输过程中，如果还发生了拥塞，X.25 将自动减小发送窗口值，再度减少发送出去的分组数目，通过减少传输网中的分组数量，缓减传输网的拥塞。

X.25 采用虚电路方式使其具有较好扩展性,用户利用 X.25 组网或者进行网络扩展时,只需增开虚电路,无需申请新的物理电路,既方便又快捷。

X.25 是面向连接的传输方式,存在建立连接、拆除连接的时间开销,由于采取了较多的差错控制和流量控制措施,也产生更多的时间开销,所以 X.25 适用于通信业务量大 . 要求高可靠性的应用。

当用户需要通过 X.25 实现两个或多个远距离的局域网互联时,可以向电信运营商申请使用 X.25 网进行局域网之间的远距离通信。如图所示为局域网通过 X.25 实现互联的情况。在这种情况下,用户的局域网通过边界路由器与 X.25 公用数据网的接入设备 PAD 相连。此时,局域网的边界路由器是 DTE 设备,公用数据网的接入设备 PAD 是 DCE 设备,它们之间通过 X.25 标准实现 DTE 与 DEC 的连接以及局域网之间的数据通信。连接示意如图 4-14 所示。

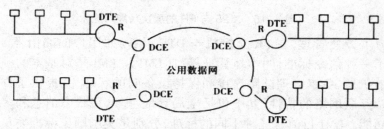

图 4-14　通过 X.25 实现两个或多个远距离的局域网互联

4.4　帧中继

在 20 世纪 80 年代后期,许多应用都迫切要求提高分组交换服务的速率。然而 X.25 网络的体系结构并不适合于高速交换,因此需要研制一种可以高速交换的网络体系结构。帧中继(frame relay,FR)就是为这一目的而提出的。帧中继网络协议在许多方面非常类似于 X.25。

4.4.1 帧中继协议概述

X.25 在分组层中实现通信链路的复用及分组的转发,而 FR 协议中没有定义对应的网络层。FR 在数据链路层实现复用功能,并以帧为单位进行数据的转发。

由图 4–15 不难发现,帧中继可以看作是在 X.25 技术的基础上发展起来的一种快速分组交换技术,是对 X.25 协议的一种改进,比 X.25 具有更高的性能和更有效的传输效率[1]。

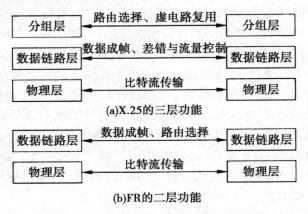

(a)X.25的三层功能

(b)FR的二层功能

图 4–15 X.25 与 FR 的层次功能对比

为了方便管理,在 FR 交换机与 DTE 设备(如用户的路由器)之间定义了一种信令标准,叫本地管理接口(LMI)。LMI 是对基本的帧中继标准的扩展,负责管理链路连接和保持设备间的状态,并提供了许多管理复杂互联网络的特性,其中包括全局寻址、虚电路状态消息和多目发送等功能。LMI 目前有三种不同的标准,分别是美国国家标准委员会定义的 ANSI T1.617 ANNEX D 标准 . 国标电信联盟定义的 1ITU–TQ.933 ANNEX A 标准、思科公司定义的私有标准[2]。

在多数其他类型(如以太网)的网络中,如果网络 1 可以与网络 2 通信、网络 2 可以与网络 3 通信,那么网络 1 也可以与网络 3 通信。但是在像帧中继这样的 NBMA(非广播多路访问)网络中,情况就不同了。在帧中继网络中,除非两点之间建立了虚电路,否则它们是不能直接通信的。即使网络 1 与网络 2 存在虚电路、网络 2 与网络 3 也存在虚电路,网络 1 与网络 3 之间也不能通信。

帧中继为解决此类问题使用了子接口技术,子接口技术就是把物理接口划分出许多逻辑接口的技术。一个物理接口上可以设置许多逻辑的子接口,但每个子接口都如同物理接口一样被独立地看待。帧中继网络中的子接口有两种:点到点子接口和多点子接口。点到点子接口需要划

① 蒋毅 .IP 路由器原理与技术 [M].西安:西北工业大学出版社,2012.
② 陈晓文,熊曾刚,肖如良,等 .计算机网络工程与实践 [M].北京:清华大学出版社,2017.

分多个子接口,每个子接口配置独立的 DLCI 号和独立的网络 ID,这些子接口可以与其他物理端口或子接口建立虚电路连接,但不同子接口之间需要配置路由才能相互通信;多点子接口是通过本地某一个子接口与多个其他物理端口或多个子接口建立多个 PVC 的子接口所有参与的接口在同一个子网内,网络 ID 是相同的,但每一个对应的接口有自己独立的本地 DLCI。

　　图 4-16 描述了两种子接口的连接方式,图 4-16(a)是点到点方式,路由器 B 的物理接口上生成两个子接口分别与路由器 A、C 相连,这两个子接口属于不同网络 ID,一般需要配置路由才能使路由器 A 与 C 相互通信;图 4-16(b)是多点方式,路由器 B 使用一个子接口连接路由器 A、C,三个端口的网络 ID 相同。

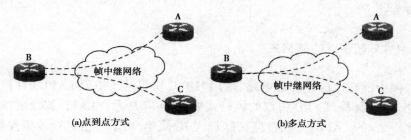

(a)点到点方式　　　　　　　(b)多点方式

图 4-16　帧中继的子接口

FR 的基本配置命令主要有以下几个。

(1)在端口上封装帧中继协议。

Router(config-if)# encapsulation frame-relay [cisco | ietf]

默认封装格式为 cisco,如果与非 Cisco 路由器连接时使用 ietf 格式。

(2)设置 LMI 类型。

Router(config-if)# frame-relay 1mi-type {ansi | cisco | q933a}

在思科 IOS 11.2 以上的版本中不需要设置,路由器可以自动感知。

(3)设置 DLCI 值。

Router(config-if)# frame-relay interface-dlci dlci-number

命令行中的 dlci-number 为 ISP 分配的 DLCI 值。

(4)在路由器端口上映射 IP 地址与 DLCI。

Router(config-if)#frame-relay map ip dest-address dlci-number broadcast

　　其中的 destaddress 是对端路由器的 IP 地址,broadcast 参数表示允许在帧中继线路上专送路由广播信息。

（5）在帧中继交换机上设置 PVC 表。

Router（config-if）# frame-relay route dlci-1 interface intf-name dlci-2

其中的 dlci-1 为当前接口配置的 DLCI 值，dlci-2 为转发端口对应的 DLCI 值，intf-rame 为本地转发端口的名称。

（6）定义子接口。

Router（config）# interface serial number subinterface-number {point-to-point | multipoint}

其中的 number 表示物理端口号，例如 s0/0；参数 subinterface 表示子接口号，范围在 1 ~ 4 294 967 293，用小圆点与物理接口号分隔，例如 s0/0.2；参数 point to-point 与 multipoint 是二选一选项，分别表示点到点、多点方式。

4.4.2 帧中继的帧格式

帧中继在二层建立虚电路，采用 HDLC 协议的子协议 LAPD（D 信道链路访问规程），LAPD 协议的帧格式如图 4-17 所示。LAPD 协议的帧格式比 X.25 的 LAPB（平衡链路访问规程）较简单，由于不再进行差错控制、流量控制，它省去了控制字段，仅有帧同步字段、地址字段、数据字段和校验码字段[1]。

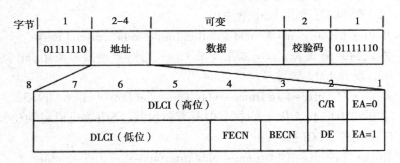

图 4-17　LAPD 协议的帧格式

帧两末端的 1111111 标志域用于帧同步。帧同步字段后面是帧中继地址字段，在地址字段后面的是数据字段和帧检验序列 FCS。

帧中继地址字段包含地址和拥塞控制信息。由于 FR 采用虚电路方

---

① 陈晓文，熊曾刚，肖如良，等 . 计算机网络工程与实践 [M]. 北京：清华大学出版社，2017.

式进行传输,地址是由数据链路连接标识符 DLCI（Data Link Connection Identifer）来实现的,不同的 DLCI 表示了不同的虚电路号,每个中继节点根据 DLCI 进行路由,按照建立连接阶段选择的虚电路路径和建立的虚电路表进行路由转发。

①地址扩展字段（EA）。地址扩展字段设置为 0 时,表示地址向后扩展了一个字节,及后面还有地址信息;设置为 1 时,表示是当前已经是最后一个字节,帧头到此结束。

②可丢失指示比特（DE）。可丢失指示比特字段用于网络的带宽管理。被标示为 DE 置"1"的帧在网络发生拥塞时可以优先考虑丢弃,被标示为 DE 置"0"的帧在网络发生拥塞时也不能丢弃。

③前向显式拥塞通知 FECN（Forward Explicit Congestion Notification）。如果某节点交换机将转发帧的 FECN 置位为 1,即表明在该帧传送的前向通路上可能发生过拥塞导致了延迟。该节点交换机希望接收方收到该帧后,将该情况传递给上层协议启动流量控制机制调整发送方的数据速率,避免进一步发生拥塞。

④后向显式拥塞通知 BECN（Back Explicit Congestion Notification）。如果某节点交换机将转发帧的 BECN 置位为 1,即表明在该帧传送的相反方向的通路上可能发生过拥塞导致了延迟。该节点交换机希望接收方收到该帧后,将该情况传递给上层协议启动流量控制机制调整接收方的数据速率,避免进一步发生拥塞。

可以看出, FECN 置为 1 时,调整发送方速率; BECN 置位为 1,调整接收方速率。通信时,帧中继的两个通信主机间已经建立了一条双向通信的连接,当两个方向都没有拥塞发生时,则双向的 FECN 和 BECN 都设为"0",当两个方向都发生了拥塞,则双向的 FECN 和 BECN 都设为"1"。

当 A 到 B 拥塞,而 B 到 A 不拥塞时,则使 A 到 B 的帧设为 FECN=1、BECN=0,同时使 B 到 A 的帧设为 FECN=0、BECN=1;反之,当 A 到 B 无拥塞,而 B 到 A 拥塞时,则使 A 到 B 的帧设为 FECN=0、BECN=1,同时使 B 到 A 的帧设为 FECN=1、BECN=0。

⑤信息字段（Information）。信息字段包含的是用户数据,可以是任意的比特序列,它的长度必须是整个字节,帧中继信息字段长度可变,长度可达 1 600 字节,适合于封装局域网数据单元。

帧检验序列 FCS 用于帧的 CRC 校验,共占 2 个字节,如果帧在传输过程中出现了差错,帧就被丢弃。

帧格式中同样存在帧校验,但仅用来检查传输中的错误,以检测链路的差错情况,当发现出错帧就将它丢弃,而不需要通知源主机要求重传。

帧中继的交换节点在转发帧时,只要完整地接收下了目的地址就开始进行转发,中间节点只转发帧,不发确认帧。在目的主机收到一个帧后,才向源主机发回端到端的确认,帧丢弃、组织重传、流量控制等问题由端主机去解决,发现出错就丢弃、报告可能前向传输链路或后向传输链路可能发生拥塞就是帧中继交换机所做的全部检错工作,这种处理方式大大提高了帧中继网的传输速度。同时,在这种转发方式下,网络层是不需要的,数据帧在二层完成传输后就直接提交给主机,帧中继只工作在数据链路层和物理层就能完成数据传传输。

4.4.3 帧中继提供的服务

帧中继是面向连接的方式,它的目标是为局域网互联提供合理的速率和较低的价格。它可以提供点对点和一点对多点的服务。它采用了两种关键技术:虚拟租用线路和"流水线"方式。

虚拟租用线路是相对于专线方式而言的。例如,一条总速率为640 Kbps 的线路,如果以专线方式平均地租给 10 个用户,每个用户最大速率为 64 Kbps,这种方式有两个缺点:一是每个用户速率都不可以大于64 Kbps;二是不利于提高线路利用率。采用虚拟租用线路的情况就不一样了,同样是 640 Kbps 的线路租给 10 个用户,每个用户的瞬时最大速率都可以达到 640 Kbps,也就是说,在线路不是很忙的情况下,每个用户的速率经常可以达到 64 Kbps,而每个用户承担的费用只相当于 64 Kbps。

所谓的"流水线"方式是指数据帧只在完全到达接收结点后再进行完整的差错校验,在传输中间结点位置时,几乎不进行校验,尽量减少中间结点的处理时间,从而减少了数据在中间结点的逗留时间。每个中间结点所做的额外工作就是识别帧的开始和结尾,也就是识别出一帧新数据到达后就立刻将其转发出去。X.25 的每个中间结点都要进行繁琐的差错校验、流量控制等,这主要是因为它的传输介质可靠性低,而帧中继正是因为它的传输介质差错率低才能够形成"流水线"工作方式。

帧中继通过其虚拟租用线路与专线竞争,而在 PVC 市场,又通过其较高的速率(一般为 1.5 Mbps)与 X.25 竞争,在目前帧中继还是一种比较有市场的数据通信服务。

4.4.4 虚电路服务

帧中继提供的虚电路服务也分为交换虚电路(SVC)和永久虚电路

（PVC）两种。但应用得较多的还是永久虚电路服务,因为帧中继的应用一般为企事业单位向电信部门租用实现企事业单位远程局域网的互联,这种互联一旦连接建立起来是不需要拆除的,所以采用永久虚电路服务。如图 4-18 所示为局域网通过帧中继实现互联的例子。

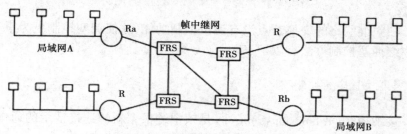

图 4-18 局域网通过帧中继实现互联

在如图 4-18 所示例子中,单位的局域网通过边界路由器 R 与帧中继网相连,此时,帧中继网中与路由器直接连接的帧中继交换机 FRS 相当于 DCE,而用于将局域网接入帧中继网的路由器 R 相当于 DTE。

当局域网 A 中的计算机要与局域网 B 中的计算机进行通信时,具体过程如下:

在网络连接完成后,帧中继网在建立连接阶段,建立了从局域网 A 到局域网 B 的永久虚电路(为每段链路分配了虚电路通道号,在各节点交换机上建立的虚电路表)。

数据发送时,路由器 Ra 首先接收到局域网 A 上的源计算机发过来的数据帧(MAC 帧),Ra 去掉该帧的头部、尾部,解封为 IP 数据分组交给路由器的网络层作路由处理,路由器查找路由表找到帧中继网相连的转发接口准备送往帧中继网。

由于局域网 A 与帧中继网属于不同的网络,路由器 Ra 还需实现协议转换,路由器 Ra 将该 IP 数据包按照帧中继帧格式进行封装,并在封装的帧中填写了相应的虚电路号,然后从转发接口转发给帧中继网中与局域网相连的帧中继交换机[1]。

帧中继交换机发现一个帧到来,就按照数据帧的虚电路号以及 FRS 上的虚电路表对该帧进行转发。经过逐节点的转发,最终该帧达到路由器 Rb。路由器 Rb 在收到帧中继网送来的帧后,完成校验处理,去除帧头、帧尾,恢复 IP 数据包交给 Rb 的网络层去作路由处理,路由器查找路由表,找到与局域网 B 相连的转发端口,将该数据分组送到数据链路层封装

① 邓世昆.计算机网络 [M].昆明：云南大学出版社，2015.

成局域网 B 的帧格式,从该端口转发出去,该数据帧到达局域网 B,通过局域网 B 将该数据帧交给目的计算机。

4.4.5 帧中继网络的拥塞控制措施

帧中继网络的交换节点没有流量控制功能,这使拥塞控制更为重要。帧中继拥塞控制方法有以下三种。

4.4.5.1 接纳控制

接纳控制(Admission Control)是帧中继根据新的连接请示的通信量和网络剩余带宽的容量,确定是否接纳这一新的连接建立 [1]。

通信量有三个参数:承诺信息速率(Committed Information Rate, CIR)、承诺突发量(Committed Burst Size)和超额突发量(Excess Burst Size)。

(1)承诺信息速率是网络承诺该连接的信息传输平均速率,单位是 b/s。CIR 越大,用户付费越高。实际上交换机是在某一约定的时间间隔内对通信量进行测量。

(2)承诺突发量是网络承诺该连接在某一约定的时间间隔内可传输的最大信息量,以比特计。在同样的 CIR 下,选择较大的时间间隔会使承诺突发量增大。帧中继服务提供商一般使用 0.1 ~ 1 秒的时间间隔。

(3)超额突发量描述在时间间隔中网络将试图为连接传输的非承诺的最大超额信息量。

4.4.5.2 通信量管制

通信量管制(Traffic Policing)基于在某一约定时间间隔内收到的帧的总比特数 N 的大小。

通信量管制的方式是:当 N 未超过承诺突发量时,帧被传输。当 N 介于承诺突发量和承诺突发量与超额突发量的和之间时,网络将超过超额突发量的那些帧的标志置为 1,但无资源可用时可能被丢弃。当 N 超过承诺突发量与超额突发量的和时,帧立即被丢弃。

[1] 张曾科,马喜春,关敬敏.计算机网络 习题解答与实验指导 [M].2 版.北京:清华大学出版社,2005.

4.4.5.3 拥塞通知

在 X.25 标准设计的时代,由于当时的通信线路质量较差,因此为了保证端到端的通信质量与可靠性,X.25 采用了确认机制与 CRC 差错检测技术,这些措施在早期不可靠的通信线路上是必要的。但是随着通信线路的逐步完善,尤其是使用了光纤线缆后,通信线路的传输误码率已经非常低了,现在可以认为线路传输基本不会出错。在这种情况下,如果在通信线路上继续进行繁杂的确认与校验机制,那么就没有什么意义了。为了提高通信网络的传输速率,就要求设计一个比 X.25 更快速的分组交换技术。

目前实现快速分组交换的技术有两种:一种技术是使用帧长可变的帧中继 FR 技术,这种技术的特点是节点交换机只读取帧的目的地址,并立即进行转发,如果通信网络出错,则由主机端系统及高层协议去处理;另一种是帧长固定长度的信元中继技术,如后面要介绍的 ATM 技术。

4.4.6 FR 的基本配置及案例

FR 的基本配置主要分为 DTE 端与 DCE 端模拟两类配置,DTE 端的配置在用户端,主要配置任务是指派用户端 IP 地址参数,封装 FR 协议;DCE 端的配置一般由 ISP 完成,模拟实验时一般使用路由器模拟 FR 交换机的 DCE 功能。

本节使用如图 4-19 所示的拓扑图讲解 FR 的两类配置方法与过程,图中路由器 R0 模拟帧中继交换机,实现 FR 网络的 DCE 功能;路由器 R1 与 R2 模拟用户 DTE 端设备。

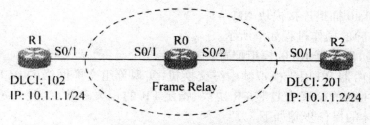

图 4-19　帧中继的模拟配置

DLCI 的数值一般由 ISP 提供,本例假设分配给 R1 的 DLCI 为 102,IP 地址为 10.1.1.1/24,分配给 R2 的 DLCI 为 201,IP 地址为 10. 1.1.2/24。

此实验使用 DY 进行模拟,网络配置文件如下所示。

#FrameRelay 模拟实验

[localhost]

[[3640]]

定义路由器型号为 3640

image= C3640. BIN

并指定 3640 使用的 IOS 文件

[[Router R0]]

创建路由器 R0

model = 3640

并指定模拟的型号为思科 3640 路由器

slot0 = NM-4T

#slot0 插槽连接模块 NM-4T

s0/1 = R1 s0/1

s0/2 = R2 s0/1

[[router R1]]

创建路由器 R1

model = 3640

型号 3640

slot0 = NM-4T

#slot0 插槽连接模块 NM-4T

[[Router R2]]

创建路由器 R2

model = 3640

型号 3640

slot0 = NM-4T

#slot0 插槽连接模块 NM-4T

实验的操作过程如下所示。

（1）路由器 R0 的模拟配置。

路由器 R0 用于模拟帧中继交换机,实现分组交换网络的 DCE 端功能,其主要的配置有封装 FR 协议、指定 FR 的相关参数、配置 PVC 连接等,具体的操作步骤如下。

Router（config）#frame-relay switching

// 启动帧中继交换功能

Router（config）# interface Serial0/1

Router（config-if）#no ip address

// 帧中继网络是二层网络,不需要 IP 地址参数

Router（config–if）# encapsulation frame–relay // 封装 FER 协议

Router（config–if）# frame–relay lmi–type ansi // 指定 LMI 的标准为 ANSI

Router（config–if）# frame–relay intf–type dce // 将接口类型指定为 DCE

Router（config–if）# clock rate 64000

// 指定串行速率为 64 000 b/s

Router（config–if）# frame–relay route 102 interface serial 0/2 201

// 指定当前端口与 s0/2 之间的 PVC 交换表

Router（config–if）#no shutdown

Router（config–if）#exit

Router（config）# interface Serial0/2

// 进入串口 s0/2,配置过程类似 s0/1

Router（config–if）# no ip address

Router（config–if）# encapsulation frame–relay

Router（config–if）# frame–relay 1mi–type ansi

Router（config–if）# frame–relay intf–type dce

Router（config–if）# clock rate 64000

Router（config–if）# frame–relay route 201 interface serial 0/1 102

Router（config–if）# no shutdown

上述命令中的 frame–relayroute 命令用于指定一条 PVC 连接,例如命令行:

Router（config–if）# frame–relay route 102 interface serial 0/1 201

表示当前 FR 交换机将从当前串口进来的由 DLCI 102 标识的帧由 DLCI 201 对应的 s0/1 端口转发。

（2）路由器 R1 与 R2 的配置。

路由器 R1 与 R2 模拟用户 DTE 端设备,主要的配置任务有配置 IP 地址参数、封装 FR 协议、指定 FR 的相关参数等。具体的操作步骤如下所示。

R1（config）# interface s0/1

// 进入路由器 R1 的串口 s0/1

R1（config–if）# ip address 10.1.1.1 255. 255.255.0

// 配置 IP 地址参数

R1（config–if）# encapsulation frame–relay

// 封装 FR 协议

R1（config-if）# frame-relay lmi-type ansi

// 指定 LMI 使用的标准为 ANSI

R1（config-if）# no shutdown

R2（config）# interface s0/1

// 路由器 R2 的配置类似 R1

R2（config-if）# ip address 10.1.1.2 255. 255. 255.0

R2（config-if）#encapsulation frame-relay

R2（config-if）#frame-relay 1mi-type ansi

R2（config-if）# no shutdown

（3）测试路由器 R1 与 R2 的连接性。

在 R1 的特权模式下使用 ping 命令测试与 R2 的连接性：

R1#ping 10.1.1.2

Type escape sequence to abort.

Sending 5 100-byte ICMP Echos to 10. 1.1.2，timeout is 2 seconds：

!!!!!

Success rate is 100 percent（5/5），round-trip min/avg/max = 52/72/96

ms

以上信息表明，在路由器 R0 模拟的 FR 交换下，R1 的 ICMP 分组可以到达 R2。

4.5　数字同步体系 SONET/SDH

SONET 是 Bellcore 于 20 世纪 80 年代中期首先提出的用光导纤维传输的物理层标准。SONET 最初的目的是整合传统的 TDM 系统，整个光纤的带宽被一个信道占用，该信道为多个子信道分配占用时间。SDH/SONET 各层间有一种层次关系，即从通道层开始，每层都请求它的所有低层的服务以完成它自身的功能。从下往上，每层都建立在低层提供的服务上。这 4 层是：光层、段层、线路层及通道层。

（1）光层。光层提供高效率的光传输。该层处理的问题包括光脉冲传输、收发电平和工作波长。电光设备在这一层进行通信，光层的主要功能是电信号到光信号的转换和 STS-N/STM-N 到光 OC-N 的映射。映射的原因是高层以电的形式完成功能，而物理传输系统却是用光纤的。

（2）段层。段层处理 STS-N/STM-N 帧在物理媒质上的传输。其功能包括帧定位扰码、段差错监视和通信附加的段开销。

（3）线路层。线路层在物理媒质上进行通道层的净荷和自身开销的可靠传送。线路层为通道层提供同步和复用。一条线路是指在连续的物理单元之间传送信息的传输媒质。

（4）通道层。通道层处理通道终端设备（PTE）之间的业务。其主要功能是把通道开销业务映射到线路层要求的 STM 同步净荷格式。通道开销用指针标识 STM-1 或 STS-3 信号的起始点。

SONET 采用基于字节的时分多路复用方法，其复用过程见图 4-20，SDH 及 SONET 不同复用情况下的传输速率如表 4-1 所示。

在 SONET 标准中，基础信号称为同步传输信号一级（STS-1），其速率为 51.84 Mbps. 更高级信号则是 STS-1 信号速率的整数倍，从而构成 STS-N 信号，其中 N=1,3,9,12,18,24,36,48,96,192 和 76，一个 STS-N 信号是由 N 个字节交织的 STS-1 信号组成的。相应于第 STS-N 信号的光学信号称为 OC-N（N 级光学载波）。SDH 体系的帧和信号称为 N 级同步传输模块（STM-N），其中 N=1,4,16,64 和 256。

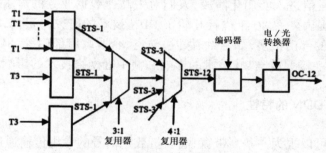

图 4-20　SONET 复用过程示意图

表 4-1　SDH 及 SONET 不同复用情况下的传输速率

SDH		SONET	
等级	速率（Mbps）	等级	速率（Mbps）
		STS-1	51.840
STM-1	155.520	STS-3	155.520
		STS-9	466.560
STM-4	622.080	STS-12	622.080
		STS-18	933.120

续表

SDH		SONET	
		STS–24	1 244.160
		STS–36	1 866.240
STM–16	2 488.320	STS–48	2 488.320
		STS–96	4 976.640
STM–64	9 953.280	STS–192	9 953.280
STM–256	3 9813.12	STS–768	39 813.12

4.6　数字数据网

数字数据网（Digial Data Network，DDN）是利用数字通道提供半永久性连接电路，传输以数据信号为主的数字传输网络。随着 20 世纪 70 年代光纤通信进入实用化阶段，人们对中高速数据业务的需求越来越迫切，因此，国内外在 80 年代就开始了 DDN 技术的研究。目前，我国采用 DDN 组网的部门很多，如金融、保险、航空、企业政府部门等，但发展势头趋于平稳，主要是受 ATM 技术的影响和帧中继网络技术的影响。

4.6.1 DDN 的特性

DDN 可以视为一条高带宽、高质量数字信号的专用传输通道。

用户所需的传输速率（信道容量）和持续使用时间可以根据用户需求申请配置，DDN 增加了控制算法，可以通过软件方式控制网络带宽、分配流量和持续使用时间[1]。

DDN 采取了热冗余备用技术和路由故障自动迂回功能，使电路安全可靠。DDN 采用多路复用技术将多个低速线路复用到高速线路上传输，如将多个小于 64 Kbps（2.4 K、4.8 K、9.6 K、19.2 K 等）的信道复用到 64 Kbps 的信道上传输，将多个 64 Kbps 的信道复用到 2 048 Kbps 的线路上传输。

DDN 可向用户提供 2.4 K、4.8 K、9.6 K、19.2 K、$N \times 64$ K（N=1 ～ 32）及 2 048 Kbps（EI）速率的全透明的专用电路。

---

① 邓世昆.计算机网络 [M].昆明：云南大学出版社，2015.

　　DDN 向用户提供永久性和半永久性连接两种数字数据传输信道。永久性连接的数字数据传输信道是指用户间建立固定连接,传输速率不变的独占带宽电路。

　　独享线路资源,信道专用是永久性连接 DDN 的特点。即通过 DDN 的交叉连接的电路交换方式,在网络内为用户提供一条固定的,由用户独自完全占有的数字电路物理通道。无论用户是否在传送数据,该通道始终为用户独享,除非网管删除此条用户电路。半永久性连接的数字数据传输信道是指用户间建立临时连接,传输结束就收回的数字传输信道的方式。

　　DDN 的主要业务是向用户提供点到点的数字专用电路,永久性连接和半永久性连接都是电信经营商向广大用户提供了灵活方便的数字电路出租业务,供各行业构成自己的专用网。

　　DDN 以点对点作永久性和半永久性的电路连接实现数据传输,由于采用了电路交换的专用信道传输方式,数据流直接从源端传输到目的端,实现透明传输,不存在分组交换网的打包、解包过程,所以可以获得很高的传输速率($N \times 2$ Mbps),但是由于 DDN 只能进行点对点的通信,组网及信息处理方式不够灵活,使用受到一定的限制。

4.6.2 DDN 的组成

　　DDN 主要由数字通道,DDN 节点、网管控制和用户环路组成。

　　数字通道一般由光纤构建,负责提供永久性的,也可以是定时开放的专用电路。

　　DDN 节点主要由 2 M 节点、接入节点和用户节点组成。DDN 节点的每个对外端口处,都设置两个方向的数字环路。每条数字环路都能够在本地或远地进行启动 / 释放操作,为把网络用户之间的连接故障定位到具体的一条数字通道或一个 DDN 节点提供方便[①]。

　　DDN 网络实行分级管理,在北京设置全国网管中心,在各省、自治区和直辖市设置省内网管中心,必要时设置本地网管中心。全国、省内和本地网管中心之间能相互通信,互换网络管理和控制信息。上级网管中心能逐级查看下级网络的运行状态,告警故障信息能及时反映到上级网管中心,实现统一网管的基本功能要求。

　　DDN 从地域上可划分为一级干线网(又称省间干线网)、二级干线网

---

① 　谢晓尧 . 计算机网络 [M]. 重庆:重庆大学出版社,2002.

（又称省内干线网）。

在 DDN 业务发达的城市也建立本地网。一级干级网上提供与其他国家或地区之间的互连接口。

4.6.3 DDN 网络业务

DDN 提供下列网络业务，又称为数字数据业务（DDS）。

（1）专用电路业务。DDN 提供中高速、高质量点到点和点到多点的数字专用电路，供公用电信网内部使用和向用户提供租用电路业务。具体用于如信令网和分组网上的数字通道；提供中高速数据业务、会议电视业务高速 Videotex 业务等。

（2）虚拟专用网（VPN）业务。DDN 提供虚拟专用网业务，它把网上的节点和数字通道中一部分资源划给一个集团用户，该用户自己可在划定的资源网络范围内进行网络的管理。

（3）帧中继业务。DDN 提供中高速帧中继业务，用户通过一条物理电路可同时配置多条虚连接，网络实现统计时分复用，用户按实际的通信量占用网络资源。帧中继业务可以用于如业务量大的主机之间互连、LAN 互连等。

（4）压缩话音 /G3 传真业务

DDN 提供 8 kb/s、16 kb/s、32 kb/s 压缩话音业务和 G3 传真业务，用于话机和 PBX 或 PBX 之间互连。为了使 PBX 能实现交换功能，DDN 在它们之间提供信号转换和传输功能。话音压缩编码、信号转换等功能安排在 DDN 的网络边缘进行，在 DDN 内容实现全程数字信号"透明"传送，不再执行话音、信号处理。

4.6.4 DDN 的网络结构

DDN 网络结构如图 4-21 所示，网络内部的 DDN 节点由高速交换机构成，传输链路由光纤链路构成，在 DDN 网络边界的设备是数据业务单元 DSU，它充当通信的数据通信设备 DCE，图 4-21 中的 DTE 为数据终端设备，可以是用户终端设备，更多的是通过 DDN 网络实现互联的局域网的边界路由器。

DDN 网络的各个部分功能如下。

①数据业务单元 DSU。DSU 实现将 DTE 接入 DDN。DSU 一般可以是调制解调器或基带传输设备、时分复用、语音 / 数据复用等设备。

②网管中心 NMC。DDN 的用户的通信信道构成、信道容量和持续使用时间分配通过 NMC 进行管理，NMC 可以方便地进行网络结构和业务的配置，实时地监视网络运行情况，进行网络信息、网络告警、线路利用情况等收集统计报告。

③ DDN 节点。DDN 节点由高速路由交换机构成，DDN 采用交叉连接技术构成传输通路，实现路由和转发功能，交叉连接是指在节点内部对具有相同速率的支路通过交叉连接矩阵实现交叉接通的过程。

DDN 节点可以有骨干节点、接入节点、用户节点几种类型。骨干节点实现 DDN 网络骨干交换；接入节点为各种 DDN 业务提供接入功能；用户节点为 DDN 用户提供接入网络的接口，并进行必要的协议转换。

高速光纤链路，实现各节点的互联传输链路，为 DDN 网络提供高速数据传输通路。

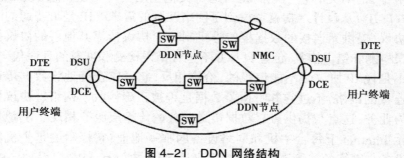

图 4–21　DDN 网络结构

4.6.5 DDN 用户之间互接的设计原则

在 DDN 上设计配置两个用户之间的连接时，应尽量使用直达路径，使连接时所经过的节点数减少和少占用网络资源[①]。

一般设计规定，两个 DDN 用户之间，中间最多经过 10 个 DDN 节点，其中：一级干线网 4 个节点；两边省内网各 3 个节点，即各省网络在规划、设计时，省内任意用户到达一级干线网节点所经过的节点数应限制在 3 个或 3 个以下。

---

① 邓世昆.计算机网络 [M].昆明：云南大学出版社，2015.

第 5 章 IPv4 与 IPv6

当两个主机上的进程,即主机 A 中的进程 P1 要和主机 B 中的进程 P2 通信时,需要经过网络层。网络层能够提供简单灵活的、无连接的、尽最大努力交付的数据报服务。IP 的任务是提供一种尽力投递的方法,将数据报从源端传输到目标端,它并不关心源机器和目标机器是否在同样的网络中,也不关心它们之间是否还有其他网络。网络层协议(Internet Protocol, IP)从设计之初就考虑到了网络互联的需求。IP 是最普通的网络层协议,提供无连接的数据报传输机制。IP 协议依靠其他层的协议提供错误检测和错误恢复,但它自身并不包含错误检测和恢复的程序代码。这并不是说 IP 协议是不能信赖的,恰恰相反,它可以正确地将数据传送到已连接的网络,不过它并不检验数据是否被正确接收。网络层协议提供尽力业务,这点与提供可靠数据传送业务的传输层服务相反。IP 地址是标示 Internet 上每台主机和网络设备的唯一地址,它标示的是主机和网络设备与网络的连接。与 IP 协议配套使用的协议有 ARP 协议、RARP 协议、ICMP 协议和 IGMP 协议等。

5.1 IPv4 编址概述

IP 协议是 Internet 的核心,是最普通的网络层协议,提供无连接的数据报传输机制,负责在任意两台主机之间进行数据传送;采用的是无连接的数据报协议;主要包括 IP 包格式定义、IP 地址的定义、数据分段与重组、IP 包传送、差错控制和处理、数据报寻址和路由等具体规定。在 IP 互联网中,任何一个能传输数据单元的通信系统均被视为网络。

网络互联层(IP 层)的目标之一是将各种底层物理网络所使用的物理地址隐藏起来,向上提供全网统一的,便于记忆的 IP 地址。IP 地址是由互联网名称和编号组织(Internet Corporation for Assigned Names and Numbers, ICANN)负责分配,是标示 Internet 上每台主机和网络设备的唯一地址。

在互联网上,主机可以利用 IP 地址来标识。严格来讲,IP 地址标识的是主机和网络设备与网络的连接。一个网络连接就有一个 IP 地址。路由器与主机有多个连接,网络连接时通过网络接口实现,因此路由器可以有多个 IP 地址,每一个网络接口有一个 IP 地址。在实际应用中,还可以将多个 IP 地址绑定到一条物理连接上,使一条物理连接具有多个 IP 地址。

5.1.1 IPv4 地址的结构

(1)网络地址。网络地址包含了一个有效的网络号和一个全 0 的主机号。一个主机的 IP 地址为 202.93.120.44,则它的网络地址为 202.93.120.0,它的主机号为 44。

(2)广播地址。为了使网络上的所有设备能够注意到广播信息,必须使用一个可进行识别和侦听的 IP 地址。通常广播地址以全 1 结尾。IP 广播有两种形式:一种称为直接广播,另一种称为有限广播。

有限广播不需要知道网络号,在主机不知道本机所处的网络时,只能采用有限广播方式。

(3)回送地址。A 类网络地址 127.0.0.0 是一个保留地址,用于网络软件测试以及本地机器进程间通信,即回送地址。无论什么程序,一旦使用回送地址发送数据,协议软件不进行任何网络传输,立即将之返回。因此,含有网络号 127 的数据报不可能出现在任何网络上。

(4)固定 IP 地址。固定 IP 地址是长期固定分配给一台计算机使用的 IP 地址,一般是特殊的服务器才拥有固定 IP 地址。

(5)动态 IP 地址。因为 IP 地址资源非常短缺,通过电话拨号上网或普通宽带上网,用户一般不具备固定 IP 地址,而是由 ISP 动态分配暂时的一个 IP 地址。普通人一般不需要去了解动态 IP 地址,这些都是计算机系统自动完成的。

(6)公有 IP 地址(Public Address)。这是指合法的 IP 地址,由互联网信息中心(Internet Network Information Center, InterNIC)负责。这些 IP 地址分配给已注册并向 Inter NIC 提出申请的组织机构,通过它直接访问互联网。对外代表一个或多个内部局部地址,是全球统一的可寻址的地址。

(7)私有 IP 地址(Private Address)。私有地址是不分配给特定用户的,专门为组织机构内部使用。使用私有地址的计算机要与 Internet

相连,必须使用地址转换技术将其转换为公有 IP 地址。类别字段,即 IP 地址前 4 位[①]。在 IPv4 中,私有地址的范围分别是:A 类地址范围为 10.0.0.0 ～ 10.255.255.255,B 类地址范围为 172.16.0.0 ～ 172.31.255.555,C 类地址范围为 192.168.0.0 ～ 192.168.255.255。

全 0 或全 1 的网络号和主机号有特殊用途,一般不使用。特殊形式的 IP 地址汇总于表 5-1 中。

表 5-1 特殊形式的 IP 地址

IP 地址		用途
网络号	主机号	
全为 0	全为 0	表示本主机只做源地址,启动时用,之后获得 IP 地址不再使用
全为 0	host-id	本地网络上主机号为 host-id 的主机,只做源地址
全为 1	全为 1	本地网络上有限广播,只做目的地址,各路由器都不转发
net-id	全为 1	net-id 标识的网络上定向广播,只做目的地址
net-id	全为 0	标识一个网络
127	任意	本地软件回送测试,Internet 上不能出现这种地址

A、B、C 三类地址,网络数可以达到 211 万,主机数可以达到 37.2 亿,在 IP 地址设计当初这是一个巨大的数字,但始料不及的是,计算机网络发展如此迅猛,时至今日,32 比特地址已经不够用了,因此有了新一代的 IPV6,它的地址长度增加到 128 比特。

IP 地址使用便于记忆的格式:xxx. xxx. xxx. xxx,如 192.168.25.168。

例:32 位二进制数表示的 IP 地址为 01100100.00000100.00000101. 00000110,用 4 个分段的十进制表示为 100.4.5.6。

IP 地址分为 A, B、C、D、E 五类,其中 D 为多播地址,E 类保留以供今后使用。用户使用的是 A、B,C 三类,称为基本类。其结构如图 5-1 所示[②]。

A 类网络:最高位为 0,接下来的 7 位为网络 ID,共有 $2^7-2=126$ 个网络,网络号为 1 ～ 126,127 专用。剩余的 24 位代表主机 ID。每个网络有 $2^{24}-2=16\ 777\ 214$ 个主机地址。

B 类网络:高位为 10,接下来的 14 位为网络 ID,共有 $2^{14}=16\ 384$ 个网络,首个域值为 128 ～ 191。剩余的 16 位代表主机 ID。每个网络有

① 王嫣,刘兰青,魏柯,等. 计算机网络实训教程 [M].2 版. 北京:化学工业出版社,2015.
② 帅小应,胡为成. 计算机网络 [M]. 合肥:中国科学技术大学出版社,2017.

$2^{16}-2=65\ 534$ 个主机地址。

C 类网络：高位为 110,接下来的 21 位为网络 ID,共有 $2^{21}=2\ 097\ 152$ 个网络,网络号为 192 ～ 223,剩余的 8 位代表主机 ID。每个网络有 $2^8-2=254$ 个主机地址。

D 类地址的高位为 1110,其余 28 位为多播地址,第一个域值为 224 ～ 239。E 类地址的高位为 1111,其余 27 位目前保留,第一个域值为 240 ～ 254。

有效的主机 ID 和网络 ID 不能为 0 或 255（原因: 0 为网络号,255 为广播地址）。网络 ID 不能为 127,因为 127 为本地地址,用来测试本地地址是否能用[①]。

一般 A 类地址分配给大规模的网络,C 类地址分配给 254 台主机以下的小规模网络,B 类地址介于两者之间。网络号字段可用于将数据报路由交付到目的网络。主机号字段可用于将数据报交付到本网络的主机。

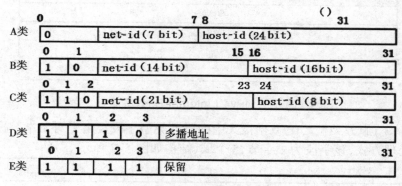

图 5–1　IP 地址的分类

5.1.2 IP 协议的格式

TCP/IP 协议定义了一个在互联网上传输的包,称为 IP 数据报。每个 IP 数据报包含一个头部和一个正文部分。头部有一个 20 字节的定长部分和一个可选的变长部分首部格式,如图 5–2 所示。首部的前一部分是固定长度,共 20 字节,是所有 IP 数据报必须具有的。在首部的固定部分的后面是一些可选字段,其长度是可变的。首部中的源地址和目的地址都是 IP 协议地址。

（1）版本号。IP 数据报报头第一项就是 IP 协议的版本号,无论是主

① 　陈岗，芮廷先，曹凤.计算机网络 [M].上海：上海财经大学出版社，2008.

机还是中间路由器,在处理每个接收到的 IP 数据报之前,首先要检验它的版本号,以确保用正确的协议版本来处理[1]。

（2）长度字段。IP 数据报之中有两个长度字段,即头长度和总长度。一个表示 IP 数据报头的长度,占用 4 位;另一个表示 IP 数据报的总长度,占用 16 位,它的值是以字节为单位的。IP 数据报头又分为固定部分和选项部分,固定部分正好是 20 字节,而选项部分为变长。因此需要用一个字段来给出 IP 数据报头的长度。而且若选项部分长度不为 4 的倍数,则还应根据需要填充 1 ~ 3 字节以凑成 4 的倍数。

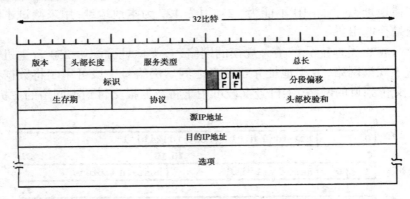

图 5-2　IPv4（Internet）协议头部

（3）服务类型。IP 数据报头中的服务类型字段规定了对于本数据报的处理方式,该字段为 1 字节,5 个域,结构如图 5-3 所示。

优先权	D	T	R	C	保留

图 5-3　服务类型

其中,优先权(共 3 位)指示本数据报的重要长度,其取值范围为 0 ~ 7。用 0 表示一般优先级,而 7 表示网络控制优先级,即值越大,表示优先级越高。D,T,R,C 这 4 位便是本数据报所希望传输的类型。

D: Delay,要求有更低的时延。

T: Troughput,要求有更高的吞吐量。

R: Reliability,要求有更高的可靠性,就是说在数据报传送中,被节点交换机丢失的概率更小。

C: 要求选择更低廉的路由。

数据报的分段和重组: IP 数据报要放在物理帧中再进行传输,这一过程称为封装。一般来说,在传输过程中要跨越若干个物理网络。由于

不同的物理网络采用的帧格式不一样,且所允许的最大的帧长度不同,而 IP 数据报的最大长度可达 64 KB。因此,IP 协议需要一种分段机制把一个大的 IP 数据报分成若干个小的分段进行传输,在最后到达目的地后再重新组合成原来的样子,这就是数据报的分段和重组。在 IP 报头中,共有 3 个字段用于实现对数据报的分段和重组:标识符、标志域和分段偏移量。标识符是一个无符号的整数值,它是 IP 协议赋予数据报的标志,属于同一个数据报的分段具有相同的标识符。标识符的分配绝不能重复,IP 协议发送每一个 IP 数据报,则要把标识符的值加 1,为下一个数据报的标志。标识符占 16 位,可以保证在重复使用 1 个标识符时,具有相同标识符的上个 IP 数据报的所有的分段都已经从网上消失了,这样就避免了不同数据报具有相同标识符的可能。

标志域 3 位,其最低两位的意义如下:

0 位(MF 位),最终分段标志。

1 位(DF 位),禁止分段标志。2 位,未用。

当 DF 位为 1 时,则该数据段不能被分段,假如此时 IP 数据报的长度大于数据链路层能传输的最大值,则根据 IP 协议把该数据报丢弃,同时向源端返回出错信息。当 MF 位为 0 时,则说明该分段是原数据报的最后一个分段。分段偏移量指出本分段的第一个字节在初始的 IP 数据报中的偏移值,该偏移量以 8 字节为单位。

(4)数据报生成周期(TTL)。IP 数据报传输的特点就是每个数据报单独寻址。而在互联网的环境中从源端到目的端的时延通常都是随时变化的,还有可能因为中间路由器的路由表内容出现错误,导致数据报在网络中无休止地循环。为了避免这种情况,IP 协议中提出了生存时间控制,它限制了数据报在网络中存活的时间。每个新生成的数据报中,其数据报头的生成周期字段被初始化设置为最大值 255,这是 IP 数据报的最大生存周期,由于精确的生存时间在分布式网络环境中很难实施,故 IP 采用这种方法来处理。

(5)协议类型。该字段指出 IP 数据报中的数据部分是哪一种协议(高层协议),接受段则根据该协议的类型字段的值来确定应该把 IP 数据报中的数据交给哪一个上层协议来处理。

(6)头部校验和。该字段用于保证数据的正确性,其计算方法是:只需在发送时把校验和字段设为 0,然后对数据报头中的内容按照 16 比特累加,结果值取反,便得到校验和。

(7)源 IP 地址和目的 IP 地址。在 IP 数据报的头部有两个字段,源端地址和目的地址,两者分别表示该数据报的发送者和接受者。

（8）IP 数据报选项。IP 可选项主要用于额外的控制和测试，IP 报头可以包含多个选项，每个选项第 1 个字节为标识符，标志该选项的类型。如果该选项的值是变长的，则紧接其后的 1 字节给出其长度，之后才是该选项的值。

5.1.3 无类别域间路由 CIDR

5.1.3.1 无类域间路由的产生背景

通过对较大网络进行划分子网后，将 IP 地址分配给更多的机构使用，在一定程度上缓解了 Internet 在发展中地址匮乏的问题。然而有下列几个迫在眉睫的问题在 1992 年被提出来。

（1）在 1992 年 B 类地址已被分配了近 50%，预计于 1994 年将全部被分配完毕。

（2）由于子网划分产生了更多的子网，每个子网需要路由器为其独立指向，因此主干网络上的路由器中的路由表项数量剧增，导致路由器运行效率降低[1]。

（3）40 多亿个的 IPv4 地址将全部耗尽。在 2011 年 2 月 3 日，IANA 宣布 IPv4 地址已经耗尽了。

为此 IETF 研究出采用无分类编址的方法来解决前两个问题。在 1987 年，RFC1009 就提出了一个网络划分子网时可同时使用多个不同的子网掩码。使用可变长度子网掩码 VLSM（Variable Length Subnet Mask）可更好地提高 IP 地址的利用率。IETF 在 VLSM 的基础上研究出无类编址方法，即无类域间路由 CIDR（Classless Inter-Domain Routing，CIDR 通常读为"Sider"）。CIDR 相关的 RFC 文档为 RFC1517、RFC1518、1519 和 RFC1520，是在 1993 年形成的。2006 年发表了更新的 CIDR 文档 RFC4632。

5.1.3.2 无类域间路由（CIDR）的概念

（1）CIDR 消除了传统的 A 类、B 类、C 类地址的概念，IP 地址不再使用 8 位、16 位及 24 位的网络号，因而可以更加合理地分配 IPv4 的地址空间。CIDR 把 32 位的 IP 地址划分为两个部分，前面的部分是"网络前缀"

① 刘兵，左爱群.计算机网络基础与 INTERNET 应用[M].3 版.北京：中国水利水电出版社，2006.

（Network–Prefix），用来指明 IP 地址域名称，后面的部分则用来指明主机编号[①]。

（2）网络前缀相同的 IP 地址组成一个"CIDR 地址域"，将一个 CIDR 地址域共同的网络前缀的位照原样写下，其余的位的值置为 0，这样得到的一个 IP 地址即是此 CIDR 地址域的名称。一个 CIDR 地址域使用"斜线记法"（Slash Notation）来表达该域的名称和规模，即在表示 P 地址域名称后面加上斜线"/"，斜线后的数字标识网络前缀长度，进而可计算出该 IP 地址域的规模，形如：

< 网络前缀 >/< 前缀长度 >

例如原来标准分类的一个 C 网 192.168.1.0，子网掩码为 255.255.255.0，包含有 28 个 IP 地址，此地址域以斜线记法可表示为：192.168.1.0/24，其规模为 $2^{32-24}=2^8$。

斜线记法还可以将原来多个标准分类的网络合并成一个斜线记法的项目来表示。例如，原标准分类的 4 个 C 类网络：

192.168.0.0 的二进制：11000000 10101000 00000000 00000000
192.168.1.0 的二进制：11000000 10101000 00000001 00000000
192.168.2.0 的二进制：11000000 10101000 00000010 00000000
192.168.3.0 的二进制：11000000 10101000 00000011 00000000

具有相同的前 22 位前缀：11000000 10101000 00000000 00000000
则这 4 个 C 类网络 IP 地址的斜线记法为：192.168.0.0/22，其规模为

$$2^{32-27}=2^8 \times 4$$

如上，将多个原标准分类的网络的所有地址合并成一个用斜线记法表示的地址域，被称为构造超网（Supernetting）。

5.1.3.3 无类域间路由（CIDR）的应用

（1）路由汇聚。

某 ISP（Internet Service Provider 的简称，即互联网服务提供商）拥有 256 个标准 C 类网络（210.36.0.0，210.36.1.0，……，210.36.255.0）地址的分配权，ISP 将其中 16 个 C 网分配给某大学使用，此 16 个 C 网为 210.36.0.0，210.36.1.0，……，210.36.15.0，ISP 并通过其路由器 R 为此 16 个 C 网地址作路由指向，如图 5-4 所示。假设 TSP 路由器 R_A 的路由表部分内容如表 5-2 所示。

① 朱晓姝.计算机网络 [M].成都：西南交通大学出版社，2017.

表 5-2   路由器 R$_A$ 的路由表（部分）

掩码	目的网络	转发端口
255.255.255.0	210.36.0.0	S1
255.255.255.0	210.36.1.0	S1
255.255.255.0	210.36.2.0	S1
255.255.255.0	210.36.3.0	S1
255.255.255.0	210.36.4.0	S1
255.255.255.0	210.36.5.0	S1
255.255.255.0	210.36.6.0	S1
255.255.255.0	210.36.7.0	S1
255.255.255.0	210.36.8.0	S1
255.255.255.0	210.36.9.0	S1
255.255.255.0	210.36.10.0	S1
255.255.255.0	210.36.11.0	S1
255.255.255.0	210.36.12.0	S1
255.255.255.0	210.36.13.0	S1
255.255.255.0	210.36.14.0	S1
255.255.255.0	210.36.15.0	S1
255.255.255.0	210.36.16.0	S2
255.255.255.0	210.36.17.0	S2
255.255.255.0	210.36.18.0	S3
255.255.255.0	210.36.19.0	S3

从上表看出，ISP 的路由器 R$_A$ 连接着多个网络，处于该网络区域的核心位置，为大量的 IP 分组进行路由查找与转发。对于路由器 R$_A$ 来说，每一个 IP 分组的到来，都需要对路由表做一番查询，以便为该分组选择合适的转发端口。那么，拥有一个较长的路由表，显然不利于提高 R$_A$ 的工作效率。

通过对 210.36.0.0，210.36.1.0，……，210.36.15.0 这 16 个 C 类网络地址的二进制值进行分析，得知这 16 个 C 类网络的地址具有 20 位共同的前缀（下划线部分）：

11010010 00100100 00000000 00000000

并且路由器 R 指向 16 个 C 网的转发端口都为 S1，使用斜线记法后，则可以用表 5-3 中的表项指示这 16 个 C 网的路由情况。

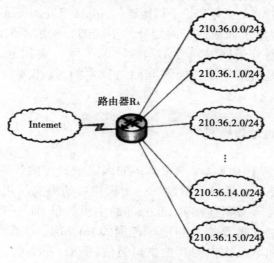

图 5-4　路由器 R$_A$ 的连接状况

表 5-3　前 16 个 C 网的路由表项的合并

目的网络	转发端口
210.36.0.0/20	S1

同理,可将表 5-2 中的后 4 条表项进行汇聚,则路由器 RA 的路由表可汇聚如表 5-4 所示。

表 5-4　汇聚后路由器 RA 的路由表(部分)

目的网络	转发端口
210.36.0.0/20	S1
210.36.16.0/23	S2
210.36.18.0/23	S3

由此得知,采取无类域间路由技术将原来标准分类的多个网络的路由表项进行汇聚后,可以大大地减少核心路由器的路由表项数量,提高路由器的工作效率,此方法称为路由汇聚。

进行路由汇聚时需要注意以下 3 点。

①汇聚的数个目的网络必须由同一个转发端口指向。

②汇聚后的路由表项所覆盖的地址空间必须与原来数个网络的地址空间的和一致。

③网络前缀的选取须采用最长前缀匹配原则。

（2）可变长度的子网划分。

RFC 1878 中定义了可变长子网掩码（Variable Length Subnet Masking，VLSM）VLSM 规定了如何在子网划分的不同部分使用不同的子网掩码，这就可以满足划分子网时需要不同大小的子网。实际上，可变长度子网掩码技术的提出是早于无类域间路由技术的，其相关的 RFC 文档是 RFC1009。

5.1.4 网络地址转换 NAT

20 世纪 90 年代中期后，越来越多的国家或地区的计算机申请接入 Internet，导致 IPv4 地址日益紧缺。一个机构申请得到使用权的 IP 地址数往往远小于其所需要连接到 Internet 的主机数量，而一个机构内也并不是所有的主机都需要接入到全球范围的 Internet。实际上，大部分主机多数时候是和本机构内的其他主机通信（例如，一个企业内的负责生产过程控制的计算机）。假如一个企业内部负责生产过程控制的计算机的联网协议也是采用 TCP/IP 协议，那么为了实现各主机间的数据交换，这些计算机必须被分配以唯一的 IP 地址。而为这些本来不需要连接到 Internet 的计算机各自分配一个全球范围内唯一的 IP 地址，一则会消耗宝贵的 IP 地址资源，二则增加了企业的运营成本（目前向 Internet 管理机构申请全球唯一的 IP 地址的使用权，需要向 Internet 管理机构交纳 P 地址的使用费）。

为了解决上述问题，使得机构内部的计算机能方便使用 TCP/IP 协议联网，而又不至于增加机构的运营成本。RFC1918 规定了一些专用地址（Private Address，亦称为私有地址）。这些地址可以被任何机构自行使用，而无须向 Internet 管理机构申请。专用地址只能用于一个机构内部的各主机之间的通信，而不能与 Internet 上的主机通信，Internet 中的所有路由器，对目的地址是专用地址的 IP 数据分组一律不转发。2010 年 1 月，RFC5735 全面地给出了所有特殊用途的 IPv4 地址，其中划分为专用地址的 IP 地址如表 5–5 所示。

表 5–5   专用地址范围

网络类型	地址范围	规模
A 类	10.0.0.0/5	1 个 A 类网络
B 类	172.16.0.0/16—172.16.31.0/16	16 个 B 类网络
C 类	192.168.0.0/24—192.168.255.0/24	256 个 C 类网络

采用专用 IP 地址的网络通常被称为本地网络或内部网络。显然,全世界很多不同地方的主机可能会使用了相同的专用 IP 地址,但由于这些专用地址仅在各自所在的机构内部使用,所以不会引起 Internet 中的主机寻址混乱的麻烦。

如上所述,使用专用地址的主机是不能直接与 Internet 上的主机通信的,然而它们却有和 Internet 上的主机通信的需求,那么应当怎么解决呢? IETF 提出,当配置了专用 IP 的计算机需要和内网之外的 Internet 主机通信时,把内部地址转换成可在 Internet 上寻址的全球地址,这一技术被称为网络地址转换(Network Address Translation, NAT)。NAT 技术是在 1994 年提出的,使用此方法需要在内部网络与 Internet 连接的路由器上安装 NAT 软件。装有 NAT 软件的路由器叫做 NAT 路由器,它至少有一个可在 Internet 上被寻址的全球 IP 地址。这样,所有使用本地地址的主机在和外界通信时,都要在 NAT 路由器上将其本地地址转换成全球 IP 地址,才能和 Internet 中的主机进行数据交换。

NAT 的工作原理: 内部网络 192.168.0.0 内所有主机的 IP 地址都是本地 IP 地址 192.168.0.X (X 值为 0 ~ 255), NAT 路由器至少要有一个全球 IP 地址,才能和 Internet 相连。设 NAT 路由器具有一个全球 IP 地址 210.36.247.1。假设本地网络中的一个主机 A 要与 Internet 中的主机 B 通信。主机 A 向主机 B 发送了一个 IP 分组 PA,分组 PA 的源 IP 地址是主机 A 的地址 192.168.0.5,源端口号为 3342,目的 IP 地址是主机 B 的地址: 156.151.59.35,目的端口号为 80 ("端口号"是传输层协议中用以标识通信进程的一个 16 位二进制数,关于端口的详细内容在传输层中讲述)。NAT 路由器收到 IP 数据分组 Px 后,经检查该分组的目的地址字段,发现需要将其转发到本地网络之外的 Internet,便会把该 P 数据分组 PA 的源 IP 地址改写为 NAT 路由拥有的可在 Internet 上被唯一寻址的全球 IP 地址 210.36.247.1,同时把源端口号 3342 改写为某一个值如 5501,然后转发出去。在转换 IP 地址和端口号的时候, NAT 路由器会将此次地址转换的对应关系登记 NAT 地址转换表中[①]。

主机 B 收到这个 IP 数据分组 PA 时,对其作出响应,并向分组 PA 当前的源 P 地址发回响应数据分组 Ps,此时数据分组 Ps 的源地址为主机 B 的地址 156.151.59.35,端口号为 80,目的地址是 210.36.247.1,端口号为 5501。

NAT 路由器收到 Internet 上的主机 B 发来的 IP 数据分组 PB,通过

① 　谢希仁 . 计算机网络 [M].5 版 . 北京: 电子工业出版社, 2008.

查询 NAT 地址转换表得知该分组是要转发给内部网络主机的。因此，NAT 路由器根据 NAT 地址转换表中的对应关系，把 IP 数据分组 PB 中的目的 IP 地址改写为主机 A 的 IP 地址 192.168.0.5，目的端口号相应地改写为 3342，然后将其转发给主机 A。如此，使用内网地址的主机 A 与 Internet 中的主机 B 之间的通信得到了实现。同样，内网中的其他主机在 NAT 路由器的帮助下也可以与 Internet 中的主机通信。

利用 NAT 技术，拥有大量主机的一个本地网络只需少数的全球 IP 地址，即可以实现与 Internet 互联，从而节省了对全球 IP 地址资源的消耗。

5.1.5 IP 地址不足的解决方法

为保证 IP 地址的唯一性，国际上有专门的机构即互联网名称和编号组织负责把 IP 地址分配给各个国家，再由每个国家相关机构把 IP 地址分配给各大网络运营部门（如中国电信 / 网通 / 移动 / 联通 / 教育部等）。

如果要组建一个单一的 IP 网络，必须分配相同的 Net ID 给所有主机，各主机的 Host ID 在该网络内必须是唯一的，否则就会造成 IP 地址冲突。

如果多个计算机的 Net ID 不一样，即使连在同一台交换机上，也不能互通，必须通过路由器才能通信。如果该网络还要与 Internet 相连，则 Net ID 也必须全球唯一，即 Net ID 必须向网络运营部门申请后才能使用，否则也会造成 IP 地址冲突。

如果组建的只是一个内部网络（Intranet），不需要与 Internet 相连，可根据网络的规模使用任何一类 IP 地址。一般使用私有地址，如 192.168.25.xxx。

由于 IP 地址是一个有限的资源，一家企业在组建网络时，无法为每一台计算机申请一个合法的 IP 地址，一般分配 2 ~ 4 个 IP 地址，如何能使企业内的所有计算机都能上互联网呢？

当企业的实际 IP 地址不足时，如果客户们不可能全部同一时间上网，那么可以将企业拥有的 IP 地址使用 DHCP 轮流分配给客户使用。DHCP 除了能动态地设定 IP 地址之外，还可以将一些 IP 地址留给一些特殊用途的机器使用，如 Router、Netmask、DNS Server、WINSServer 等。

DHCP 保证任何 IP 地址在同一时刻只能由一台 DHCP 客户计算机使用。

5.2　子网划分与子网掩码

标准分类的 IP 地址采用的二级层次结构,使得 IP 地址分配不够合理。比如,一个 A 类网络包含 16 777 214 个 IP 地址,一个机构若得到了一个 A 类网络的使用权,那么这 16 777 214 个地址便只属于该机构,即便其用不完。而实际上极少有哪个公司用得上这一千多万的 IP 地址,这就导致了大部分的 IP 地址不得充分的利用。为了解决这个问题,人们提出子网(subnet)的概念。有关子网的概念和划分子网的标准的 RFC 文档为 RFC940。子网划分的基本理念是:使用标准分类的 IP 地址中主机号的一部分(假设取 N 位)作为子网号,这样可以将一个标准分类的网络划分成多个(2^n 个)的子网,每个子网都具有其独立的网络名称,每个子网的规模相对小于原网络,这样分出的多个子网可以更合理地分配给需要的机构。

5.2.1　子网划分的方法

因特网设计初期,设计人员没有预见到因特网的发展速度:每隔 9 ~ 15 个月,需要分配的网络地址数就翻一番。到 20 世纪 80 年代中期,就发现了分类的 IP 地址将不够用,但是同时,已分配的 IP 地址并没有被充分利用。一个 C 类的网络仅能容纳 254 台主机,这对于许多组织来说太小了;但一个 B 类网络可支持多达 65 534 台主机,这对于一般的组织来说又太大了。在分类的 IP 编址方案下,一个有 2 000 多台主机的组织通常被分为一个 B 类网络,这导致了 B 类地址空间的迅速消耗及所分配地址空间的利用率降低。

在不摒弃分类编址的情况下,如何适应网络增长的需要呢? 设计人员提出了划分子网的编址方案:把分类的 IP 网络进一步分成更小的子网(Subnet),每个子网由路由器界定并分配一个新的子网网络地址,子网网络地址是借用分类的 IP 地址的主机号部分创建的。划分子网后,通过使用子网掩码,把子网隐藏起来,使得从外部看网络没有变化,目的是增加网络号的数量。

划分子网的方法是从分类的 IP 地址的主机号借用若干位作为子网号,具体方法如图 5-5 所示。分类的 IP 地址原有的网络号不变,原主机号部分分成两个字段,分别用来标识子网号和子网上的主机号。在划分子网的编址方案中,子网划分方案对网络号之外的路由器是看不见的,对外仍表现为一个网络,只有本地路由器才知道具体的子网划分方案。因特网中的路由器在做转发决策时依然只看网络号,到达目的网络的路由器后,根据网络号和子网号找到目的子网,把 IP 数据报交付给目的主机。

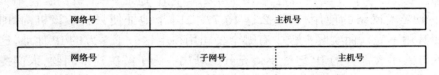

图 5–5　划分子网时的 IP 地址结构

标准的 A、B、C 类网络的 IP 地址是包含网络号(Net–ID)与主机号(Host–ID)两级结构。划分子网的方法如下。

(1)用 IP 地址的主机号若干位作为子网号 Subnet–ID,则两级结构的 P 地址就变为三级 IP 地址 :

< 网络号 >< 子网号 >< 主机号 >

(2)同一个子网中所有的主机具有相同的网络号(Net–ID)与子网号(Subnet–ID)。

(3)子网的概念可以用于 A 类、B 类及 C 类 IP 地址。

规定已经被废止了,也就是说现在完全可以使用子网号为全 0 和全 1 这两个子网。

5.2.2 子网掩码的构造

子网掩码通常也俗称为掩码。掩码的构造方法如下。

如果一个网络没有划分子网,则将其网络号对应的二进制位的值置为 1,主机位对应位的值置为 0,所得的 IP 地址即为该网络的掩码,该网络的所有主机都必须用此掩码。如 A 类网络 110.0.0.0,其网络号为前 8 位二进制数,主机号为后 24 位二进制数,则将前 8 位二进制值置为 1,后 24 位值置为 0,得到 11111111 00000000 00000000 00000000,点分十进制即 255.0.0.0,此掩码即为 A 类网络的默认掩码。如表 5–6 所示为未划分子网时 A 类、B 类或 C 类网络的默认掩码[①]。

---

① 　王红霞 . 网络互联技术 [M]. 长沙 : 国防科技大学出版社,2010.

表 5-6　标准 A 类、B 类或 C 类地址的默认掩码

网络类型	默认掩码	点分十进制
A 类	11111111 0000000 00000000 00000000	255.0.0.0
B 类	11111111 11111111 00000000 00000000	255.255.0.0
C 类	11111111 11111111 11111111 00000000	255.255.255.0

若一个网络已经被分子网,则网络号以及子网号对应的位的值置为 1,剩余的主机号对应的位值置为 0,这样的一个 IP 地址即为划分子网后的子网掩码,所有子网中的主机都必须使用该子网掩码。例如一个 B 网为 168.5.0.0,其原 16 位主机号中的前 6 位被作为子网号,则其子网掩码的形成如图 5-6 所示。

原网络	网络号	主机号	
	1010100000000101	00000000 00000000	
划分子网后	网络号	子网号	主机号
	1010100000000101	000000	00 00000000
子网掩码	1111111111111111	111111	00 00000000
掩码的点分十进制	255.255.255.252		

图 5-6　子网掩码的形成

子网掩码用以标示 IP 地址所在的网络的子网划分情况。子网掩码还可以用来判定已知的两个 IP 地址是否归属于同一子网。其判定方法为将两个 IP 地址分别与子网掩码进行按位"与运算",若求得的两个 IP 地址的原网络号与子网号是完全相同的,则表示给出的两个 P 地址归属于同一个子网,若两个 IP 地址的原网络位与子网位不完全相同,则表示两个 IP 地址不在同一个子网。

例如,有两个主机,它们所用的 IP 地址分别为 192.168.1.55 和 192.168.1.75,子网掩码同为 255.255.224,要判断两主机是否归属于同一子网,判断方法如下:

192.168.1.55 的二进制: 11000000 1010100 00000000 100110111

192.168.1.75 的二进制: 11000000 1010100000000000101001011

子网掩码 255.255.224 的二进制: 111111111111111111111111110000

将 192.168.1.55 与 255.255.224 的二进制按位与运算,得结果为:

1 10 0 0000 10 10100 0 0 0 0000 0 100100 0 0,点分十进制为: 192.168.1.32

将 192.168.1.75 与 255.255.224 的二进制按位与运算,得结果为:

110000001010 10000 000 000 101000000,点分十进制为: 192.168.1.64

由于网络号不相同,故此情况下的 192.168.1.55 和 192.168.1.75 不在相同的子网中。

5.2.3 子网规划实例

下面以一个例子更详细地说明子网规划。

例 5-1:某学院有 5 个办公室,每个办公室的计算机数量目前最多为 10 台,给定一个网络 192.168.1.0,要求划分子网,使得每一个办公室的计算机分别划归在独立的子网中[①]。

解答:

划分思路:5 个办公室的计算机划归在不同的子网,需要至少 5 个子网。给定的网络 192.168.1.0 是一个 C 类网络,其主机号有 8 位,设取其中 N 位作为子网号,则可划分得 2^N 个子网,划分子网后的每个子网的规模为 2^{8-N},要求子网数量 $2^N >= 5$ 且每个子网的规模 $2^{8-N} >= 10$。经推算得 $N=3$ 或 $N=4$ 均满足需求。

现取 $N=3$ 的子网规划方案,构造子网掩码:

以 11111111 11111111 11111111 11100000

即:255.255.255.224

子网数量 $2^N=2^3=8$,子网的规模 $2^{8-3}=32$,除去主机号全 0 和全 1 的两个 IP 地址不可分配,每个子网的实际可用 P 地址数量为 30[②]。

以上子网划分方案所得子网 IP 地址范围如下:

子网 1:192.168.1.0 ~ 192.168.1.31

子网 2:192.168.1.32 ~ 192.168.1.63

子网 3:192.168.1.64 ~ 192.168.1.95

子网 4:192.168.1.96 ~ 192.168.1.127

子网 5:192.168.1.128 ~ 192.168.1.159

子网 6:192.168.1.160 ~ 192.168.1.191

子网 7:192.168.1.192 ~ 192.168.1.223

子网 8:192.168.1.224 ~ 192.168.1.255

在取子网号长度时,应该权衡两个方面的因素:划分子网所得的子网数量及每个子网的规模(即每个子网包含的 IP 数量)。在子网划分过程中,子网的数量以及子网的规模必须满足当前的需求,并考虑留有一定

[①] 朱晓姝.计算机网络 [M].成都:西南交通大学出版社,2017.

[②] 高飞,赵娟,冯远,等.计算机网络技术及应用 [M].北京:中国铁道出版社,2011.

的余量以为应对未来发展的需要。

子网掩码是 32 bit 的二进制代码,其对应网络号的所有位都置为 1,对应主机号的所有位置都为 0(虽然标准并没有规定必须从主机号的高位其选择连续相邻的若干比特作为子网标识,但实践中还是推荐使用连续的 1)。同 IP 地址类似,使用点分十进制记法书写。由此可知,A 类网络的子网掩码是 255.0.0.0, B 类网络的子网掩码是 255.255.0.0, C 类网络的子网掩码是 255.255.255.0。

大多数组织在划分子网时选用定长的分配方案,即各子网的子网号所占位数一致,所能容纳的主机数也一致;如果某组织的子网大小不均衡,有的主机多,有的主机少,再采用固定长度的子网划分就会导致地址空间利用不合理,TCP/IP 子网标准允许使用变长划分子网(Variable-Length Subnet Masks, VLSM)的技术,允许各子网挑选长度不一的子网号,以便更充分地利用地址空间。

5.3　IPv6 地址概述

2011 年 2 月,ICANN 宣称最后的 5 组 IPv4 地址已经分配给了全球区域因特网地址管理机构,以后没有 IPv4 地址可分配了。IP 地址已经耗尽,ISP 不能再申请到新的地址块。CIDR 技术和 NAT 技术的使用虽然推迟 IP 地址耗尽的时间,但解决 IP 地址耗尽的根本措施是采用具有更大地址空间的新版本的 IP,即 IPv6[RFC 2460]。

5.3.1 IPv6 地址表示

(1)冒号十六进制形式。将 IPv6 的 128 位地址每 16 位划分一段,128 位地址共划分为 8 段,每段用一个 4 位的十六进制数表示,并用冒号隔开。例如,可将一个 IPv6 地址表示为:2001:00D3:0000:2F3B;023C:00FF:FE28:0080。

在每个四位一段的十六进制数中,如高位为 0,则可以省略。例如可以将 00E0 简写成 E0,000 简写成 0。

(2)零压缩法。在一个 IPv6 地址中包含多个零的情况十分常见,对此可以使用压缩形式进行简化.压缩的原则是,如果某一段或连续几段的值全为 0,则由双冒号::表示。例如,链路本地地址 FE80:0:0:0:

2AA：FF：FE9A：4CA2,可以简记为 FE80：：2AA：FF：FE9A：4CA2。

多播地址 FF02：0：0：0：0：0：0：2,可以简记为 FF02：：2。

多播地址 FFED：0：0：0：0：0：8898：3210；3M4F 的压缩形式为 FFED：：8898：3210：3A4F。

单播地址 3FEFFFF.0：0：8.80020C4；0 的压缩形式为 3FFE：FFFF：：8,800：20C4：0。

回环地址 0：0：0：0：0：0：0；1 的压缩形式为：：1。

未指定的地址 0：0：0：0：0：0：0；0 的压缩形式为：：。

注意：双冒号在一个地址中只能使用一次。例如：地址 0：0：0：AB98：576C：0；0；0, 可以写成：：AB98：576C：0：0；0 或 0：0：0：AB98：123C：：,但不能写成：：BA98：576C：。原因是如果在压缩形式中存在两个或更多的双冒号：,就无法判断每个：：究竟代表了几个全 0 段。

（3）前缀表示法。前缀表示法类似于采用 CIDR 技术的 IPv4 地址表示,表示形式是：IPv6 地址 / 前缀长度。其中,前缀长度用十进制数表示。所有子网都有相应的 64 位前缀,所以 64 位前缀用来表示节点所在的单个子网：任何少于 64 位的前缀,要么是一个路由前缀,要么就是包含了部分 IPv6 地址空间的一个地址范围。例如：21DA：D3：0：2F3B：：/64 是一个子网前缀,21DA：0：D3：：/48 是一个路由前缀[1]。

5.3.2 地址划分

IPv6 的 128 位地址长度形成了一个巨大的地址空间。IPv6 不对地址进行分类.但是 IPv6 对地址的管理与 IPv4 的 CIDR 类似,将一个 IPv6 地址划分成前缀和后缀两部分,其中前缀用于指明一个网络,后缀用于指明网络上的某台主机,即采用层次化的地址结构[2]。

在 IPv4 地址空间中,地址可以划分为单播地址、广播地址和多播地址,IPv6 对此进行了修改,将地址划分为单播地址、泛播地址(也称任播地址)和多播地址,取消了原来的广播地址,增加了任播的概念。

5.3.2.1 单播地址

用于标识一个唯一的接口,送往一个单播地址的报文将被传送至该

① 徐雅斌,周维真,施运梅.计算机网络 [M].西安：西安交通大学出版社,2011.
② 吴英.计算机网络软件编程指导书 [M].北京：清华大学出版社,2008.

地址标识的接口上。单播 IPv6 地址主要包括：全球单播地址.链路本地地址、站点本地地址、特殊地址等。

（1）全球单播地址。

全球单播地址是 IPv6 的公网地址，相当于 IPv4 的单播地址。具有全球单播地址的 IPv6 数据报可以在全球 IPv6 网络中被路由器转发。全球单播地址的前缀是 001，图 5-7 是全球单播地址的格式：

n位	64位-n位	64位
全球路由前缀	子网ID	接口ID

图 5-7 全球单播地址结构

全球路由前缀标识了路由层次结构的最高层。全球路由前缀由因特网地址授权机构 IANA 进行管理，通常根据地区的因特网注册机构分配给那些大的因特网服务提供商 ISP、子网 ID 子网的标识符。子网 ID 是 ISP 在自己的网络中建立的多级寻址机构，用于识别其管辖范围内的站点，便于其下级的 ISP 组织寻址和路由。

接口 ID IPv6 接口标识符，占 64 位，用于标识节点和子网的接口。RFC2373 声明，所有使用前缀 001 ~ 111 的单播地址，必须使用由扩展唯一标识 EU1-64 地址派生的 64 位 IPv6 接口标识符。要想知道如何得到 64 位 IPv6 接口标识符，需要首先了解 EUI-48 地址和 EUI-64 地址。

① EU1-48 地址。EUI-48 地址是 IEEE802.3 规定的 48 位 MAC 地址。此地址由 24 位公司 ID（也称为制造商 ID）和 24 位扩展 ID（也称为网卡 ID）组成。公司 ID 被唯一指派给每个网络适配器的制造商；扩展 ID 在装配时由制造商唯一指派给每个网络适配器。公司 ID 和扩展 ID 的组合，即可生成全球唯一的 48 位地址。这个 48 位地址就是我们所称的物理地址、硬件地址或 MAC 地址。

EUI-48 地址中的全局 / 本地（U/L）位：

U/L 位是第一个字节的次最低位，用于确定该地址是全局管理还是本地管理。如果将 U/L 位设置为 0，表示 IEEE 对地址进行了统一管理；如果 U/L 位设置为 1，表示地址是本地管理的。

EUI-48 地址中的个人 / 组（I/G）位：

I/G 位是第一个字节的最低位，用来确定地址是个人地址（单播）还是组地址（多播）。设置为 0 时，地址是单播地址；设置为 1 时，地址是多播地址。

对于典型的 802.3 网络适配器地址，U/L 和 I/G 位均设置为 0，表示一个全球管理的单播 MAC 地址。

②IEEE EUI-64 地址。在 IEEE EUI-64 地址中,公司 ID 仍然是 24 位长度,但扩展 ID 是 40 位。EUI-64 地址使用 U/L 和 I/G 位的方式与 EUI-48 地址相同。

那么如何将 EUI-48 地址映射到 EU1-64 地址呢？方法是将 1111111 1111110（0xFFFE）插入到 EUI-48 地址的公司 ID 和扩展 ID 之间。 EUI-64 地址用冒号十六进制表示即是 IPv6 接口标识符。

（2）链路本地地址。

用于单个链路,路由器不对含有链路本地地址的数据报进行转发。 链路本地地址的地址形式为：

FE80：：接口标识符

当节点启动 IPv6 协议时,它的每个接口自动配置一个链路本地地址。链路本地地址的自动配置机制使得连接到同一链路的 IPv6 节点不需要做任何配置就可以通信。链路本地地址相当于 IPv4 中的私有地址。例如,对应于 MAC 地址 00-AA-00-3F-2A-1C 的网络适配器的链接本地地址是 FE80：：2AA：FF：FE3F：2A1C。

（3）站点本地地址。

类似于 IPv4 的私有地址。用于单个站点,格式如下：

FEC0：：子网号：接口标识符

站点本地地址用于不需要全局前缀的站点内的寻址。

5.3.2.2 多播地址

多播地址是一组接口的标识符。送往一个多播地址的报文将被传送至有该地址标识的所有接口上。多播地址的前缀为 111 1111[①]。

5.3.2.3 任播地址

任播地址也称泛播地址,是一组接口的标识符。送往一个任播地址的报文将被路由器转发给该地址标识的接口之一,该接口是距离路由器最近的一个网络接口。任播地址对移动通信能提供更好的支持,例如当移动用户接入到 IPv6 网络中时,使用任播地址可以寻找到一个离它最近的接收点[②]。

① 　徐雅斌,周维真,施运梅.计算机网络[M].西安：西安交通大学出版社, 2011.

② 　陈昕.网络实用技术基础[M].北京：中央广播电视大学出版社,2016.

关于 IPv6 任播地址有严格要求,限制如下:

①任播地址不能作为一个 IPv6 数据报的源地址;

②任播地址不能分配给主机即泛播地址只能分配给路由器。

5.3.3 特殊地址

在 IPv6 地址空间中,前 8 位前缀为 0 的地址为保留地址。其中某些地址作为特殊地址,这些特殊地址包括:

未指定地址是一个全 0 地址,当没有有效地址时,可采用该地址。例如,当一个主机从网络第一次启动时,它尚未得到一个 IPv6 地址,就可以用这个地址,即当发出配置信息请求时,在 IPv6 包的源地址中填入该地址。

回环地址 IPv4 的回环地址为 127.0.0.1,IPv6 回环地址的最低位为 1,其余 127 位全为 0。任何发送回环地址的分组必须通过协议栈发送到网络接口,但不发送到网络链路上。网络接口本身必须接受这些分组.就好像是从外面节点收到的一样,并传回给协议栈。回环功能用来测试软件和配置。

5.3.4 自动地址配置

根据 RFC1881 规定,IPv6 地址空间的管理必须符合 Internet 团体的利益,必须是通过一个中心权威机构来分配。目前这个权威机构就是 Internet 分配号码权威机构(Internet Assigned Numbers Authority,IANA)。IANA 会根据 IAB(Internet Architecture Board)的建议来分配 IPV6 地址。目前全球共有 5 个地区级的 Internet 注册机构(Regional Internet Registry, RIR), RIR 由 IANA 委派,包括负责北美地区分配的 ARIN. 负责欧洲地区分配的 RIPE(www.ripe. net),负责拉丁美洲分配的 LACNIC,负责非洲地区分配的 AfriNIC 以及负责亚太地区分配的 APNIC(www.apnic.net)。国内的 IPv6 地址申请者,有三种途径可以申请到 IPv4 和 IPv6 地址。

(1)直接向 APNIC 申请。

(2)向 IP 地址分配联盟申请。

(3)向已取得 IP 地址段的运营商申请[①]。

---

① 芮廷先,陈岗,曹凤.计算机网络 [M].北京：北京交通大学出版社；清华大学出版社，2009.

5.3.4.1 无状态地址自动配置

在默认情况下,IPv6 主机可以为每个接口配置一个链路本地地址。需要配置地址的网络接口首先使用邻居发现机制获得一个链路本地地址,然后接收路由器公告的地址前缀,结合接口标识得到一个全球单播地址[1]。

无状态地址自动配置过程如下:

(1)根据链路本地地址前缀 FE80∷/64 和 EUI-64 的接口标识符,生成临时链路本地地址。

(2)发出邻居请求报文,使用重复地址检测过程检验临时链路本地地址的唯一性。

(3)如果接收到邻居公告报文,就表明本地链路上的另一个节点正在使用此临时链路本地地址,地址自动配置停止进行。此时必须对此节点进行手工配置。

(4)如果没有接收到邻居公告报文,则表明此临时链路本地地址是唯一并且有效的。接口的地址初始化为链路本地地址。

(5)主机发送路由器请求报文。请求路由器立即发送路由器公告报文进行响应。

(6)若收到了路由器公告报文,根据报文的内容来设置跳数限制、可到达时间、重发定时器和 MTU(如果存在 MTU 选项)的值。

(7)对于路由器公告报文中的每个前缀信息选项,做以下处理:

①如果链路标志为 1,则将报文中的前缀添加到前缀列表中。如果自治标志为 1,则用前缀和适当的接口标识符生成一个临时地址;用重复地址检测过程检测临时地址的唯一性。

②如果临时地址正在使用中,则不会用临时地址来初始化接口。

③如果临时地址不在使用中,则用临时地址来初始化接口。这包括根据报文中的前缀信息选项的有效生存期和优先生存期字段的值来设置地址的有效生存期和优先生存期[2]。

5.3.4.2 有状态地址自动配置

IPv6 使用 DHCPv6 协议进行有状态地址自动配置,并获得其他的配

① 徐雅斌,周维真,施运梅.计算机网络[M].西安:西安交通大学出版社,2011.
② 刘兰娟.管理信息系统[M].北京:清华大学出版社,2012.

置选项。

在有状态地址自动配置中,主机从 DHCP 服务器中获得接口地址、配置信息及参数,服务器维护一个数据库,记录已分配的地址,以及主机的配置信息。

5.3.5 IPv6 的优势

IPv6 所引进的主要变化体现在它的数据报格式中。

5.3.5.1 地址容量的扩展

IPv6 把 IP 地址的长度从 32 bit 增至 128 bit,采用类似 CIDR 的地址聚类机制层次的地址结构。可以支持更多的地址层次、更多数量的节点以及更简单的地址自动配置。

IPv4 地址一般用点分十进制的方法来表示。IPv6 地址长度 4 倍于 IPv4 地址,表达起来的复杂程度也是 IPv4 地址的 4 倍。IPV6 地址的基本表达方式是 X∶X∶X∶X∶X∶X∶X∶X,其中 X 是一个 4 位十六进制整数(16 位)。每一个数字包含 4 位,每个整数包含 4 个数字,每个地址包括 8 个整数,共计 128 位。例如:

CDCD∶910A∶2222∶5498∶8475∶1111∶3900∶20201030∶0∶0∶0∶C9B4∶FF12∶48AA∶1A2B

2000∶0∶0∶0∶0∶0∶0∶1

为了简化 IPV6 地址的表示,在有多个 0 出现时,可以采用零压缩法,用一个 0 表示多个 0。如果几个连续位段的值都为 0,那么可以简写为∶∶,称为双冒号表示法。例:

21DA∶0000∶0000∶0000∶02AA∶00OF;FE08∶9C5A

可以表示为:

21DA∶∶2AA∶F∶FE08∶9C5A

5.3.5.2 首部格式的简化

一些 IPv4 首部字段被删除或者成为可选的扩展首部,减少了一般情况下数据报的处理开销(路由器一般仅处理基本首部,对扩展首部不处理)以及 IPv6 首部占用的带宽。

5.3.5.3 提供更高的服务质量保证

IPv6 首部有一个"流"字段,用于给属于特殊"流"的分组加上标签,这些特殊流是发送方要求进行特殊处理的流,比如非默认质量服务或者需要实时服务的流。此外,还有一个"通信量类"的字段,用于区别不同数据报的优先级。

5.3.5.4 认证和保密的能力

所有的 IPv6 网络节点必须强制实现 IP 层安全协议(IPSec)。因此,建立起来的一个 IPv6 端到端的连接,是有安全保障的,通过对通信端的验证和对数据的加密保护,可以使数据在 IPv6 网络上安全地传输。

下面介绍基本首部各字段的含义。

（1）版本号(Version)。占 4 bit,IPv6 协议的版本值为 6。

（2）通信量类(Traffic Class)。占 8 bit,用于区分 IPv6 数据报的不同类别或优先级。

（3）流标签(Flow Label)。占 20 bit,用于标识一个数据报的流。流就是互联网络上从特定源点到特定终点的一系列数据报(如实时音频或视频传输),而这个"流"途径的路由器都要保证指明的服务质量。属于同一个流的数据报都具有同样的流标签。对于不需保证服务质量的传统服务,如电子邮件,这个字段没有用处,置为 0 即可。

（4）有效载荷长度(Payload Length)。占 16 bit,代表 IPv6 数据报中除基本首部之外其余部分的长度(扩展首部与数据部分组成了 IPv6 数据报的有效载荷),这个字段的最大值是 64 KB。

（5）下一个首部(Next Header)。占 8bit,当 IPv6 数据报没有扩展首部时,该字段的作用和 IPv4 的"协议"字段一样;当有扩展首部时,该字段的值标识后面第一个扩展首部的类型(扩展首部共有 6 种类型,可在 RFC 2460 查阅)。

（6）跳数限制(Hop Limit)。占 8 bit,用来防止数据报在网络中无限制地存在。源节点在每个数据报发出时设定跳数限制(最大为 255 跳),当被转发的数据报经过一个路由器时,该字段的值将减 1,当减到 0 时,则丢弃该数据报。

（7）源地址(Source Address)。占 128 bit,数据报发送方的 IP 地址。

（8）目的地址(Destination Address)。占 128 bit,数据报接收方的 IP 地址。

IPv6 还保留了 IPv4 赖以成功的许多特点,如无连接交付、允许发送方选择数据报的大小、要求发送方指明数据报在到达目的地前允许经过的最大跳数等功能。

5.4　IPv6 的运行方式

5.4.1 自动配置

自动配置是一种很有用的解决方案,让网络中的设备能够给自身分配链路本地单播地址和全局单播地址。它首先从路由器那里获悉前缀信息,再将设备自身的接口地址用作接口 ID。但接口 ID 是如何获得的呢? 以太网中的每台设备都有一个 MAC 地址,该地址会被用作接口 ID。然而,IPv6 址中的接口 ID 长 64 位,而 MAC 地址只有 48 位,多出来的 16 位是如何来的呢? 在 MAC 地址中间插入额外的位,即 FFFE。

例如,假设设备的 MAC 地址为 0060：d673：1987,插入 FFFE 后,结果为 0260：d6FF.FE73：1987。为何开头的 00 变成了 02 呢? 插入时将采用改进的 EUI-64 (扩展唯一标识符)格式,它使用第 7 位标识地址是本地唯一的还是全局唯一的。如果这一位为 1,则表示地址是全局唯一的;如果为 0,则表示地址是本地唯一的。在这个例子中,最终的地址是全局唯一的还是本地唯一的呢? 答案是全局唯一的。自动配置可节省编址时间,因为主机只需与路由器交流就可完成这项工作。为完成自动配置,主机需要执行如下两个步骤。

(1)为配置接口,主机需要前缀信息(类似于 IPv4 地址的网络部分),因此它会发送一条路由器请求(Router Solicitation, RS)消息。该消息以组播方式发送给所有路由器。这实际上是一种 ICMP 消息,并用编号进行标识。消息的 ICMP 类型为 133。

(2)路由器使用一条路由器通告(RA)进行应答,其中包含请求的前缀信息。RA 消息也是组播分组,被发送到表示所有节点的组播地址,其 ICMP 类型为 134。RA 消息是定期发送的,但主机发送 RS 消息后,可立即得到响应,因此无须等待下一条定期发送的 RA 消息就能获得所需的信息。

如图 5-8 所示,说明了这两个步骤。

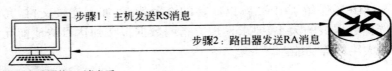

主机收到包含前缀的RA消息后,
便可自动配置其接口

图 5-8　IPv6 自动配置过程中的两个步骤

这种类型的自动配置称为无状态自动配置,因为无须进一步与其他设备联系以获悉额外的信息。

5.4.2 DHCPv6

DHCPv6 的工作原理与 DHCPv4 极其相似,但有一个明显的差别,那就是支持 IPv6 新增的编址方案。DHCP 提供了一些自动配置没有的选项。在自动配置中,根本没有涉及 DNS 服务器、域名以及 DHCP 提供的众多其他选项。这是在大多数 IPv6 网络中使用 DHCP 的重要原因。

在 IPv4 网络中,客户端启动时将发送一条 DHCP 发现消息,以查找可给它提供所需信息的服务器。但在 IPv6 中,首先发生的是 RS 和 RA 过程。如果网络中有 DHCPv6 服务器,返回给客户端的 RA 将指出 DHCP 是否可用。如果没有找到路由器,客户端将发送一条 DHCP 请求消息,这是一条组播消息,其目标地址为 FF02::1:2,表示所有 DHCP 代理,包括服务器和中继器。

一般的路由器提供了一定的 DHCPv6 支持,但仅限于无状态 DHCP 服务器。这意味着它没有提供地址池管理功能,且可配置的选项仅限于 DNS、域名、默认网关和 SIP 服务器。

这意味着必要时需要提供其他服务器,以提供所有必要的信息并管理地址分配。

5.4.3 ICMPv6

IPv4 可以使用 ICMP 做很多事情,诸如目的地不可达等错误消息以及 ping 和 traceroute 等诊断功能。ICMPv6 也提供了这些功能,但不同的是,它不是独立的第 3 层协议。ICMPv6 是 IPv6 不可分割的部分,其信息包含在基本 IPv6 报头后面的扩展报头中。ICMPv6 新增了一项功能:默认情况下,可通过 ICMPv6 过程"路径 MTU 发现"避免 IPv6 对分组进行分段。

　　路径 MTU 发现过程的工作原理：源节点发送一个分组，其长度为本地链路的 MTU。在该分组前往目的地的过程中，如果链路的 MTU 小于该分组的长度，中间路由器就会向源节点发送消息"分组太大"。这条消息向源节点指出了当前链路支持的最大分组长度，并要求源节点发送可穿越该链路的小分组。这个过程不断持续下去，直到到达目的地，此时源节点便知道了该传输路径的 MTU。接下来，传输其他数据分组时，源节点将确保分组不会被分段[①]。

　　ICMPv6 接管了发现本地链路上其他设备地址的任务。在 IPv4 中，这项任务由地址解析协议负责，但 ICMPv6 将这种协议重命名为"邻居发现"。这个过程是使用被称为请求节点地址（solicited node address）的组播地址完成的，每台主机连接到网络时都会加入这个组播组。为了生成请求节点地址，要在 FF02：0：0：0：0：1：FF/104 末尾加上目标主机的 IPv6 地址的最后 24 位。查询请求节点地址时，相应的主机将返回其第 2 层地址。网络设备也以类似的方式发现和跟踪相邻设备。前面介绍 RA 和 RS 消息时说过，它们使用组播来请求和发送地址信息，这也是 ICMP "邻居发现"功能。

　　在 IPv4 中，主机使用 ICMP 协议告诉本地路由器，它要加入特定的组播组并接收发送给该组播组的数据流。这种 ICMP 功能已被 ICMPv6 取代，并被重命名为组播侦听者发现（multicast listener discovery）。

　　在 IPv6 协议中，有很多机制和功能使用 ICMPv6 消息。除了大家熟悉 ping 和 traceroute 之外，常见的应用如下。

　　（1）替代地址解析协议（ARP）。一种用在本地链路区域取代 IPv4 中 ARP 协议的机制。节点和路由器保留邻居信息。

　　（2）无状态自动配置。自动配置功能允许节点自己使用路由器在本地链路上公告的前缀配置它们的 IPv6 地址。

　　（3）重复地址检测（DAD）。启动时和在无状态自动配置过程中，每一个节点都先验证临时 IPv6 地址的存在性，然后使用它。这个功能也使用新的 ICMPv6 消息。

　　（4）前缀重新编址。前缀重新编址是当网络的 IPv6 前缀改变为一个新前缀时使用的一种机制。

　　（5）路径 MTU 发现（PMTUD）。源节点检测到目的主机的传送路径上最大 MTU 值的机制。其中替代 ARP（在 IPv6 中 ARP 被去掉了）、无

①　拉莫尔.CCNA 学习指南（640-802）[M].7 版.北京：人民邮电出版社，2012.

状态自动配置和路由器重定向(路由器向一个 IPv6 节点发送 ICMPv6 消息,通知它在相同的本地链路上存在一个更好的到达目的网络的路由器地址)都属于邻居发现协议(NDP)所使用的机制,前缀重新编址则是为了方便实施网络重新规划而设计的机制。

(6)IPv6 路径 MTU 发现(PMTUD)。PMTUD 的主要目的是发现路径上的 MTU(最大传输单元),当数据包发向目的地时为避免中间路由器分段。源节点可以使用发现的最小 MTU 与目的节点通信。当数据包比数据链路层 MTU 大时,分段可能在中途的路由中发生。而 IPv6 中的分段不是在中间路由器上进行的。仅当路径 MTU 比传送的数据包小时,源节点自己才可以对数据包分段。发送数据包前,源节点先用 PMTUD 机制发现传输路径中的最 /JMTU,根据结果,源节点对数据进行分段处理。再发送。这样在中间路由器上就不用再参与分段了,这样的好处是降低了开销。如图 5-9 所示,给出了发现最小 MTU 的过程。

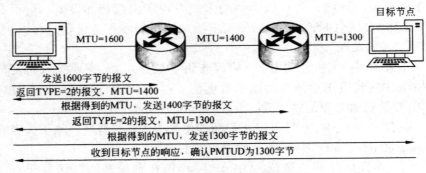

图 5-9　PMTUD 检测的过程

5.5　IPv6 的过渡技术

　　由于 IPv6 与 IPv4 相比具有诸多的优越性,因而 IPv6 替代 IPv4 已经成为网络发展的必然趋势。然而,由于 IPv4 协议已有广泛的网络建设及应用基础,IPv4 的全球用户不计其数,从 IPv4 到 IPv6 的过渡将是一个渐进的长期的过程。为了更好地实现 IPv4 网络向 IPv6 网络的过渡,从 20 世纪 90 年代开始,IETF 就成立了专门的工作组来研究这一过渡问题,并提出了很多种过渡机制,这里主要介绍双栈技术和隧道技术两种过渡机制。

5.5.1 双协议栈

在完全过渡到 IPv6 之前,使一部分主机和路由器装有两个协议,一个 IPv4 协议和一个 IPv6 协议。IPv6 和 IPv4 都属于 TCP/IP 体系结构中的网络层协议,尽管其实现的细节有很多的不同,但两者都基于相同的物理平台和相似的原理,而且在其上的传输层协议 TCP 和 UDP 没有任何区别,主要的区别在于针对不同的数据包所采用的协议栈各不相同。这就是双栈技术的工作机理。

双协议栈的主机(或路由器)记为 IPv6/IPv4,表明它具有两种 IP 地址:一个 IPv6 地址和一个 IPv4 地址。双协议栈主机和 IPv6 主机通信时主机的地址是采用 IPv6 地址,而和 IPv4 主机通信时就采用 IPv4 地址。如图 5-10 所示,R1,R2 均为双协议路由器,A 向 B 发送 IPv6,经过的路径是 A → R1 → R3 → R4 → R2 → B。中间 R1 到 R2 是 IPv4 网络,在路由器 R1 上完成 IPv6 到 IPv4 的转换;在 R2 上完成 IPv4 到 IPv6 的转换,恢复成 IPv6。

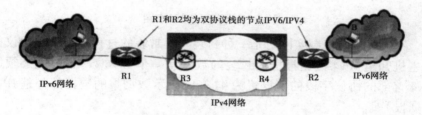

图 5-10　双协议栈传输

双协议栈技术的优点是互通性好、易于理解;缺点是需要给每个运行 IPv6 协议的网络设备和终端分配 IPv4 地址,不能解决 IPv4 地址匮乏的问题。在 IPv6 网络建设初期,由于 IPv4 地址相对充足,这种方案是可行的。当 IPv6 网络发展到一定阶段,为每个节点分配两个全局地址 IPv4 将很难实现[1]。

5.5.2 隧道技术

隧道技术是指一个节点或网络通过报文封装的形式,连接被其他类型的网络分隔但属于同一类型的节点或网络的技术。隧道技术是在 IPv4

---

[1]　杨庚.计算机网络 [M].北京:高等教育出版社,2010.

区域中打通了一个 IPv6 隧道来传输 IPv6 数据分组。隧道的入口和出口是隧道的两个端点,它们可以是路由器,也可以是主机,但必须都是双协议栈的节点。

如图 5–11 所示表示了两个单独的 IPv6 网络如何通过隧道技术穿越 IPv4 网络进行相互通信。其隧道技术的工作原理是:隧道入口节点把 IPv6 数据包封装在 IPv4 数据包中,IPv4 数据包的源地址和目的地址分别为两端节点的 IPv4 地址,封装后的数据包经 IPv4 网络传输到达隧道出口节点后解封还原为 IPv6 包,并送往目的地。这里隧道是指隧道入口和隧道出口之间的逻辑关系。数据报在整个过程没有发生转换,只是进行了封装和解封[1]。

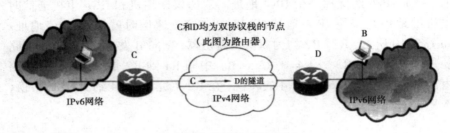

图 5–11　隧道过渡示意图

隧道技术的机制实际上是一种封装与解封装的过程。要使双协议栈的主机知道 IPv4 数据报里面封装的数据是一个 IPv6 数据报,就必须把 IPv4 首部的协议字段的值设置为 41(41 表示数据报的数据部分是 IPv6 数据报)[2]。

隧道技术中封装与解封装的机制如图 5–11 所示。入口处的端点 C 将 IPv6 报文当作 IPv4 的负载数据封装在 IPv4 报文中,并将该 IPv4 报文的协议字段设置为 41,以说明该 IPv4 封装报文的负载是一个 IPv6 封装报文,然后在 IPv4 网络上传送该封装报文。封装报文到达隧道出口点 D 时,D 端点解开封装报文的 IPv4 报头,解封还原为 IPv6 包,并送往目的地 B。

① 朱晓姝 . 计算机网络 [M]. 成都:西南交通大学出版社,2017.
② 伍孝金 . IPv6 技术与应用 [M]. 北京:清华大学出版社,2010.

第6章 交换机技术及配置

本章主要内容包括交换机的工作原理、交换机的数据帧转发方式、交换机配置基础、交换机的 VLAN 技术、交换机的链路聚合技术、交换机的生成树技术。

6.1 交换机概述

6.1.1 交换机的工作原理

传统意义上的交换机属于二层（数据链路层）设备，它可以读取数据包中的 MAC 地址信息并根据目的 MAC 地址将数据包从交换机的一个端口转发至另一个端口，同时交换机会将数据包中的源 MAC 地址与对应的端口关联起来，在内部自动生成一张 MAC 地址表（MAC 地址和端口之间的映射表，也被称为 CAM 表）。所谓的"交换"，就是交换机根据 MAC 地址表信息将数据包从一个端口转发至另一个端口的过程。在进行数据转发时，通过在发送端口和接收端口之间建立临时的交换路径，将数据帧由源地址发送到目的地址[①]。

交换机要完成交换（转发）功能，大致需要执行以下 4 种基本操作。

（1）泛洪（广播）。交换机是根据 MAC 地址表来决定数据从哪个端口转发出去的，但交换机加电后其初始 MAC 地址表为空。交换机收到数据帧后，因 MAC 地址表为空，交换机查找不到帧中目的 MAC 地址对应的端口，因而不知道将数据发往哪一个端口，它就将接收到的数据帧从除接收端口之外的其余所有端口发送出去，这称为泛洪（也称"广播"），除收到未知单播帧外，交换机收到广播帧或组播帧也会泛洪。

---

① 李颀，方逵，张弼.基于 LINUX 的农业信息平台网络设备管理 [J].农业网络信息，2013（04）:83-85.

（2）学习。交换机从某个端口接收到数据帧时，无论该帧是单播帧还是广播帧，均会读取帧的源 MAC 地址并查看该 MAC 是否已经存在于 MAC 地址表中。若 MAC 地址表中不存在该 MAC，则在表中新增个条目，将该源 MAC 与接收端口对应起来，这样交换机就学习到一条新的 MAC 地址，同时该条目被设置一定的老化时间（一般为 5 min）。若在老化时间内该接口没有接收到相同源 MAC 的数据帧，该条目会被自动删除；若接口接收到的帧源 MAC 发生改变，交换机会用新 MAC 改写 MAC 地址表中接口对应的 MAC；若数据帧的源 MAC 已在 MAC 地址表中存在，则刷新计时器，重新开始老化计时。

随着网络中的主机不断发送数据帧，这个学习过程会不断进行下去，最终交换机会学习到端口连接的所有设备的 MAC 地址，从而建立起一张完整的 MAC 地址表。

（3）转发。交换机收到数据帧后，在转发之前会读取帧的目的 MAC 地址，若该地址在 MAC 地址表中不存在，则将帧从除接收端口之外的其余端口泛洪（广播）出去；若目的 MAC 已存在于 MAC 地址表中，则查看该 MAC 地址所对应的端口，直接将帧转发至对应端口，不再泛洪至所有端口。

（4）过滤。交换机在查找 MAC 地址表时，若发现帧的目的 MAC 对应的端口与帧接收端口为同一端口，则直接将帧丢弃，不再从接收端口发送回去。

6.1.2 交换机的数据帧转发方式

交换机在不同端口之间传递数据帧的方式称为"转发方式"或"转发模式"，依据处理帧时的不同模式，交换机的转发方式可以分为以下 3 类。

（1）直通转发（Cut-Through）。直通转发也被称为"快速转发"，是指交换机端口收到帧头前面 14 字节后立即根据接收到的目的 MAC 查询 MAC 地址表进行转发。直通转发延迟小、交换速度快，但因转发过程中还没有接收完毕整个数据帧就开始转发，所以无法进行差错校验，不能提供错误检测能力，冲突产生的残帧和错误的数据帧也会被转发出去。另外，由于直通转发不缓存数据，若将不同速率的端口连接起来，将会造成大量丢包。

（2）存储转发（Store-and-Fonward）。存储转发在转发之前必须接收并存储整个完整的数据帧，然后进行差错校检，校验不正确的帧（错误帧）会被丢弃，校验正确的帧再根据帧的目的 MAC 将其转发出去。这种方式可以对数据帧进行错误检测,保证了数据的正确有效,但延迟较大。存储转发可以确保不同速率的端口之间也能协同工作。

（3）无碎片转发（Fragment-Free）。无碎片转发是介于直通转发和存储转发之间的一种转发方式,交换机接收到数据帧的前面 64 字节后才开始转发。因为最短的以太网有效帧长度是 64 字节,小于此值的帧通常是冲突产生的残帧,检查帧的前面 64 个字节可以确保交换机不会转发冲突碎片（残帧）,无碎片转发也不能提供差错校验,但减少了数据出错的概率,处理速度比存储转发快但比直通转发慢,能够在一定程度上避免冲突残帧被转发出去。

当前,许多交换机可以做到在正常情况下采用直通转发,当数据的错误率达到一定程度时,自动切换到存储转发方式。

6.1.3　网络设备的管理方式

交换机和路由器支持多种管理方式,常用的管理方式一般有以下 3 种。

（1）通过 Console 口进行本地管理。第一次配置交换机或路由器时,只能通过 Console 口进行本地配置,这种方式使用网络厂商专门提供的 Console 配置线缆将网络设备的 Console 口与计算机主机的 COM 口连接起来。这种方式因不占用网络带宽,被称为带外管理。Console 线缆的一端为 RJ-45 水晶头,另一端为 DB9 接口,水晶头插入网络设备的 Console 口,DB9 接口连接计算机的 COM 口。

当前,绝大多数的计算机都没有 COM 口,这时就另外需要一条 USB to Serial 转接线将 Console 线缆的 DB9 接口连接起来,再通过转接线插入计算机的 USB 口。USB to Serial 转接线的一端为 COM 口,另一端为 USB 口。需要注意的是,USB to Serial 线缆在使用之前需要安装设备驱动程序,否则无法正常工作。

网络设备和计算机之间的配置线缆连接好之后,就可以在计算机上安装并设置终端管理软件（如超级终端、SecureCRT 等）,以命令行的方式来管理网络设备。

（2）通过 TelnetSSH 进行远程管理。当我们通过 Console 端口对交换机或路由器进行初始化配置并开启了相关服务后,只要计算机和网络设备之间的网络可达,就可以通过 Telnet 或 SSH 的方式远程登录到网络设备上进行管理。TelnetSSH 的配置命令及各种信息通过网络进行传输,会消耗网络带宽,因此属于带内管理。Telnet 是一种不安全的传输协议,它使用明文传输口令和数据,信息很容易被截获,具有一定的安全隐患;

而 SSH 是一种非常安全的协议,它通过加密和认证机制,实现安全的远程访问以及文件传输等,可以有效防止信息被窃听,而且可以对用户或服务器的身份进行认证,故 SSH 比 Telnet 更安全,但配置过程也相对复杂。

要使用 Telnet 进行远程登录,可打开 Windows 系统中的命令提示符,直接输入 Telnet 命令即可。远程登录成功后,Telnet(或 SSH)的配置界面和直接使用 Console 口登录的界面是完全一致的。

(3)通过 Web 方式进行管理。使用 Web 方式管理交换机或路由器时,需要使用网线将网络设备与计算机连接起来。客户端计算机上不需要安装专门的终端软件,只要计算机和网络设备之间 IP 可达,就可以像访问 Internet 网站一样,在浏览器的地址栏输入设备的管理 IP 地址,通过 Web 界面登录到设备上进行配置与管理。当然,在利用浏览器访问设备之前,需要给设备配置管理 IP 地址,创建拥有管理户账户并开启 HTTP 服务。

通过 Web 管理网络设备,也属于带内管理,配置过程基于图形化界面,操作简单,但不是所有的设备都支持。

6.2 交换机配置基础

6.2.1 配置主机名称

默认情况下,所有交换机的 IOS 提示符都使用 Switch 作为主机名称。在大规模网络工程的配置过程中,为了避免产生混淆,建议对不同的交换机使用不同的主机名称以示区别。

配置主机名称需要在全局配置模式下使用 hostname 命令,例如,将主机名称修改为 jk1 的用法如下所示。

Switch(config)#hostname jk1

jk1(config)# // IOS 自动显示的 IOS 提示符中,主机名称变为 jk1 了

为了表述的方便,从本节开始使用"//"对相关命令行或信息进行注释。符号"//"及其后的字符仅用于注释说明,不是 IOS 命令或提示信息。

如果当前 IOS 提示符不是全局配置模式,那么就需要将操作模式变换到全局配置模式后,才能使用此命令。例如,当前如果在用户模式下,那么就需要进行如下的操作步骤[①]。

---

① 曹炯清 . 交换与路由实用配置技术 [M]. 北京:清华大学出版社;北京交通大学出版社,2014.

Switch >enable　//从用户模式进入特权模式
Switch#conft　//从特权模式进入全局配置模式
Switch（config）#hostnane jk1 //使用 hostname 命令将主机名称修改
为 jk1
jx1（config）# //此行由 IOS 自动显示,表明主机名称是 jk1

为了后续操作的方便,建议读者使用 hostname 命令将此交换机的主机名称改回到默认的名称 Switch。

6.2.2 配置交换机的密码

为了防止未授权用户对交换机进行操作或配置,可以通过 IOS 设置三类密码,用于保护交换机不被未授权用户访问。交换机在默认情况下,均未设置、使用这些密码。因此为了保护可配置交换机的安全,在第一次配置交换机时应该设置这些密码,这些密码的配置命令都需要首先进入 IOS 的全局配置模式后,才能够使用[①]。

6.2.2.1 Console 密码

Console 密码是用户通过 Console 口进入交换机 IOS 时需要使用的密码。如果交换机配置了此密码,那么 IOS 就会在用户通过 Console 口进入 IOS 时验证此密码。若密码不正确,则不允许用户进入 IOS。在交换机上配置 Console 密码的操作步骤如下。

Switch（config）#line console 0 //使用 line 命令进入线路配置模式
Switch（config-line）#password hbeu // 在 线 路 配 置 模 式 下 使 用
password 命令设置密码为 Console 密码为 hbeu
Switch（config-line）#login
//启用设置的 Console 密码,若不使用 login 命令,则设置的密码不会被使用
Switch（config-line）#exit // exit 命令返回到上一层的操作模式
Switch（config）#

上述步骤操作完成后,可以通过 Console 口重新连接交换机的 IOS。此时将会发现,用户必须输入设置的密码 hbeu 才能进入 IOS 的用户模式,重新登录的完整过程如下所示。

Switch con0 is now available

Press RETURN to get started //重新登录时,按回车键开始登录过程

User Access Verification

Password: //输入设置的 Console 密码,键盘输入时屏幕没有回显,连 * 都不会显示

Switch> //此处的用户模式提示符表明用户已经进入 IOS 系统

6.2.2.2 enable 密码

enable 密码用于控制用户从用户模式进入特权模式。该密码的配置有两类命令,分别是 enable password 与 enable secret。

enable password 命令设置的密码在设备中以明文形式存储,其配置的过程及存储形式如下所示。

Switch（config）#enable password jkx1 //设置 enable password 密码为 jkx1

Switch（config）#end //直接回到特权模式,用于查看上一步配置的密码

Switch#show running-config //查看设置当前运行的配置参数

Building configuration…

Current configuration：1065 bytes

!

version 12.2

no service timestamps log datetise msec

no service timestamps debug datetime msec

no service password-encryption

!

hostname Switch

!

enable password jkx1 //可以发现前面设置的密码 jkx1 在此处以明文存储

!

… //后面还有显示的内容,此处省略

正是由于 enable password 设置的密码是明文存储的,因此为了设备的安全性,思科现在建议使用另一个新的配置命令 enable secret。此命令设置的密码将以 MD5 算法加密存储,其配置的过程及存储形式如下所示。

Switch（config）#enable secret jkx2 //设置 enable secret 密码为 jkx2

Switch（config）#end //直接回到特权模式，以便查看配置结果

Switch#show running-config //查看设备当前运行的配置参数

Building configuration…

Current configuration：1112 bytes

!

version12.2

no service timestamps log datetime msec

no service timestamps debug datetime msec

no service password-encryption

!

hostname Switch

!

enable secret 5 $ 1 $ mERr $ gqBf34L5TmETC4KpUZefZ1 　// 密 码 jkx2 被加密

enable password jkx1 // enable password 密码仍然是明文存储

… //后面还有显示的内容，此处省略

当同时配置了 enable password 与 enable secret 两个命令时，IOS 将以 enable secret 命令设置的密码为判断是否允许用户从用户模式进入特权模式的依据。其验证过程如下所示。

Switch#exit //从特权模式退出

Switch con0 is now available

Press RETURN to get started //使用回车键进入 IOS

User Access Verification Password：//此处输入前面设置的 Console 密码 hbeu，屏幕没有回显

Switch>enable 　//从用户模式进入特权模式

Password：//此处键盘可以输入的密码只能是 jkx2，屏幕没有回显

Switch# //此处的特权模式提示符表明用户已经进入到特权模式

6.2.2.3 Telnet 密码

Telnet 密码用于控制用户从远程设备登录到 IOS。例如，网管可以在网络中心使用 Telnet 等工具直接登录到其他部门交换机的 IOS 上，而不用亲自跑到需要管理与维护的交换机那里，网管可以很方便地对远程设备进行管理与维护。实现这种功能的前提就是为设备配置 Telnet 密码，

此密码的配置过程如下所示。

Switch（config）#line vty 0 15　//进入终端线路 0 到 15 的线路配置模式

Switch（config-line）#password jkx3　//配置 Telnet 密码为 jkx3

Switch（config-line）#login　//启用 password 设置的密码,作用与 Console 密码类似

Switch（config-line）#

完成上面的配置过程后,就可以在此交换机所处网络中的任何 PC 上通过 Telnet 等工具进入其 IOS 中。

6.2.3 配置交换机的管理信息

交换机作为接入层的常用网络设备,一般不需要进行参数配置。但是当需要进行某些特定功能应用时,如虚拟局域网等,就必须对交换机进行配置与管理。交换机是二层设备,其以太网端口均是数据链路层的端口,这些端口不可以配置网络层的 IP 地址。而远程管理一般使用 Telnet 等应用层软件实现,这些应用层软件都需要使用网络层的 IP 地址才可以进行通信连接。因此思科为了方便网管对这些二层设备的管理,使用了交换机的逻辑端口(即默认的 VLAN1)作为交换机网络层通信的端口,管理员可以在 VLAN1 的逻辑端口上配置 IP 地址参数,使交换机可以使用此 IP 与其他设备进行 IP 通信。

需要再次强调的是:交换机上配置的 IP 参数只是为了方便远程管理,与交换机的二层交换功能是没有任何关系的。管理交换机时,需要配置的管理信息主要是其用于远程连接的 IP 地址信息,其配置过程可以参考下面的步骤进行。

Switch（config）#ip default-gateway 10.1.1.254　//设置交换机所在网络的网关地址

Switch（config）#interface vlan1　//进入逻辑端口 VLAN1 的端口配置模式

Switch（config-if）#ip address 10.1.1.1.255.255.255.0

//为 VLAN1 设置 IP 参数,当前工作模式为端口配置模式

Switch（config-if）#no shutdonwn　//启用 VLAN1 端口

Switch（config-if）#end　//直接回到特权模式

Switch#　//在特权模式下可以使用 ping 命令测试交换机与其他 PC 的连通性

在上面的配置过程中,假设交换机所在的网络为 10.1.1.0/24、网关为 10.1.1.254;逻辑端口 VLAN1 是交换机默认情况下自动生成的端口,可以用于交换机的管理,因此该端口也被称为管理端口,可以进行三层的配置与使用;三层端口在默认情况下是不工作的,因此配置完端口的相关参数后,如果需要参数发生作用,就必须接着使用 no shutdown 命令。如果不想某个端口工作,则可以在其端口模式下使用 shutdown 命令关闭。

当完成交换机管理信息的配置后,交换机就能够以一种主机的身份与网络中其他的计算机进行通信。例如,在网络中的计算机 PC1 就可以通过交换机的管理 IP 地址 10.1.1.1 远程登录到交换机的 IOS,其操作过程如下。

PC>telnet 10.1.1.1　// PC> 是计算机 PC1 的命令行提示符

Trying 10.1.1.1...Open

User Access Verification

Password：//此处通过键盘输入前面设置的 VTY 密码,密码没有回显

Switch1>enable　//进入交换机的用户模式后,使用 enable 命令进入特权模式

Password：//此处输入的密码是前面设置的 enable secret 密码

Switch#　//成功进入到交换机 1 的特权模式

6.2.4 配置交换机的以太网端口

交换机的以太网端口工作在数据链路层,该层端口的配置主要涉及端口速率、模式、描述等三个参数。在网络工程应用中,一般不需要对交换机的以太网端口进行配置,交换机所有的以太网端口均默认工作在自动适应模式。只有在考虑兼容性或为了管理时,才会对这些端口进行配置。

配置交换机端口的相关参数时,必须首先进入相应的端口模式。进入端口模式的命令是全局配置模式下的 interface 命令,此命令的用法为:

interface type mod/port

其中：

type 表示端口的类型,交换机的端口类型主要有 Ethernet、FastEthernet、GigabitEthernet 三种参数,分别表示 10 Mb/s、100 Mb/s、1 000 Mb/s 端口类型。

mod 表示交换机端口所在的模块编号,第一个模块的编号为 0,后续模块编号依次递增。交换机的模块一般只有一个,因此交换机的 mod 参数多数为 0。

port 表示端口在模块中的编号,模块的第一个端口编号为 0,后续端口编号同样依次递增。端口 port 通常也被称为接口(interface)。

例如,现在需要进入交换机 1 的端口 f0/1,则从特权模式开始,需要通过以下步骤完成。

Switch#configure terminal //从特权模式进入全局配置模式

Switch(config)#interface fastEtbernet 0/1 // 进 入 fastEthernet 0/1 端口(简称 f0/1)的端口配置模式

Switch(config-if)# // IOS 的端口模式提示符

有时为了简单起见,进入端口模式前,可以在不产生二义性问题的前提下使用简化的命令,例如:

Switch(config)#int f0/1 //进入 f0/1 的端口配置模式

如果交换机的多个端口需要配置相同的参数,那么在使用 interface 命令时,还可以引入 range 参数简化配置的过程。若要同时对多个连续的端口配置相同参数,则可以在命令行中使用减号"-"进行连续端口的表示;若要同时对不连续的多个端口进行相同配置,则需要在命令行中使用逗号","进行不连续端口的表示。进行连续端口的操作过程如下所示[①]。

Switch(config)#interface range fastEthernet 0/11-15

//对从 f0/11 到 f0/15 的 5 个连续端口进行相同配置

Switch(config-if-range)# //多端口配置模式提示符

进行不连续端口的操作过程如下所示。

Switch(config)#interface range fastEthernet 0/1, fastEthernet 0/5

//对不连续的端口 f0/1、f0/5 进行相同配置

Switch(config-if-range)# //多端口配置模式提示符

目前以太网主流速率为 100 Mb/s 与 1 000 Mb/s,端口模式为全双工,交换机的端口及工作模式可以在这两种速率与模式间自动适应。即当 1 000 Mb/s 端口与 100 Mb/s 的端口连接时,1 000 Mb/s 的端口会自动将速率降低到 100 Mb/s,反之亦然;当全双工端口连接半双工端口时,全双工端口自动调整为半双式模式工作。但是当相互连接的两个设备中有一个不具有自动适应功能时(这种情况在现在的应用中已经很少见到),就必须通过手工配置使端口使用最低速率、半双工模式工作。

在端口模式下,可以进行端口速率、模式、描述等操作,主要涉及以下三个命令。

---

① 卢豫开,刘宁.计算机网络 [M].北京:北京航空航天大学出版社,2011.

（1）speed。speed 命令用于设置端口速率，一般可以使用的参数分别为：10、100、1000、auto。其中的 auto 参数是交换机端口默认使用的 speed 参数，即所有端口均使用自动适应功能；前三个数字参数在实际应用中，由于端口类型的不同，speed 命令可能只支持某几个，具体支持的参数需要通过"speed？"查看。例如，在思科 2960 交换机的端口模式中，查看的结果如下。

Switch（config）#interface gigabitEthernet0/1　//进入千兆端口 0/1 的端口模式

Switch（config–if）#speed？　//查询 speed 命令可用的参数

10 Force 10 Mbps operation

100 Force 100 Mbps operation

1 000 Force 1 000 Mbps operation

auto Enable AUTO speed conf iguration

Switch（config–if）#speed100 //将端口速率手工设置为 100 Mb/s

在这个例子中，由于使用的端口是一个千兆以太网端口，所以 speed 支持的参数是三种速率都可以。如果进入的以太网端口是一个 100 Mb/s 的端口，那么 speed 支持的速率就只有两种：10 与 100。

（2）duplex。duplex 命令用于设置端口的全双工、半双工模式。同 speed 命令类似，交换机的端口默认均使用 auto 参数。在需要的时候可以手工设置端口工作在全双工或半双工模式下，下面是 duplex 命令的使用过程。

Switch（config）#interface fastRthernet 0/1　//进入快速以太网端口 0/1 的端口模式

Switch（config–if）#duplex？ //在端口模式下查看 duplex 支持的模式

auto Enable AUTO duplex configuration

full Force full duplex operation

half Force half–duplex operation

Switch（config–if）#duplex full //将此端口手工设置为全双工模式

需要再次强调的是交换机端口的速率、模式一般无须手工配置，建议使用默认的 auto 参数。一旦手工设置了某个端口的速率或模式，就必须在与此端口相连接的另一个端口上配置相同的速率或模式，否则这两个端口将无法进行正常的通信。

（3）description。description 命令用于对选定的端口进行描述，通过这些描述信息可以帮助网管在今后了解此端口的作用及安排等。此命令设置的参数为描述性的文本信息，其设置内容对交换机的工作无任何影响。例如,需要对某个交换机的千兆以太网端口进行描述,方便日后了解此端口的作用,则可以使用以下过程实现。

Switch(config)#interface gigabitEthernet 0/2 //进入端口模式

Switch(config-if)#description this port will be connected to ComputerScience's tay3Switch

//在端口模式下使用 description 命令描述该端口的用途等信息

Switch(config-if)#end //直接回到特权模式

Switch#show running-config //通过 show 命令查看运行的配置数据

… //此处显示的内容省略

interface GigabitEthernet 0/2

description this port will be connected to ComputerScience's Lay3Switch

… //之后显示的内容省略

在上面的操作过程中,通过 show 命令可以发现在端口 GigabitEthernet 0/2 下保存有相关的描述信息:这个端口用于连接计算机学院的三层交换机。

6.2.5 查看交换机的各种参数与状态

交换机完成配置后,经常需要进行各种参数及状态的检查,以确保配置的参数是成功、正确的。最常见的检查命令是 show 命令,此命令通过不同的参数可以查看的信息众多,不建议初学者全部了解,也并不打算将全部参数在此罗列。如果用户需要了解 show 命令可以使用的参数,则可以在特权模式下使用"show?"命令获得 IOS 的详细帮助。但是一些经常使用的命令参数,初学者还是需要记忆并熟练操作。

经常使用的 show 命令参数及其功能如下。

show version //查看交换机 IOS 软件的版本及硬件配置等信息

show flash //查看交换机 Flash 闪存中的文件信息

show interface //查看交换机端口及其状态信息

show running-config //查看交换机当前在 RAM 中运行的配置参数

show startup-config //查看交换机在 NVRAM 中备份的配置参数

show vlan //查看交换机的 VLAN 信息

show mac-address-table //显示该交换机动态创建的地转发表

需要注意的是以上 show 命令不仅在交换机 IOS 中使用,同样也可以在路由器的 IOS 中使用。这些 show 命令运行后,会在超级终端上生成不同的信息。

6.3   交换机的 VLAN 技术

VLAN 虽然能有效分割广播域,缩小广播包的扩散范围,但同时也隔离了正常的流量,导致不同 VLAN 之间的主机无法通信。在现实生活中,VLAN 技术主要是用于隔离广播包,而并不是为了让网络之间无法互通。使用路由功能将数据包从一个 VLAN 转发至另一个 VLAN,从而使得不同 VLAN 之间的主机能够互相通信的过程称之为"VLAN 间路由"。VLAN 间路由需要使用三层设备,如路由器和三层交换机等来实现。

6.3.1 单臂路由

6.3.1.1 单臂路由的概念

VLAN 间路由的传统实现方式是通过路由器来连接不同 VLAN,每一个 VLAN 均需要连接路由器的一个物理接口。这种方式对路由器和交换机的接口数量要求较多,交换机上有多少个 VLAN,路由器和交换机之间就需要连接多少条链路,这种方式大量消耗路由器和交换机的接口,成本高、扩展性差,实际使用价值不大。

VLAN 间路由的另外一种解决方式是单臂路由。在这种方式中,不管交换机上有多少个 VLAN,路由器和交换机之间都只需要一条链路相连。这种方式需要将交换机和路由器之间的链路设置成 Trunk 模式,并将路由器的物理接口分割成多个子接口(所谓的"子接口",指的是与同一物理接口相关联的多个虚拟接口),每个子接口对应一个 VLAN,子接口的特性与真实物理接口的特性是一样的,我们可以给每个子接口配置 IP 地址作为各自 VLAN 中主机的默认网关,各 VLAN 内的数据通过子接口(即默认网关)转发便可实现不同 VLAN 之间的信。

与使用多个物理接口实现 VLAN 间路由相比,单臂路由利用子接口在同一条物理链路上传输多个 VLAN 的数据,可以大大节省路由器物理接口且扩展性较好。但在单臂路由中,因所有 VLAN 的数据都通过路由器的同一物理接口进行转发,网络流量容易在该接口上形成瓶颈,故该技术的使用范围日渐减少。

6.3.1.2 单臂路由配置命令

（1）将与路由器相连的交换机端口设置成 Trunk。

Switch（config-if）#switchport mode trunk

该命令仅需要在交换机端执行即可，路由器上没有此命令。

（2）在路由器上创建子接口。

Router（config）#interface interface.sub-port

参数 interface 为路由器的真实物理接口编号，即交换机所连接的路由器的接口编号；sub-port 为子接口编号。

（3）为子接口封装 802.1q 协议，并指定子接口所属的 VLAN。

Router（config-subif）fencapsulation dotlq vlan-id

该命令指定子接口所对应的 VLAN，也就是将子接口分配给哪一个 VLAN 使用。

（4）为子接口配置 IP 地址作为 VLAN 中主机的默认网关。

Router（config-subif）lip address ip-address mask

（5）查看接口 IP 地址及状态。

Router#show ip interface brief

该命令可以显示路由器子接口的名称、IP 地址及子接口状态等。

6.3.2 三层交换

6.3.2.1 三层交换机的工作原理

单臂路由虽然可以实现 VLAN 间路由，但因路由器转发数据的速度较慢，导致交换机和路由器之间的 Trunk 链路很容易成为网络传输的瓶颈，因而在当前的局域网中大多采用三层交换机来实现 VLAN 间路由。三层交换机使用专门的集成电路芯片（ASIC）来处理数据转发，数据的转发速度远高于传统路由器，因而可以实现不同 VLAN 间的高速路由。

三层交换机就是具有路由功能的交换机，我们可以把三层交换机理解成二层交换机和路由器的结合体。这个虚拟的路由器和二层交换机上的每个 VLAN 都有一个接口相连，该接口称之为交换虚拟接口（Switch Virtual Interface，SVI），这种 SVI 接口存在于交换机内部，与 VLAN 相关联，而不是特指某个物理接口。只要给每个 VLAN 对应的 SVI 接口配置 IP 地址作为各自 VLAN 内主机的默认网关，利用三层交换机的路由功能便可实现不同 VLAN 之间的通信。三层交换机和路由器一样，也可以配置各种路由协议。

6.3.2.2 三层交换机的配置命令

（1）将交换机之间的端口设置成 Trunk 模式。

Switch（config-if）#switchport mode trunk

（2）在三层交换机上开启路由功能。

Switch（config）ip routing

默认情况下,锐捷的三层交换机已开启路由功能。

（3）在三层交换机上创建对应的 VLAN。

Switch（config）#vlan vlan-id

（4）在三层交换机上给每个 VLAN 的 SVI 接口配置 IP 地址作为主机的默认网关。

Switch（confiq）interface vlan vlan-iq Switch（config-if）#ip address ip-address mask

SVI 接口的 IP 地址必须和对应 VLAN 内主机的 IP 地址在同一网段。

（5）查看 SVI 的 IP 地址及接口状态。

Switch#show ip interface brief

该命令可以显示 SVI 的接口名称、IP 地址及接口状态。

6.4　交换机的链路聚合技术

6.4.1 以太网链路聚合简介

为了提高网络带宽,我们可以在交换机之间连接多条链路同时传输数据,但多链路会产生环路,导致广播风暴等问题。虽然可以使用生成树协议来解决环路问题,但生成树协议会堵塞端口,导致多条冗余链路中只有一条链路正常转发数据,其余链路均作为备份链路被堵塞,无法起到增加带宽的目的。

链路聚合也称端口聚合,是指将交换机的多个特性相同的物理端口捆绑在一起形成一个高带宽的逻辑端口,这个逻辑端口我们称之为聚合端口（Aggregate Port, AP）。链路聚合符合 IEEE 802.3ad 标准,主要用于扩展链路带宽,同时实现多条链路之间的相互冗余和备份,以提高网络的可靠性。

链路聚合(AP)将多个物理端口聚合在一起形成一个逻辑端口,从而将多条物理链路变成一条逻辑链路,使得交换机之间不再有环路。这样一来,多个物理端口可以同时转发流量,实现了交换机之间增加链路带宽的目的。AP 支持流量平衡,可以把流量均匀地分配给各成员链路,起到负载分担(负载均衡)的作用;AP 还能实现链路备份功能,当 AP 中的一条或多条链路出现故障时,只要其中还有一条链路正常工作,故障链路上的流量可以自动转移至其他正常工作的链路上,从而起到了冗余备份的作用,增加了网络的稳定性和可靠性。同时,AP 中一条成员链路收到的广播或者多播报文,也不会被转发至其他成员链路上。

链路聚合可以根据数据包的源 MAC 地址、目的 MAC 地址、源 MAC 地址 + 目的 MAC 地址、源 IP 地址、目的 IP 地址、源 IP 地址 + 目的 IP 地址等方式把流量平均分配到 AP 的各个成员链路中去,网络管理员可以根据不同的网络环境设置合适的流量分配方式,以便能把流量较均匀地分配到各条链路上,从而充分利用网络带宽。

链路聚合可以聚合(捆绑)Access 端口、Trunk 端口以及三层端口,但同一个 AP 组中的成员端口属性必须相同,如端口速率、双工模式、端口类型、介质类型、所属 VLAN 等必须保持一致。如 Trunk 端口和 Access 端口不能聚合,光口和电口不能聚合,千兆口与万兆口不能聚合,二层端口和三层端口不能聚合。锐捷交换机的每个 AP 组中最多只能包含 8 个成员端口。

链路聚合既可以通过人工静态聚合,也可以通过 LACP(Link Aggregation Control Protocol 链路聚合控制协议)进行动态聚合。

6.4.2 链路聚合配置

在 Cisco、华为、锐捷等各大厂商的网络设备上几乎都支持链路聚合配置,但是各自的配置方法和命令有所区别,下面将以锐捷交换机的链路聚合配置为例来理解和掌握这部分内容。

锐捷 RG-S2126G、RG-S2150G 交换机最大支持 6 个 AP,每个 AP 最多能包含 8 个端口。6 号 AP 只为模块 1 和模块 2 保留,其他端口不能成为该 AP 的成员,模块 1 和模块 2 也只能成为 6 号 AP 的成员。锐捷 RG-S3550-24 系列交换机最大支持 6 个 AP,每个 AP 最多能包含 8 个端口。6 号 AP 只为模块 1 和模块 2 保留,其他端口不能成为该 AP 的成员,模块 1 和模块 2 也只能成为 6 号 AP 的成员。锐捷 RG-S3550-48 系列交换机不支持 AP。锐捷 RG-S3550-12G、S3550-24G、S3550-12SFP/GT12

系列交换机最大支持 12 个 AP,每个最多能包含 8 个端口。一旦 AP 配置完成,则 AP 配置将应用到所有的 AP 成员端口上。如果一个端口加入 AP,则该端口与 AP 相同类别的特性将被 AP 的配置所取代。

（1）AP 配置注意事项。

AP 配置注意事项如下:

①确定交换机支持二层 AP 还是三层 AP,如果是三层 AP,要为 AP 口配置 IP。

②缺省的流量平衡时根据输入报文的源 MAC 地址进行流量分配。

③ AP 接口不能设置端口安全功能。

④一个交换机的物理端口加入 AP,其端口的属性将被 AP 的属性所取代。

⑤一个交换机的物理端口从 AP 中删除,则端口的属性自动恢复为其加入 AP 前的属性。

⑥配置为 AP 成员口的端口,其介质类型必须一致,否则无法加入到 AP 中。AP 成员口的端口类型不能改变。

（2）链路聚合的基本配置。

我们可以在交换机的接口配置模式下,使用 port-group port-group-number 命令将一个物理端口配置成一个 AP 的成员口,其中 port-group-number 代表 AP 号(1 ~ 6,如果不存在自动创建,也可以先在全局模式下使用 interface aggregateportn 创建 AP 号 n)。

下面的例子是将交换机的二层以太网接口 1/1 和 1/2 配置成二层 AP5 成员:

Switch#configure terminal Switch（config）#interface range gi0/1-2 //选定成员接口

Switch（config-if-range）#port-group 1 //设定所属 AP 号

Switch（config-if-range）#end

备注:如果要将 AP 号 1 设定为 Trunk,完成 VLAN 中继配置,操作如下:

Switch（config）#interface aggregateport 1 //选定聚合口

Switch（config-if）#switchport mode trunk

（3）配置链路聚合端口的流量平衡。

我们可以在交换机的全局模式下,使用 aggregateport load-balance{dst-mac | src-mac | ip} 命令完成平衡算法,缺省为源 MAC 地址进行流量分配,如果需要取消配置,恢复默认值,在全局模式下使用 no aggregateport loag-balance 命令完成。

其中流量平衡算法有 dst-mac、src-mac 和 ip,解释如下:

① dst-mac:根据输入报文的目的 MAC 地址进行流量分配。在各

AP 链路中,目的地址 MAC 相同的报文被送到相同的接口,目的 MAC 不同的报文分配到不同的接口。

②src-mac:根据输入报文的源 MAC 地址进行流量分配。在各 AP 链路中,来自不同地址的报文分配到不同的接口,来自相同的地址的报文使用相同的接口。

③ip:根据源与目的 IP 对进行流量 IP 分配。不同的源 IP 与目的 IP 对的流量通过不同的端口转发,同一源 IP 与目的 IP 对的流量通过相同的链路转发,其他的源 IP 与目的 IP 对的流量通过其他的链路转发。在三层 AP 条件下,建议采用 IP 流量平衡的方式。

(4)验证 AP 配置。

我们可以在特权模式下使用 show aggregateport[port-numberl]{load-balance|summary} 完成验证。举例如下:

Switchi#show aggregateport load-balance
Load-balance:Source MAC address //验证平衡算法的配置
Switch#show aggregateport 1 summary //统计 AP
AggregatePort Max Ports
——
SwitchPort Mode Ports Agl8Enabled Access Gi0/1,Gi0/2

6.5 交换机的生成树技术

随着人们对网络的依赖性越来越强,为了保证网络的高可用性,避免出现单点故障及减少网络停机时间,网络设计方案中经常使用冗余结构(冗余拓扑)。

使用冗余结构的目的是为在某台交换机或某条链路出现故障时,数据流量仍然可以通过其他交换机或其他链路进行传输,从而提高网络的可靠性,但冗余结构同时也会产生交换环路。交换环路会导致网络中出现广播风暴、MAC 地址表抖动和多帧复制等问题,对网络性能产生极为严重的不良影响。

为了解决冗余结构引起的种种问题,IEEE 制定了 802.1d 协议,即生成树协议(Spanning Tree Protocol,STP)。生成树协议通过在交换机上运行生成树算法,使得交换机的某些端口处于堵塞状态(被堵塞的端口不转发数据),从而在交换网络中构造一个无环路的树状拓扑以消除环路,确保某一时刻从源到任意目的地只有一条活动的逻辑路径。一旦活动链路出现故障,原先被堵塞的交换机端口又会自动打开,恢复备份链路的数据转发功能,从而确保网络的连通性。

6.5.1 STP

6.5.1.1 STP 相关概念

为了保证生成树协议正常工作,开启 STP 功能的交换机之间会周期性(默认是 2sec)交换数据包,这种数据包被称为桥协议数据单元(Bridge Protocol Data Unit, BPDU), BPDU 分为配置 BPDU 和拓扑变更 BPDU 2 种类型。BPDU 包含的字段较多,这里着重介绍桥 ID、路径开销、端口 ID 和计时器 4 个字段。

（1）桥 ID。在 STP 中,每个网桥(交换机也被称为“网桥”或“桥”)都有一个唯一的桥 ID (Bridge ID),桥 ID 由 8 个字节组成,前 2 个字节为桥优先级(Priority),后 6 个字节为桥 MAC 地址。桥优先级的取值范围是 0 ~ 65 535,默认值是 32 768 (0x8000),STP 根据桥 ID 来选举根桥(Root Bridge),桥 ID 最小的交换机被选举为根桥。

（2）路径开销。路径开销(或根路径开销)是指到达根桥的某条路径上的所有端口开销的累计之和。根桥的路径开销为零,其他交换机收到 BPDU 报文后,把报文中的路径开销值加上接收端口的开销值,得到该端口的路径开销,路径开销反映了端口到根桥的“距离”。路径开销值最小的路径成为活动链路转发数据,而其他冗余路径作为备份链路会被堵塞。

端口开销(Cost)描述了连接网络的端口的“优劣”,端口开销与端口带宽有关,带宽越大,开销越小。IEEE 定义了 2 种类型的端口开销值,如表 6-1 所示。802.1d 的取值类型是短整型(Short),取值范围 1 ~ 65 535; 802.1t 的取值类型是长整型(Long),取值范围 1 ~ 200 000 000,锐捷交换机的开销值类型默认为长整型。

表 6-1　生成树端口开销

带宽	IEEE 802.1d（Short）	IEEE 802.1t（Long）
10 Mbits	100	2 000 000
100 Mbits	19	2 00 000
1 000 Mbits	4	2 0 000
10 Gbits	2	2 000

（3）端口 ID。端口 ID（Port ID）由 2 个字节组成，前 1 个字节为端口优先级，后 1 个字节为端口编号。端口优先级的取值范围是 0 ～ 255，默认值是 128（0x80）。

（4）BPDU 计时器。生成树协议定义了 3 个 BPDU 计时器，这 3 个计时器的数值虽然可以修改，但一般情况下不建议修改。

① Hello Time Hello Time 是交换机之间定期发送 BPDU 的时间间隔，默认值是 2 sec。

② Forward Delay Forward Delay（转发延迟）是交换机从监听状态跳转至学习状态或从学习状态跳转至转发状态的时间间隔，默认值是 15 sec。

③ Max Age。Max Age（最大老化时间）是交换机端口保存 BPDU 的最长时间。交换机收到 BPDU 会保存下来，正常情况下交换机之间每隔 2 s 发送一次 BPDU，若因种种原因，交换机在 Max Age 之后仍然没有收到邻居交换机发送过来的 BPDU，它便认为线路出现故障，从而开始重新计算 STP.Max Age 的默认值是 20 s。

6.5.1.2 STP 端口角色

STP 工作时首先会选出根桥，而根桥在网络中的位置决定了如何计算端口角色。在 STP 工作过程中，交换机的端口会处于以下 4 种不同的角色。

（1）根端口（Root Port）。根端口存在于非根桥上（根桥上没有根端口），每一个非根桥上只能有一个根端口，根端口是非根桥上到达根桥的路径开销值最小的端口。根端口可以接收并转发数据。

（2）指定端口（Designated Port）。指定端口存在于根桥和非根桥上，根桥上的所有端口均为指定端口，非根桥上的指定端口用于转发根桥与非根桥之间的流量。交换机之间的每一个物理网段只能有一个指定端口。指定端口可以接收并转发数据。

（3）非指定端口（Non-designated Port）。除根端口和指定端口之外的其余所有端口被称为非指定端口，非指定端口处于堵塞状态，不能转发数据。

（4）禁用端口（Disabled Port）。禁用端口是指未开启 STP 协议的端口，这种端口不参与 STP 的计算过程。

6.5.1.3 STP 的工作原理

为了构造一个无环路的网络拓扑,STP 工作时首先会选举出一个根桥,然后将根桥作为参考点来计算交换机端口在 STP 中的角色。STP 的工作原理可以分为以下 4 个步骤。

(1)选举根桥(Root Bridge)。桥 ID 最小的交换机被选举为根桥。比较桥 ID 时,首先比较优先级,若优先级相同,则比较 MAC 地址。完成根桥的选举后,剩下的其他交换机就被称为非根桥。根桥选举完成后,交换机仍然会持续每 2 s 转发一次 BPDU 帧来向网络通告根桥的桥 ID。

(2)选举根端口。STP 完成根桥的选举后,将接着在每个交换机的端口上选举端口的角色。最先需要确定的角色是根端口(Root Port),每台交换机(除根桥外)都需要指定一个根端口,这个端口到达根桥的路径开销(也称为 Cost)值最小。端口到达根桥的 Cost 等于此端口的 Cost 与所有经过的端口 Cost 之和。IEEE 根据交换机端口的速率规定了默认的路径开销 Cost(根桥所有端口的路径开销定义为零);

10 Gb/s=2　1 Gb/s=4　100 Mb/s=19　10 Mb/s= 100

如果交换机存在多个端口具有相同的根路径开销,那么将比较端口接收到的端口 ID。端口 ID 数值最小的端口被选举为根端口。端口 ID 由端口优先级(Port Priority)与端口编号组成,端口优先级的数值范围从 0 ~ 240,默认值为 128,也可由网管指定其数值(必须是 16 的倍数),如果端口的优先级都相同(例如都是默认的 128),那么就比较端口编号,端口编号数值最小的端口成为根端口。但由于交换机的端口编号一般是不能改变的,因此网管若想要改变根端口的选举结果,则可以通过减小端口的优先级来实现。

(3)选举指定端口与非指定端口。STP 确定根端口后,将在剩余的交换机端口中选举指定端口(Designated Ports),指定端口的选举是在网段中进行的,每个网段有且只能有一个指定端口,指定端口到根桥的路径开销值最小。由于根桥所有端口的路径开销都为 0,因此根桥上所有端口均为指定端口。

在网段中若存在多个非根桥的多个端口的根路径开销相同,那么将比较各个端口收到的桥 ID,桥 ID 数值最小的端口选举为指定端口;若桥 ID 相同,即同一个交换机中有多个端口的根路径开销相同,则进一步比较端口 ID(比较方法同上一步),端口 ID 数值最小的端口将被选举为指定端口。

经过上述环节的选举后,此时的以太网中将有一个根交换机,根交换机的所有端口都是指定端口;每个非根桥的交换机有且只有一个根端口;每个网段有且只有一个指定端口。交换机上的根端口与指定端口可以转发(Forwarding)数据帧,而选举失败的其他端口(也称为非指定端口)将被 STP 阻塞,不能转发任何数据帧,只能接收和发送 BPDU 帧。

6.5.1.4 STP 的端口状态

当网络拓扑发生变化时,交换机的端口会从一种状态向另一种状态过渡。在 STP 中,交换机的端口状态有禁用(Disabled)、阻塞(Blocking)、监听(Listening)、学习(Learning)和转发(Fonwarding)5 种状态[①]。

在这 5 种端口状态中,Disabled 因端口未启用 STP 协议,不参与 STP 的运行,其余 4 种为 STP 的正常端口状态。其中,Forwarding 和 Blocking 为稳定状态,根端口和指定端口处于 Forwarding 状态,非指定端口处于 Blocking 状态;Listening 和 Learning 是不稳定的中间状态,在经过一定时间后会自动跳转至其他状态。

当在交换机上启用 STP 后,所有端口的初始状态均为 Blocking,如果端口被选举为根端口或指定端口,则首先进入 Listening 状态,经过 Fonward Delay(转发延迟)时间后,跳转到 Learning 状态,再次等待 Forward Delay 时间后,最后跳转至 Forwarding 进入稳定状态。

端口在参与 STP 的计算过程中,先从 Blocking 状态开始,中间先后经过 Listening 和 Learning 状态,最后才能进入 Forwarding 状态正常转发数据,这个收敛过程需要耗费 30 ~ 50 s 时间。

6.5.2 RSTP

从前述介绍可知,传统的 STP(802.1d)虽然可以解决交换环路问题,但收敛速度慢,端口从阻塞状态进入转发状态必须经历 2 倍的 Forward Delay 时间,即网络拓扑发生变化时至少需要 30 s 时间才能恢复连通性,这对网络可靠性要求越来越高的今天而言,已无法满足用户的需求。

快速生成树协议(Rapid Spanning-Tree Protocol, RSTP)由 IEEE 802.1w 定义,它从传统的生成树协议发展而来,具备 STP 的所有功能,但 RSTP 引入了新的机制,加快了网络收敛速度,将拓扑变化导致的网络中断时间最快可以缩短至 1 s 以内,大大提高了网络的可靠性及稳定性。

---

① 王晓东, 张选波 . 网络通信与网络互联 [M]. 北京: 高等教育出版社, 2014.

6.5.2.1　RSTP 的改进

相对于 STP,RSTP 能够快速收敛的原因在于从以下 3 个方面做了改进。

（1）新增了 2 种端口角色。RSTP 把非指定端口（堵塞端口）进一步细分为替代端口（Alternate Port）和备份端口（Backup Port），这 2 种端口正常情况下均处于堵塞状态,接收 BPDU 但不转发数据。替代端口是根端口的备份,若根端口失效,替代端口立刻转换为根端口,直接进入转发状态；备份端口是指定端口的备份,若指定端口失效,备份端口立刻转换为指定端口,直接进入转发状态。备份端口只会出现在交换机拥有多条链路到达共享 LAN 网段的这种情况,即交换机之间通过集线器（Hub）相连时才会出现备份端口。

（2）引入了边缘端口的概念。边缘端口（Edge Port）是指连接计算机、打印机等终端设备的交换机端口,这类端口通常不会产生环路。若将一个端口设置成边缘端口,该端口无须经过 Learning 等中间状态,直接无时延进入转发状态。另外,边缘端口的状态变化（Up/Down）也不会导致生成树协议重新计算,增加了网络的稳定性。

（3）区分了不同的链路类型。对于非边缘端口,该端口能否快速进入转发状态,取决于端口所在的链路类型。若链路是点对点链路（即全双工链路,链路两端的端口均工作在全双工模式）,该端口只需要向对端交换机发送一个握手请求报文,如果对端响应了一个赞同报文,则该端口可以直接进入转发状态。如果端口所在的链路是共享链路（即半双工链路,某一端口工作在半双工模式）,则端口状态切换时需要经历 STP 的所有端口状态,此时 RSTP 与 STP 无差异,需要经过 2 倍的转发延迟,端口无法快速进入转发状态。因当前的交换机端口默认情况下都工作在全双工状态,交换机之间的链路都是点对点链路,故端口均可以快速进入转发状态。

6.5.2.2　RSTP 的端口状态

STP 的端口状态有 Disabled（禁用）、Blocking（阻塞）,Listening（监听）,Learning（学习）和 Forwarding（转发）5 种,而 RSTP 的端口状态只有 3 种（后面介绍的 MSTP 与 RSTP 相同）: Discarding（丢弃）,Learning（学习）和 Fonwarding（转发）,其中的 Discarding 状态对应 STP 的 Disabled,Blocking 和 Listening 3 种状态。

替代端口和备份端口处于 Discarding 状态,根端口和指定端口稳定情况下处于 Fonwarding 状态，Learning 是根端口和指定端口在进入 Forwarding 之前的一种临时过渡状态。

6.5.3 MSTP

当前的交换网络往往工作在多 VLAN 环境下，不管是 STP 还是 RSTP，网络在进行生成树计算时，都没有考虑多个 VLAN 的情况，而是所有 VLAN 共享一棵生成树，即网络中只有一棵生成树，因此在交换机的一条 Trunk 链路上，所有 VLAN 要么全部处于转发状态，要么全部处于堵塞状态，这就导致链路带宽不能充分利用，无法实现负载分担。另外，在某些特殊情形，STP/RSTP 可能会导致跨交换机的同一 VLAN 无法通信。

MSTP（Mutiple Spanning Tree Protocol，多生成树协议）由 IEEE 802.1s 定义，它除了具有 RSTP 的快速收敛机制外，还能实现链路的负载均衡。MSTP 将一个或多个 VLAN 映射到一个 Instance（实例）中，同一个交换机上可以有多个实例，每个实例运行一棵单独的生成树（相当于每个实例运行一个 RSTP 生成树），不同的实例可以有不同的生成树计算结果，这样就可以控制各 VLAN 的数据沿着不同的路径进行转发，实现基于 VLAN 的数据分流，从而充分利用链路带宽。

MSTP 可以向下兼容 RSTP 和 STP，但如果网络中存在 STP 与 RSTP/MSTP 混用的情形的话，交换机就会根据"就低"原则，使用 STP 来计算生成树，从而导致无法发挥 RSTP/MSTP 的快速收敛功能。所以，在可能的情况下，网络中尽量使用 MSTP 来消除环路。

6.5.4 生成树的配置

生成树协议适合所有厂商的网络设备，在配置上和体现功能强度上有所差别，但是在原理和应用效果上是一致的。为了理解和掌握生成树协议，我们将以思科交换机为例，以下的配置命令适合思科，其他厂商的配置思路和方法一样，只是命令有别。

6.5.4.1 打开和关闭生成树

打开 Spanning-tree 协议，交换机即开始运行生成树协议，思科 Catalyst2960 系列交换机运行的是 PVST+ 协议，是思科专用的 802.1dSTP 扩展，为网络中的每个 VLAN 提供一个 802.1d 生成树实例。

为每个 VLAN 创建一个 STP 实例将消耗更多的 CPU 和内存，但这样做是值得的。因为每个 VLAN 都有一个根网桥,可以优化网络结构,让每个 VLAN 中央的交换机为根网桥,从而使网络传输效率更高。

关闭 Spanning-tree 协议交换机进入缺省状态。我们可以进入特权模式,按以下步骤打开 Spanning-tree 协议:

步骤 1:使用 configure terminal 进入全局配置模式。

步骤 2:使用 spanning-tree mode pvst rapid-pvst 命令设置生成树采用 STP 或 RSTP 协议。

步骤 3:在全局模式下使用 spanning-tree vlan number 命令在指定 VLAN 上启用生成树。

步骤 4:在全局模式下使用 End 退回到特权模式。

步骤 5:在特权模式下使用 show spanning-tree 验证配置。

下面以包含三台交换机的简单网络(如图 6-1 所示)为例,演示如何配置和验证 STP 协议。

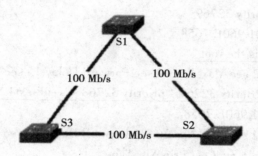

图 6-1　STP 配置拓扑图

S1 的配置如下:

S1#configure terminal S1(config)#interface f0/1 //连接 S2 的端口

S1(config-if)#switchport mode trunk

S1(config)#interface f0/2 //连接 S3 的端口

S1(config-if)#switchport mode trunk

S1(config-if)#exit

S1(config)#spanning-tree vlan1

S2 的配置如下:

S2#configure terminal

S2(config)#interface f0/1 //连接 S1 的端口

S2(config-if)#switchport mode trunk

S2(config)#interfacef0/2 //连接 S3 的端口

S2(config-if#switchport mode trunk

S2（config-if#exit S2（config）#spanning-tree vlan 1

S3 的配置如下：

S3#configure terminal

S3（config）#interface f0/1 // 连接 S2 的端口

S3（config-if）#switchport mode trunk

S3（config）#interface f0/2 // 连接 S1 的端口

S3（config-if）#switchport mode trunk

S3（config-if）#exit

S3（config）#spanning-tree vlan 1

在 S1 上执行命令 show spanning-tree vlan1 得到的输出如下：

s1#sh spanning-tree vlan1

VLAN0001

Spanning tree enabled protocol ieee

Root ID Priority 32769

Address 0001.960E.7658

This bridge is the root

Hello Time 2 sec Max Age 20 sec Forward Delay 15 sec

Bridge ID Priority 32769（priority 32768 sys-id-ext1）

Address0001.960E.7658

Hello Time 2 sec Max Age 20 sec Forward Delay 15 sec Aging Time 20

Interface Role Sts Cost Prio.Nbr Type

Fa0/1 Desg FWD19128.1P2p

Fa0/2 Desg FWD19128.2P2p

由输出可以看出，默认运行的是 IEEE 802.1dSTP，S1 是 VLAN1 的根网桥，因此首先显示的是根网桥的信息，而 Bridge ID 部分是当前网桥的信息。输出中的 sys-id-ext1 表示 BPDU 中 12 位 PVST+ 字段，让 BPDU 能够包含 VLAN 信息，1 指 VLAN1。在计算实际的优先级值时，需要将优先级与 sys-id-ext 的值相加，此示例的优先级值为优先级 32768 与 VLANID 的和。在输出中，我们还看到两个快速以太网接口都是指定端口，处于转发状态。在根网桥上，任何端口都不会处于阻塞状态[①]。

在 S2 上执行命令 show spanning-tree 得到的输出如下：

s2#sh spanning-tree

VLAN0001

---

① 李享梅 . 交换与路由技术 [M]. 西安：西安电子科技大学出版社，2017.

Spanning tree enabled protocol ieee

Root ID　Priority32769

Address　0001.960E.7658

Cost 19

Port 1（FastEthernet0/1）

Hello Time 2 sec Max Age 20 sec Forward Delay 15 sec

Bridge ID　Priority　32769（priority 32768 sys-id-ext1）

Address　0002.4A60.C833

Hello Time 2 sec Max Age 20 sec Forward Delay 15 sec

Aging Time 20

Interface　Role Sts CostPrio.Nbr　Type

Fa0/1　RootFWD19128.1 P2p

Fa0/2　DesgFWD19128.2 P2p

从输出中的 Root ID 部分可以看出，S2 不是根网桥，但这部分指出，前往根网桥的成本是 19，这条路径从端口 1（fastethernet0/1）发出，表明连接根网桥的链路是快速以太网链路。

在 S3 上执行命令 show spanning-tree 得到的输出如下：

s3l#sh spanning-tree VLAN0001

Spanning tree enabled protocoliece Root IDPriority 32769

Address 0001.960E.7658

Cost 19

Port 1（FastEthernet0/1）

Hello Time 2 sec Max Age 20 sec Forward Delay 15 sec Bridge IDPriority 32769（priority 32768 sys-id-ext1）

Address 0010.1143.C74C Hello Time 2 sec Max Age 20 sec Forward Delay 15 sec Aging Time 20

Interface Role Sts Cost Prio.Nbr Type Fa0/2Altn BLK19128.2P2p Fa0/1Root FWD 19128.1P2p

由输出可以看出 S3 显然不是根网桥，因为它有一个端口处于阻塞状态，该端口连接到 S2。

6.5.4.2 配置交换机优先级

设置交换机的优先级关系着到底哪个交换机为整个网络的根，同时也关系到整个网络的拓扑结构。建议管理员把核心交换机的优先级设得高些(数值小),这样有利于整个网络的稳定。可以给不同的生成树实例分配不同的交换机优先级,各个实例可根据这些值运行独立的生成树协议。

优先级的设置值有 16 个,都为 4096 的倍数,分别是 0,4 096,8 192,12 288,16 384,20 480,24 576,28 672,32 768,36 864,40 960,45 056,49 152,53 248,57 344,61 440。缺省值为 32 768。

完成交换机优先级的配置,需要在全局模式下使用命令:

Switch(config)#spanning-tree vlan vlan-id priority <0-61440>

其中,vlan-id 为 VLAN 的编号;priority 取值范围为 0 到 61 440,按 4 096 的倍数递增,缺省值为 32 768。

下面依然以图 6-1 所示网络为例,让 S2 成为 VLAN2 的根网桥,增加如下配置。

S1 增加配置如下:

S1#vlan database S1(vlan)#vlan 2 //创建 VLAN2

S1(vlan)#exit

S1#configure terminal

S1(config)#spanning-tree vlan2

S2 增加配置如下:

S2#vlan database S2(vlan)#vlan 2 //创建 VLAN2

S2(vlan)#exit

S2#configure terminal

S2(config)#spanning-tree vlan2

S2(config)#spanning-tree vlan 2 priority 4 096 //修改优先级为 4 096

S3 增加配置如下[1]:

S3#vlan database

S3(vlan)#vlan 2 //创建 VLAN2

S3(vlan)#exit

S3#configure terminal

S3(config)#spanning-tree vlan2

在 S2 上执行命令 show spanning-tree vlan2 得到的输出如下:

s2#sh spanning-tree vlan2

① 郭慧敏,陈晨,程明权.计算机网络实验教程[M].北京:中国电力出版社,2015.

VLAN0002

Spanning tree enabled protocol ieee

Root IDPriority4 098

Address　0002.4A60.C833

This bridge is the root

Hello Time 2 sec Max Age 20 sec Forward Delay 15 sec

Bridge ID Priority4 098（priority 4 096 sys-id-ext2）

Address　0002.4A60.C833

Hello Time 2 sec Max Age 20 sec Forward Delay 15 sec Aging Time 20

InterfaceRole Sts Cost　Prio.Nbr　Type

Fa0/1Desg FWD19　128.1 P2p

Fa0/2Desg FWD19　128.2 P2p

从输出结果可以看出，S2 已经是 VLAN2 的根网桥，其优先级为
4 098（4 096+2）。其实将指定交换机设置为根网桥并非一定要修改优
先级，还可以借助其他模式，如下所示：

s2（config）#spanning-tree vlan 2 root ?

primary　Configure this switch as primary root for this spanning tree

secondary Configure switch as secondary root

根据提示，可采用命令 spanning-tree vlan vlan-id root 将交换机设置
为主根网桥或辅助根网桥，其效果也是一致的。

6.5.4.3 配置端口优先级

当有两个端口都连在一个共享介质上，交换机会选择一个高优先
级（数值小）的端口进入 forwarding 状态，低优先级（数值大）的端口进
入阻塞状态。如果两个端口的优先级一样，就选端口号小的那个进入
forwarding 状态。您可以在一个端口上给不同的生成树实例分配不同的
端口优先级，各个生成树实例可根据这些值运行独立的生成树协议。和
交换机的优先级一样，可配置的优先级值也有 16 个，都为 16 的倍数，分
别 是 0,16,32,48,64,80,96,112,128,144,160,176,192,208,224,240。
缺省值为 128。步骤如下：

步骤 1：在特权模式下使用 configure terminal 命令进入全局配置模式。

步骤 2：在全局模式下使用 interface interface-id 命令进入该接口的
配置模式，合法的 interface 包括物理端口和 Aggregate Link（链路聚合）。

步骤 3：在接口模式下，使用 spanning-tree vlan vlan-id port-priority <0-240> 命令配置端口的生成树实例的对应端口的优先级，优先级取值范围为 0 到 240，按 16 的倍数递增，缺省值为 128。

步骤 4：在特权模式下使用 show spanning-tree interface interface-id 验证配置。

如在图 6-1 所示网络的 S3 上增加如下配置：

s3（config）#int fa0/1

s3（config-if）#spanning-tree vlan 2 port-priority 0

使用命令 show spanning-tree interface fa0/1 得到的输出如下：

s3#sh spanning-tree interface fa0/1

Vlan   Role Sts Cost Prio.Nbr Type

VLAN0001   Root FWD19128.1P2p

VLAN0002   Root FWD190.1 P2p

由输出可以看出，其端口优先级已变为 0。

6.5.4.4 配置端口的路径花费

交换机是根据哪个端口到根网桥（root bridge）的路径成本（path cost）总和最小而选定根端口（Root port）的，因此端口路径成本的设置关系到本交换机的根端口选择。它的缺省值是按 interface 的链路速率（the media speed）自动计算的，速率高的花费小，如果管理员没有特别需要可不必更改它，因为这样算出的路径成本最科学。您可以在一个端口上针对不同的生成树实例分配不同的路径花费，各个生成树实例可根据这些值运行独立的生成树协议[①]。

在选定某物理接口或链路聚合号后，进入接口模式，使用如下命令完成配置：

Switch（config-if）#spanning-tree vlan vlan-id cost cost

其中，vlan-id 为 VLAN 的编号；cost 为该端口上的花费，取值范围为 1 到 200 000 000。缺省值根据接口的链路速率自动计算。

6.5.4.5 配置 Hello Time

配置交换机定时发送 BPDU 报文的时间间隔，缺省值为 2 s。修改缺

---

① 何林波，王铁军，聂清彬.网络测试技术与应用 [M].西安：西安电子科技大学出版社，2018.

省值可以用如下命令完成:

Switch(config)#spanning-tree hello-time seconds

其中, seconds 的取值范围为 1 ~ 10 s, 缺省值为 2 s。

6.5.4.6 配置 Forward-Delay Time

配置端口状态改变的时间间隔。缺省值为 15 s, 修改缺省值可以用如下命令完成:

Switch(config)#spanning-tree forward-time seconds 其 中, seconds 的取值范围为 4 ~ 30 s, 缺省值为 15 s。

6.5.4.7 配置 Max-Age Time

配置 BPDU 报文消息生存的最长时间。缺省值为 20 s, 修改缺省值可以用如下命令完成 [1]:

Switch(config)#spanning-tree max-age seconds

其中, seconds 的取值范围为 6 ~ 40 s, 缺省值为 20 s。

6.5.4.8 配置 Tx-Hold-Count

配置每秒钟最多发送的 BPDU 个数, 缺省值为 3 个。修改缺省值可以用如下命令完成:

Switch(config)#spanning-tree tx-hold-count numbers

其中, numbers 的取值范围为 1 ~ 10 个, 缺省值为 3 个。

---

[1] 何林波. 网络设备配置与管理技术 [M]. 北京: 北京邮电大学出版社, 2010.

第7章 路由技术及配置

本章介绍企事业网络中路由器的基本知识及其相关的常规配置,主要内容包括路由器概述、路由器的基本配置与管理、静态与动态路由配置、路由协议及其配置、访问控制列表等。

7.1 路由器概述

路由器(Router)是网络互联的核心设备,工作在 OSI 参考模型的第 3 层(网络层),它的主要功能是路由选择和数据包转发,它可以根据通信信道的情况自动选择一条最优路径并将数据包从一个网络转发至另一个网络。从硬件上看,路由器和交换机一样,也具有 CPU、RAM、ROM 等部件,但与交换机相比较,路由器的接口数量较少,但种类更丰富,可以支持各种类型的局域网和广域网连接。

路由器的接口种类丰富,除了常见的以太网口和光纤口以外,还支持各种可拔插的 SIC 接口,如 EI 接口、ISDN 接口、异步接口、VOIP 语音接口、4G 接口等,我们可根据实际需要,在路由器背面预留的扩展槽上灵活添加或删除这些模块化接口。在普通路由器上最常见的接口是用于广域网接入的高速同步 Serial 接口,这种接口需要使用 V.24 或 V.35 串口线缆将路由器与 ISP 的 DCE 设备相连。

路由器属于三层设备,它是一种连接不同类型网络或不同网段的网络层设备。与交换机不同,交换机根据 MAC 地址转发数据,而路由器根据 IP 地址来转发数据,它根据接收到的数据包的目的 IP 地址,在路由表中选择一条最佳路径将数据转发出去。与二层交换机相比较,路由器在不同网段(网络)之间转发数据,且可以连接不同类型的网络,而二层交换机只能在以太网的同一网段内转发数据。

路由器从某一接口收到 IP 数据包时,它会通过查找路由表确定使用哪个接口将该数据包转发至目的地,路由器使用路由表来确定转发数据包的最佳路径。所谓的"路由",就是指导 IP 数据包如何发送的路径信息。每个路由器内部都保存着一张路由表,路由表由多条路由组成,路由可以由管理员人工配置或通过路由协议自动获取。每条路由主要包括目的地址子网掩码、送出接口、下一跳地址等几个要素。当路由器收到数据包时,它会解封装数据包并查看包中的目的 IP 地址,然后根据目的 IP 在路由表中搜索最匹配的路由条目,一旦找到匹配路由,路由器会将数据包封装成符合匹配路由的送出接口规定的格式,再将其从对应的送出接口发送出去;若路由器在路由表中未找到匹配的路由,它就不知道如何转发数据,便会将数据包直接丢弃。

　　路由器可根据它所支持的网络协议种类和局域网、广域网的接口来区分不同的路由器。一般路由器被划分为中低档路由器和高档路由器两种。

　　中低档路由器支持单协议双端口。

　　单协议路由器是低端路由器,通常仅支持单个网络层协议,即支持单一的端到端数据传输协议(es-es)和相关的 es-is 和 is-is 协议,其他协议数据传送则必须经由封装的隧道。

　　单协议路由器只适用于特定网络环境,特别是,如果单协议路由器支持的仅是特定网络厂家的网络层协议,那么用户对其投资显然是短暂的。从长期看,用户购买的单协议路由器应该是 IP 路由器,因为现在许多厂家的操作系统都开始将 TCP/IP 作为本厂家协议之外的首选嵌入协议。

　　高档路由器采用模块化结构,可配置多种网络接口和网络层协议。如果从应用角度看,主要有内部路由与边界路由之分。内部路由的作用主要是将不同网段连接起来,或将不同网络操作系统(Network Operation System)上运行的不同协议(如 Macintosh 机上运行的 Apple Talk,NT 上运行的 TCP/IP 以及 NetWare 中 IPX/SPX)进行转换,以实现异构互通。而边界路由器则以同步方式(X.25,Frame Relay 或 ISDN)或异步方式(V.34 或 V.90)通过专线(Leased One)或公用网(PSTN)接入 Internet 或实现 LAN to LAN 连接在实际中,路由器一般都用于跨 WAN 的 LAN 的互联,即 LAN-WAN-LAN 形式网络,所以没有独立的本地路由器,而路由器中通常配有多个接口,可同时接入多个 LAN 和 WAN。

7.2　路由器的基本配置与管理

使用路由器之前,必须对路由器进行相关的配置,如登录安全口令、接口 IP 地址、速率等。这些配置信息形成一个配置文件(configtext),路由器操作系统加载并解释执行此配置文件后,路由器便能按照配置文件的内容正确运行。

路由器和交换机一样,也可以通过超级终端和 Telnet 两种方式登录。超级终端方式登录是在路由器初次登录时必须使用的一种登录方式,不需要 IP 地址等的设置,只要将登录计算机的 COM 口通过反转线与路由器 Console 端口连接,在计算机上进行必要的参数配置即可,特点是不需要网络就可以登录,但管理员必须到达路由器所在的机房才能进行操作[1]。

Telnet 方式登录是通过连接计算机与路由器之间的网络进行的登录,在登录之前必须对路由器设置端口 IP 地址和登录密码等参数,特点在远程通过网络就可以登录路由器,而不需要到存放路由器的机房。

路由器的基本配置命令如下:

(1)配置路由器名字。

路由器名称的作用和交换机一样,在网络设备参数配置及日后网络运营维护中路由器系统名称都非常重要。修改后也是立即生效。n 配置路由器名字的命令格式如下:

命令: hostname name-string

name-string 表示路由器名称。

例如: 配置路由器的设备名为 R509 的命令是:

Router(config)#hostname R509

R509(config)#

(2)配置路由器端口 IP 地址。

路由器端口 IP 地址是必须配置的,路由器和交换机不同,路由器通过端口进行数据包的转发,端口不配置有效的 IP 地址就不能工作。而交换机如果不使用 Telnet 方式登录,不配置 IP 地址也能正常工作。

配置路由器端口 IP 地址的命令格式如下:

---

[1]　张国清,孙丽萍,崔升广. 网络设置配置与调试项目实训 [M].2 版. 北京: 电子工业出版社,2013.

命令: ip address ip address subnet-mask banetecsen ip address: IP 地址
subnet-mask: 子网掩码

例如: 配置设备名为 RPS09 的路由器端口 IP 地址的命令是:

R509#config terminal R509 (config)#interface fasterethernet 0/0

R509 (config-if)#ip address 192.168.1.111 255.255.255.0

R509 (config-if)#no shutdown R509 (config-if)#

LINK-5-CHANGRD: Interface FastEtherneto/o, changed state to up

(3)设置路由器密码。

路由器密码设置和交换机一样,也分为特权密码、远程登录密码。

远程登录密码设置命令如下所示:

命令: line vtyfirst-ling last-line password password-value

first-line: 开始线路编号

last-line: 结束线路编号

password-value: 远程登录密码

例如: 设置路由器远程登录密码为 Incenet 的命令是:

R509 (config)#line vty 0 4

R509 (config-line)#password lnccnet

R509 (config-line)#login

R509 (config-line)#

路由器特权密码设置如下:

命令: enable secret[level level]{encryption-type encrypted-password}

level level 为口令应用到的路由器的管理级别,可以设置从 0 ~ 15 共 16 个级别,默认为 15 级, level 15 为特权密码设置。

encryption-type: 为加密类型: 0 表示用明文输入口令,5 表示用密文输入口令; enerypted-password; 为输入的口令。如果加密类型为 0,则口令是以明文方式输入;如果加密类型为 5,则口令是官文方式输入[1]。

注意: 如果想取消刚才的设置,可以使用 no 命令。如: no enable secret level 0 就是不再使用明文密码输入。

例如: 用明文方式设置路由器特权密码为 lnce 的命令是:

R509 (config)#enable secret level 15 0 1nce

(4)查看系统信息。

可以使用如下命令查看系统信息,如版本信息、设备信息等。

[1]　陈外平, 彭锦, 余波. 网络设备配置技术一体化教程[M]. 北京: 电子工业出版社, 2014.

命令：show version

show version device

show version：显示系统、版本信息

show version device：显示路由器的硬件设备信息

7.3　静态路由及配置

7.3.1 静态路由简介

静态路由（Static Routing）是由网络管理员手工添加至路由表中的路由。与动态路由不同，静态路由是固定的，不会自动改变，所以当网络的拓扑结构或链路的状态发生变化时，需要管理员人工去修改路由表中相关的静态路由信息，故静态路由适用于网络相对稳定或结构简单的小型网络。静态路由在默认情况下是私有的，不会通告给其他路由器，也就是当在一个路由器上配置了静态路由时，它不会通告给网络中相连的其他路由器。静态路由不占用 CPU 和 RAM 资源，不在网络中扩散，故对硬件资源和网络带宽消耗较少。使用静态路由的另一个好处是能保证网络安全，路由保密性高。静态路由不会主动通告给其他路由器，而动态路由因为路由器之间需要频繁地交换各自的路由信息，通过对路由信息的分析可以揭示出网络的拓扑结构及获取网络地址等信息，故存在一定的安全隐患[①]。因此，出于安全方面的考虑，网络管理员也可以在某些重点部位采用静态路由。

在大型和复杂的网络环境中，通常不适宜采用静态路由。一方面，网络管理员难以全面地了解整个网络的拓扑结构；另一方面，当网络的拓扑结构和链路状态发生变化时，因静态路由不会自动更新，管理员需要大范围人工调整静态路由信息，这一工作的难度和复杂度非常高。

7.3.2 静态路由配置命令

（1）配置静态路由。

Ruijie（config）#ip route network-number network-mask{ip-address|interface-id[ip-address]}[distance]

---

① 危光辉，彭丽娟.计算机网络技术 [M].北京：中国电力出版社，2013.

在上述命令中，network-number 和 network-mask 表示目的网络地址及子网掩码；p-address 是将数据包发送到目的网络时使用的下一个路由器的 IP 地址，即与本路由器相连的下一个路由器的接口 IP；interface-id 是将数据包发送到目的网络时的本地送出接口编号；distance 是静态路由的管理距离，默认值为 1。

在配置静态路由时，子网掩码后的下一跳有 3 种表现形式：既可以指定为下一个路由器的接口 IP（对端路由器的互联接口的 IP 地址），也可以指定为本路由器的送出接口编号，或者两者同时指定。

因静态路由的下一跳有 3 种表现形式，故以下 3 种配置静态路由的表示方法是等效的：

Ruijie（config）#ip route 192.168,100.0 255.255.255.0 Serial 2/0

Ruijie（config）#ip route 192.168.100.0 255.255.255.0 10.1.1.1

Ruijie（config）#ip route 192.168.100.0 255.255.255.0 Serial 2/0 10.1.1.1

上述 3 种方式中，Serial 2/0 是本地送出接口的编号，10.1.1.1 是下一个路由器的接口 IP，第 1 种方式的下一跳指定的是送出接口；第 2 种方式的下一跳指定的是下一个路由器的接口 IP；第 3 种方式则同时指定送出接口和下一个路由器的接口 IP。若送出接口是以太网接口，不建议采用上述第 1 种表示方法，因为这样会让设备觉得所有未知目标网络都是直连在以太网接口上，故而对每个目标主机都发送一个 ARP 请求，会占用许多 CPU 和内存资源。建议以太网链路的下一跳采用第 3 种方式（送出接口 + 下一个路由器的接口 IP），而 PPP 等广域网链路的下一跳采用第 1 种方式（本地送出接口）。

（2）删除静态路由。

Ruijie（config）#no ip route network-number network-mask{ip-address|interface-id[ip-address]}[distance]

（3）显示路由表。

Ruijie# show ip route

7.3.3 静态默认路由及其配置

静态默认路由又简称为"默认路由"或"缺省路由"，它是一种特殊的静态路由，其目的地址子网掩码为 0.0.0.0/0，默认路由匹配所有数据包。路由器在查找路由时，如果路由表中没有对应的路由匹配数据包，路由器就会将该数据包丢弃。但是，若路由表中存在一条默认路由，则在路由表中找不到匹配路由的所有数据包均会按照默认路由指明的路径来转发数据,而不会将其丢弃。按照最长匹配原则,因默认路由的子网掩码最短(/0),所以它的优先级非常低,只有在没有其他路由匹配数据包时,最后才会选择默认路由来转发数据。

默认路由通常应用在只有一个出口的末节网络。企业内网通过唯一的一条链路连接 Internet,可以在出口路由器上配置一条默认路由将内部所有访问 Internet 的流量从路由器的外部接口发送出去。

默认路由配置命令:

Ruijie(config)#ip route 0.0.0.00.0.0.0{ip-address|interface-id[ip-address]}[distance]

默认路由的网络号和子网掩码均为 0。ip-address 是将数据包发送到目的网络时使用的下一个路由器的 IP 地址,即与本路由器相连的下一个路由器的接口 IP;interface-id 是将数据包发送到目的网络时的本地送出接口编号;distance 是静态路由的管理距离,默认值为 1。

同样地,在配置默认路由时,下一跳既可以指定为下一个路由器的接口 IP,也可以指定为本路由器的送出接口编号,或者两者同时指定。

7.4 路由协议及其配置

7.4.1 RIP 路由协议

7.4.1.1 RIP 路由协议的特征

RIP(Routing Information Protocol,路由信息协议)是在 20 世纪 70 年代开发的一种内部网关路由协议,它是一种典型的距离矢量路由协议。RIP 使用"跳数"作为度量值来衡量到达目的地址的距离,所谓的"跳数"是指数据包从源地址到目的地址中间所经过的路由器个数。在 RIP 中,路由器到与它直接相连网段的跳数为 0,通过一个路由器可达的网段的跳数为 1,依此类推,每多经过一个路由器,跳数就在原来的基础上加 1,RIP 规定的最大有效跳数是 15(即网络中路由器个数不能超过 16 个),跳数大于或等于 16 被定义为无穷大,即目的地址无法到达。由于此限制,使得 RIP 路由协议只能适用于简单的小型网络。

RIP 包括两个版本:RIPv1 和 RIPv2,这两个版本的共同特征为:使

用跳数作为度量值(15 是最大有效跳数,16 为无穷大),管理距离是 120;
默认每隔 30 s 使用 UDP 520 端口发送一次路由更新,更新时发送路由
表中的全部路由信息;支持触发更新和等价路由等。RIPv1 和 RIPv2 的
区别如表 7-1 所示。由于 RIPv1 在路由更新时不携带子网掩码,路由传
递过程中有时会造成错误,故在实际应用中很少使用 RIPv1,建议使用
RIPv2。

表 7-1　RIPv1 和 RIPv2 的区别

RIPv1	RIPv2
采用广播(255.255.255.255)发送路由更新	采用组播(224.0.0.9)发送路由更新
路由更新时不携带子网掩码	路由更新不携带子网掩码
不支持 VLSM 和 CIDR	支持 VLSM 和 CIDR
不支持不连续子网	支持不连续子网
有类路由协议	无类路由协议

7.4.1.2 RIP 的环路避免机制

在 RIP 路由协议中,每个路由器并不了解整个网络的拓扑,它只知道
与自己直接相连的网络的情况,路由表中的路由条目是从邻居传递过来
的,并不是自己计算出来的,这种基于"传闻"的路由有时会产生路由环
路,导致数据包不停地在路由器之间循环转发。RIP 路由协议采用以下 6
种机制来避免路由环路。

（1）路由毒化。路由毒化(Route Poisoning)是指路由器主动把路由
表中发生故障的路由条目的 Metric（度量值）设置为无穷大(16)并通告
给邻居路由器,以便邻居能够及时得知网络发生故障。

（2）水平分割。水平分割(Split Horizon)是指从路由器某个接口收
到的路由不再从该接口发送回去,这是避免路由环路的最基本措施。

（3）毒性逆转。毒性逆转(Poison Reverse)是指路由器从某个接口
上接收到某个网段的路由信息之后,将该路由的度量值设置为无穷大,再
从该接口发送回去。毒性逆转可以消除对方路由表中的无效路由信息。

（4）定义最大跳数。RIP 路由的度量值是基于跳数的,每经过一个路
由器,跳数会增加 1,RIP 会优先选择跳数少的路由作为转发路径。RIP
支持的最大有效跳数是 15,跳数 16 被认为是不可到达。通过定义最大
跳数,可以解决环路发生时路由度量值无限增大的问题。

（5）抑制时间。抑制时间(Hoilddown Timer)是指当一条路由的度

量值变为无穷大（16）后，该路由条目将进入抑制时间。在抑制时间内，路由器不再接收有关该条目的路由更新，除非该路由更新来自同一邻居且度量值小于16，抑制时间可以减少路由的翻动，增加网络的稳定性。

（6）触发更新。触发更新（Triggered Update）是指当路由表发生变化时，立即将此变化消息发送给邻居路由器，无须等待30 sec的更新周期。触发更新可以将网络变化的消息最快在网络上传播开来，减少产生路由环路的可能性。

7.4.1.3 RIP 配置命令

（1）开启 RIP 路由协议。

Ruijie（config）#router rip

（2）通告网络并激活参与 RIP 路由协议的端口。

Ruijie（config-router）#network network-number

network 命令有2层含义：一是向外通告自己的直连路由（直连网段）；二是确定哪些端口能够收发 RIP 路由信息，只有 IP 地址被 network-number 包含的端口才能收发路由信息。

使用 network 命令通告网络时，只能通告主类网络，即 network-number 只需要输入 A 类、B 类或 C 类的主类网络地址即可，即使输入子网地址，系统也会自动转换成主类网络地址。使用 no network network-number 可以删除网络通告。

（3）配置 RIP 版本。

Ruijie（config-router）#version{1|2}

默认情况下，锐捷设备可以接收 RIPv1 和 RIPv2 的数据包，但是只发送 RIPv1 的数据包。建议网络中的路由设备均使用 RIPv2。

（4）关闭/打开路由自动汇总。

Ruijie（config-router）#no auto-summary

Ruijie（config-router）#auto-summary

自动汇总是指当子网路由穿越有类网络边界时，将自动汇聚成有类网络（即 A 类、B 类及 C 类的主类网络地址），锐捷设备默认开启自动汇总功能，路由汇总可缩小路由表的规模，提高路由查询效率。

但网络中若有不连续子网，自动汇总有时会导致路由学习异常，故在此种情况下建议关闭自动汇总而采用手工汇总。

（5）关闭/打开水平分割。

Ruijie（config-if）# no ip rip split-horizon

Ruijie（config-if）#ip rip split-horizon

锐捷设备默认开启水平分割功能

（6）设置被动接口。

Ruijie（config-router）#passive-interface{default|interface-name}

被动接口是指某个接口仅接收 RIP 路由,但不发送 RIP 路由。对于连接用户主机或者非 RIP 邻居的接口,为减少不必要的协议开销,可以将接口设置成被动接口。参数 default 表示把所有接口设置为被动接口。

将接口配置成被动接口后,该接口不能以广播或组播的方式发送路由更新,但仍然可以以单播方式发送更新,可以使用 neighbor ip-address 命令配置 RIP 单播更新。

（7）设置触发更新。

Ruijie（config-if）# ip rip triggered

（8）向 RIP 网络注入默认路由。

Ruijie（config-router）#default-information originate[always]

如果路由器上存在静态默认路由, RIP 并不会向外通告此路由,需要在 RIP 中执行 default-information originate 命令将默认路由注入 RIP 网络,才能通过 RIP 协议将此路由传播给邻居路由器。

always 为可选参数,如果不使用该参数,路由器上必须存在一条默认路由,否则该命令没有任何效果。如果使用该参数,无论路由器上是否存在默认路由,都会向 RIP 网络注入一条默认路由。

（9）配置 RIPv2 认证。

①配置 RIP 认证方式。

Ruijie（confiq-if）#ip rip authentication mode{text|md5}

RIP 认证有两种方式, text 为明文认证, md5 为 MD5 密文认证。

②配置明文认证的密铜

Ruijie（config-if）#ip rip authentication text-password password-string

③配置 MD5 认证。

Ruidie（config-if）#ip rip authentication key-chain key-chain-name

key-chain-name 为密钥串的名称。密钥串名称只具有本地意义,两端的密钥串名称可以不一致如果在接口模式中指定了密钥串,还需要在全局模式下使用下列命令对该密钥串进行定义:

Ruijie（config）#key chain key-chain-name

Ruijie（config-keychain）#key N

Ruijie（config-keychain-key）#key-string password

上述参数中，key-chain-name 为密钥串名称，N 为密钥串的 ID，password 为 Key M Key ID 对应的密钥。

（10）显示 RIP 协议信息。

Ruijie#show ip rip

Ruijie# show ip protocols

如果路由器上仅运行 RIP 路由协议，这两个命令显示的内容是完全一致的。show ip rip 显示的信息包括 RIP 协议的版本、计时器、管理距离以及向外通告的网段。

（11）显示路由表。

Ruijie# show ip route

Ruijie# show ip route rip

show ip route 显示路由表中的所有路由，而 show ip route rip 仅显示路由表中的 RIP 路由。

（12）显示 RIP 接口信息。

Ruijie# show ip rip interface

7.4.2 配置 OSPF 路由协议

7.4.2.1 OSPF 的特征

OSPF（Open Shortest Path First，开放最短路径优先）是一种基于链路状态的内部网关路由协议，是目前应用最广泛的路由协议之一。OSPF 是专为 IP 开发的路由协议，直接运行在 IP 层上，IP 协议号为 89，采用组播方式进行 OSPF 信息的交换。

与 RIP 相比较，OSPF 解决了很多 RIP 固有的缺陷，它具有以下优点。

（1）RIP 采用"跳数"作为衡量路径优劣的度量值，有时选出的路径不一定是最优路径；而 OSPF 采用"带宽"作为衡量路径优劣的度量值，选出的路径更为合理。

（2）RIP 支持的最大有效跳数是 15，即网络中路由器个数不能超过 16 个，这限制了它只能适用于小型网络；而 OSPF 不受路由器个数的限制，可以应用于复杂的大中型网络。

（3）RIP 会形成路由环路，为此采用了毒性逆转、抑制时间等各种机制来避免环路，使得其收敛速度较慢；而 OSPF 因每个路由器均掌握区域内的全局拓扑信息，故不会形成路由环路，其收敛速度远远快于 RIP。

（4）无论网络拓扑是否发生改变，RIP 每隔 30 sec 以广播或组播方式向邻居发送路由表中的全部路由信息，占用大量网络资源；而 OSPF 在网络拓扑无变化时，每隔 30 min 以组播方式向邻居发送链路状态更新信息，且只发送对方不具备的信息，大大降低了网络开销。

OSPF 是基于 SPF 算法（也称 Dijkstra 算法）的链路状态路由协议，OSPF 邻居路由器之间交换的是链路状态信息，而不是路由信息。OSPF 路由器通过链路状态通告（LSA）获取到网络中的所有链路状态信息，然后每台路由器利用 SPF 算法独立计算路由，其典型特征如下。

（1）OSPF 是典型的链路状态路由协议，支持分区域管理，收敛速度快，可以适应大中型及较复杂的网络环境。

（2）OSPF 是无类路由协议，支持不连续子网、VLSM（可变长子网掩码）和 CIDR（无类域间路由）、路由汇总等。

（3）OSPF 以组播方式发送更新，组播地址是 224.0.0.5 和 224.0.0.6，在网络拓扑未发生变化时，OSPF 每隔 30 min 发送一次链路状态更新信息。

（4）OSPF 支持简单口令和 MD5 验证，可基于接口和基于区域进行验证。

（5）OSPF 采用 Cost（开销，与带宽有关）作为度量值，默认管理距离是 110。

（6）OSPF 采用触发更新，不会形成路由环路，支持多条路由等价负载均衡。

（7）OSPF 同时维护邻居表（邻接数据库）、拓扑表（链路状态数据库）和路由表。

7.4.2.2　OSPF 的分区域管理

OSPF 路由协议使用了多个数据库和复杂的算法，这使得其对路由器的 CPU 和内存的占用率较大，同时 OSPF 支持的路由器数量较多，当网络中存在大量路由器时，每个路由器需要维护的链路状态数据库和路由表将会变得越来越大，而且当网络规模增大后，拓扑结构发生变化的概率也增加，频繁进行的链路状态通告（LSA）和 SPF 计算，将使路由器的硬件资源消耗过多，甚至不堪重负达到性能极限。为了使路由器运行更快捷、更经济和占用更少的资源，网络工程师根据需要把一个大的自治系统（AS）分割成多个较小的管理单元，这些被分割出来的管理单元就称为区域（Area）。

划分 OSPF 区域后，链路状态通告只在本区域内泛洪而不会传播至其他区域,从而有效地把拓扑结构的变化控制在本区域内,同时其他区域的网络拓扑变化也不会影响到本区域,网络的稳定性大大增加,SPF 的运算量大为减少。由此每台路由器接收的链路状态更新、维持的链路状态数据库及路由表均会大大减少,对路由器 CPU 和内存的消耗随之降低,路由计算速度也会相应提高,从而有利于提高网络的稳定性和扩展性。

在划分 OSPF 区域时,网络中必须存在一个骨干区域(即 Area 0),其他区域(非骨干区域)必须与骨干区域相连,骨干区域负责收集非骨干区域发出的路由信息,并将这些信息发送给其他区域。

非骨干区域之间不能直接交换信息,所有非骨干区域之间的通信必须通过骨干区域来中转。

当一个自治系统(AS)被划分成多个 OSPF 区域时,根据路由器在区域中的作用,可以将 OSPF 路由器分为以下几类。

①骨干路由器。至少有一个接口与骨干区域(Area 0)相连的路由器。

②区域内部路由器。所有接口均属于同一区域的路由器,它只负责区域内的通信。

③区域边界路由器(ABR)。接口连接多个区域的路由器(其中连接的一个区域必须为骨干区域),它负责区域之间的通信。区域边界路由器为它所连接的每个区域分别维护单独的链路状态数据库。

④自治系统边界路由器(ASBR)。与其他 AS 相连的路由器,它负责在不同 AS 之间交换路由信息。ASBR 可以是位于 AS 内的任何一台路由器。

当然,一台路由器可以同时属于多种类型,比如可能既是 ABR,又是 ASBR。

7.4.2.3 OSPF 配置命令

(1)创建 OSPF 路由进程。

Ruijie(config)#router ospf process-id

参数 process-id 为 OSPF 进程编号,进程编号只具有本地意义,即网络中各 OSPF 路由器的进程编号可以相同,也可以不同。一台路由器上可以创建多个 OSPF 进程,但多个进程会消耗更多的路由器资源。使用命令 no router ospf process-d 可以删除 OSPF 进程。

(2)设置 OSPF 路由器的 ID。

Ruijie(config-router)#router-id router-id

参数 router-id 与 IP 地址格式相同(但并不是 IP 地址),每台路由器的 ID 必须唯一。若未人工指定 router-id,OSPF 进程会自动从自身所有环回接口（Loopback）中选取最大的 IP 地址作为路由器 ID；如果没有创建环回接口，则从自身所有活动物理接口中选取最大的 IP 地址作为路由器 ID。

建议使用 router-id 命令来明确指定路由器 ID，这样可控性比较好。修改 router-id 后需要使用 clear ip ospf process 命令重启 OSPF 进程，新的路由器 ID 方可生效。

（3）通告网络并激活参与 OSPF 路由协议的接口。

Rutjie（confiq-router）#network ip-address wildcard-mask area area-id

network 命令用于通告直连网段并定义需要启用 OSPF 协议的接口，wildcard-mask 称为通配符掩码或反掩码（通配符掩码详见项目四之任务一），ip-address 和 widcard-mask 两个参数结合起来可以定义一个 IP 地址范围，接口 IP 地址只有被包含在定义的 IP 地址范围内才能参与 OSPF 进程并收发路由信息。

参数 area-id 为区域编号，其格式可以是一个十进制整数值，也可以是一个 IP 地址，如 Area 10 等效于 Area 0.0.0.10。若网络中只有一个区域，该区域（骨干区域）的编号必须为 0 或 0.0.0.0，需要注意的是，同一条链路两端的区域编号必须一致。

若要删除已通告网络，可使用命令 no network ip-address wildcard area area-id

（4）修改 OSPF 路由器的接口优先级。

Ruijie（config-if）#ip ospf priority priority

参数 prionity 的取值范围为 0 ~ 255，OSPF 路由器的接口优先级的默认值为 1。修改接口优先级会影响 DR/BDR 的选举，优先级数值最高的路由器被选举为 DR，次高的被选举为 BDR，优先级为 0 的路由器不参与 DRBDR 的选举。若优先级相同，则比较 router-id 的大小，router-id 最大的路由器被选举为 DR。

（5）修改 OSPF 路由器的接口开销值。

Ruijie（config-if）#ip ospf cost cost

接口默认开销值等于参考带宽÷接口带宽后取整，参考带宽值默认为 100 Mbits，故 10 M 接口的 cost 为 10 M，100 M 接口的 cost 为 1，修改 cost 值会影响路由器选择路径，cost 最小者即为最优路径。使用 no ip ospf cost 命令可以将开销值恢复至默认值。

（6）修改参考带宽。

Ruijie（config-router）auto-cost reference-bandwidth ref-bw

OSPF 路由器的默认参考带宽为 100 Mbit/s。对于千兆以太网，计算出来的 cost 为 0.1,取整之后为 0,这显然是不合理的,故对于千兆或更高速率的以太网络,有必要修改参考带宽值。

（7）设置被动接口。

Ruijie（config-router）#passive-interface{default |interface-name}

被动接口是指某个接口仅接收但不发送 OSPF 报文。为了防止网络中的其他路由器学习到本路由器的路由信息,可以将本路由器的某些接口设为被动接口。default 表示把所有接口设置为被动接口。路由器不能通过被动接口与其他路由器建立 OSPF 邻居关系。

（8）向 OSPF 区域注入默认路由。

Ruijie（config-router）#default-information originate[always]

如果在路由器上配置了默认路由,它只会在本地生效,OSPF 并不会将此默认路由传播给邻居路由器使用该命令可以将默认路由注入 OSPF 区域,然后通过 OSPF 协议将默认路由传播给其他路由器。

always 为可选参数,如果不使用该参数,路由器上必须存在一条默认路由,否则该命令无任何效果。如果使用该参数,无论路由器上是否存在默认路由,都会向 OSPF 区域注入一条默认路由。

（9）配置 OSPF 网络类型。

Ruijie（config-if）#ip ospf network{broadcast | non-broadcast | point-to-point |point-to-multipoint}

以太网接口的默认 OSPF 网络类型为 broadcast（广播）,需要等待40 s 来选举 DR/BDR 对于点到点的以太网互联接口,建议将两端接口的 OSPF 网络类型配置为 point-to-point（点对点）,这样就可以不进行 DR/BDR 的选举,从而加快 OSPF 邻居关系的收敛。

（10）配置 OSPF 认证。

OSPF 认证可以基于接口和基于区域进行,此处仅列出基于接口认证的命令。

①配置 OSPF 认证方式。

Ruijie（config-if）#ip ospf authentication{message-digest | null}

OSPF 有两种认证方式:简单口令认证和 MD5 认证。authentication后加上 message-digest 表示 MD5 认证,加上 null 表示不进行认证,不加任何参数表示简单口令认证。简单口令认证容易被窃听,故建议使用MD5 认证。

②配置简单口令认证的密钥。

Ruijie（config-if）# ip ospf authentication-key key

参数 key 为简单口令认证的密钥(密码)。

③配置 MD5 认证的密钥。

Ruijie（config–if）#ip ospf message–digest–key key–id md5 key

参数 key–id 为密钥的 ID，key 为 Key ID 所对应的密钥(密码)。

（11）重启 OSPF 进程。

Ruijie#clear ip ospf process

（12）清除路由表。

Ruijie# clear ip route*（＊表示清除整个路由表）

（13）查看 OSPF 进程及细节。

Ruijie# show ip ospf

（14）显示当前运行的所有路由协议。

Ruijie #show ip protocols

若路由器上运行多种路由协议，该命令会显示所有正在运行的路由协议的信息。显示 OSPF 路由协议的信息包括进程编号、路由器 ID、通告的网段、参考带宽及管理距离等。

（15）显示路由表。

Ruijie# show ip route

Ruijie # show ip route ospf

show ip route 显示路由表中的所有路由条目，而 show ip route ospf 仅显示路由表中的 OSPF 路由。

（16）显示 OSPF 邻居信息。

Ruijie# show ip ospf neighbor

该命令可以查看相邻 OSPF 路由器之间是否建立了邻居关系以及邻居的状态。若相邻路由器建立了邻居关系，且状态为 Full，则表明两台路由器之间处于邻接状态，即彼此建立了邻接关系。

（17）显示 OSPF 接口信息。

Ruijie#show ip ospf interface[interface–name]

该命令显示的信息包括区域编号、OSPF 进程编号、路由器 ID、网络类型、接口开销、路由器的角色、路由器接口优先级、DR/BDR 的 ID 等。

7.4.3 IGRP 与 EIGRP 协议及其配置

7.4.3.1 IGRP 与 EIGRP 协议

IGRP（Interior Gateway Routing Protocol，内部网关路由协议）是 Cisco 特有的基于距离矢量的路由协议，由 Cisco 公司 20 世纪 80 年代中

期设计推出，使用跳数确定到达一个网络的最佳路径，使用延迟、带宽、可靠性和负载确定最优路由。缺省情况下，IGRP 每 90 s 发送一次路由更新广播，在 3 个更新周期（即 270 s）内，没有从路由中的第一个路由器接收到更新，则宣布路由不可访问。在 7 个更新周期（即 630 s）后，Cisco IOS 软件从路由表中清除路由。

EIGRP（Enhanced Interior Gateway Routing Protocol，增强内部网关路由协议）EIGRP 是一种无类距离矢量协议，它使用自治系统的概念。自治系统是一组连接在一起的路由器，这些路由器运行相同的路由选择协议、分享路由选择信息并在路由更新中包含子网掩码。EIGRP 也被称为混合路由选择协议或高级距离矢量协议，因为它兼具距离矢量协议和链路状态协议的特征。例如，EIGRP 不像 OSPF 那样发送链路状态分组，而发送传统的距离矢量更新，此更新包含有关网络的信息以及从通告路由器前往这些网络的成本；同时，EIGRP 又具备链路状态协议的特征，在启动时与邻居同步网络拓扑信息，随后只在拓扑发生变化时发送具体的更新。

EIGRP 跳数默认为 100，最大可设置为 255，与 RIP 不同的是 EIGRP 不用跳数做度量值。在 EIGRP 中，跳数指的是 EIGRP 路由更新分组经过多少台路由器后将被丢弃，主要的目的是限制自治系统的规模，而非根据跳数来计算度量值。

EIGRP 的重要特点如下：支持 IP, IPv6 以及其他一些很少使用的被路由协议；像 RIPV2 和 OSPF 一样，属于无类路由选择协议；支持 VLSM/CIDR；支持汇总和非连续网络；高效的邻居发现；使用可靠传输协议（RTP）进行通信；使用扩散更新算法（DUAL）选择最佳路径；使用有限更新，减少带宽占用；不使用广播。

初始运行 EIGRP 的路由器都要经历发现邻居、发现网络拓扑和计算路由的过程，在这个过程中同时建立三张独立的表：列出所有相邻路由器的邻居表、描述网络结构的拓扑表和路由表，并在网络发生变化时更新这三张表。

EIGRP 协议的运行过程如图 7-1 所示。

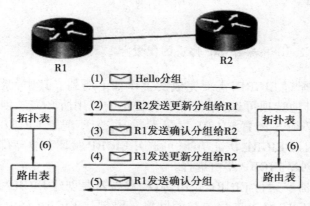

图 7-1 EIGRP 运行过程

（1）运行 EIGRP 的路由器 R1 自开始运行起,就不断地用组播地址 224.0.0.10 从参与 EIGRP 的各个接口向外发送 Hello 分组。当路由器 R2 收到某个邻居路由器的第一个 Hello 分组后,验证符合邻居的建立条件,建立邻居关系。

（2）路由器 R2 以单点传送方式回送一个路由更新分组,更新分组中包括路由器 R2 的完整路由信息。当路由器 R1 收到该更新分组后,认为路由器 R2 是它的邻居,将 R2 添加到自己的邻居表中。

（3）路由器 R1 将更新分组中的数据添加到自己的拓扑表中,并使用确认分组对邻居 R2 进行确认。

（4）路由器 R1 也会向路由器 R2 发送更新分组,即将 R1 完整的路由信息通告给 R2。

（5）R2 将其更新分组中的数据添加到自己的拓扑表中,并向 R1 发送确认分组。

（6）当路由器 R1、R2 接收到所有更新分组后,路由器使用 DUAL 选择保留在拓扑表中的后继路由和可行后继路由,并将后继路由放入路由表中。

当路由信息没有变化时,EIGRP 邻居间只是通过发送 Hello 分组来维持邻居关系,以减少对网络带宽的占用。在发现一个邻居丢失、一条链路不可用时,EIGRP 立即会从拓扑表中寻找可行后继路由,启用备选路由。如果拓扑表中没有可行后继路由,由于 EIGRP 依靠它的邻居来提供路由信息,在将该路由置为活跃状态后,向所有邻居发送查询分组。如果某个邻居有一条到达目的地的路由,那么它将对这个查询进行应答,并且不再扩散这个查询,否则,它将进一步地向它自己的每个邻居查询,只有所有查询都得到应答后,EIGRP 才能重新计算路由,选择新的后继路由器。

7.4.3.2 IGRP 与 EIGRP 协议的配置

为了配置 EIGRP,需要完成的工作如下所列。其中,激活 EIGRP 是必需的,其他选项可选,但也可能为特定的应用所必需。创建 EIGRP 路由进程(必须);配置 EIGRP 度量参数(可选);配置 EIGRP 的路由汇聚(可选);启用 EIGRP 认证功能(可选);EIGRP 验证和故障排除[①]。

(1)创建 EIGRP 路由进程。

路由器要运行 EIGRP 路由协议,首先需要创建 EIGRP 路由进程,并定义与 EIGRP 路由进程关联的网络。要创建 EIGRP 路由进程,需在全局配置模式中执如下命令。

Router（config）#router eigrp autonomous-system-number　//创建 EIGRP 路由进程

Router（config-router）#network nerwork-number{wildcard-mask}　//定义 EIGRPAS 的关联网络

Router（config）#router eigrp virtual-name　//启用命名的 EIGRP 路由进程

Router（config-router）#address-family[ipv4|ipv6]autonomous-system autonomous-system-number　//配置一个 address-family 并为其分配一个 AS 号

Network 命令定义的关联网络有两层意思:一是此路由器上任何符合 network 命令中的网络地址的接口都将被启用,可发送和接收 EIGRP 更新;二是此网络(或子网)将包括在 EIGRP 路由更新中

(2)配置 EIGRP 相关参数。

EIGRP 允许用户更改其度量参数,用户可以根据实际应用的需要将这些参数任意设置。

Router（router）#metric weights tos k1 k2 k3 k4 k5
//调整 metric 的值

Router（router）#ip bandwidth-percent eigrp percentage
//调整 EIGRP 链路带宽百分比

Router（interface）#ip hello-interval eigrp autonomous-system-number address mask
//调整 hello 和保持时间间隔

---

① 李享梅.交换与路由技术[M].西安:西安电子科技大学出版社,2017.

Router（interface）#no ip split-horizon eigrp autonomous-system-number //关闭水平分割

默认情况下：

① metric 是一个 32 位的数值，为网段延迟与最低网段带宽之和（此值可以不断叠加，到最大值后线性归 0）。

② EIGRP 限制其更新流量使用不超过链路带宽的 50%，也可以通过接口配置命令 bandwidth 来限定；Hello 间隔为 5 s，在低速 NBMA（非广播多路访问）介质（STI）上为 60 s；保持时间是 Hello 间隔的 3 倍（15 s，NBMA 中为 180 s）。

③水平分割功能启用后，从某个接口接收到的更新及 query 信息将不会再从这个接口发送出去，不过有时在帧中继或 SMDS 的环境中，需要关闭此功能。

（3）配置 EIGRP 路由汇总。

EIGRP 在汇聚一组路由时，始终会创建一条指向 Null0 接口的路由。Null0 口是个伪接口，不需要使用任何命令来创建或配置的空接口，也不能被封装。它始终处于未开启状态，但不会转发或接收任何流量。对于所有发到空接口的流量都被它丢弃。默认情况下，EIGRP 使用 Null。接口来丢弃与汇总路由匹配但与所有子路由都不匹配的数据包。

Router（router）#auto-summary //自动汇总路由，默认开启

Routertrouter）#no auto-summary //关闭自动路由汇总功能

Router（interface）#ip summary-address eigrp autonomous-system-number address mask //手动汇总路由

启用路由汇总后，在路由通告时，子网路由会被自动汇总成主类网络路由。在接口上启用手动汇总路由后，汇总后的路由地址和掩码会从此接口上通告出去，汇总路由的 metric 与明细路由中的最小的 metric 值相同。

（4）启用 EIGRP 认证功能。

设备配置 EIGRP 路由协议，可以在相应的接口配置认证，EIGRP 支持 MD5 认证。

Router（config-if）#ip authentication mode eigrp autonomous-system-nunber MD5 //启用 EIGRP 的 MD5 认证

Router（config-if）#ip authentication key-chain eigrp autonomous-system-number key-chain //调用 MD5 认证使用的密钥链

Router（config）#key chain name-of-chain //定义密钥链

Router（config-keychain）#key number //配置密钥编号，范围为 0 ~ 2 147483 647

Router（config-keychain-key）#key-string texr //定义密钥的文本字符串

EIGRP 使用密钥链管理密钥：一个密钥链是一些密钥的集合,密钥链中包括 Key ID 密钥、密钥的生命期,路由器发送路由更新报文时,使用第一个有效的密钥,当路由器收到路由更新分组时,将检查密钥链中所有有效密钥,匹配任何一个即可。

（5）常用的监视和维护命令。

虽然 EIGRP 通常运行平稳,需要做的维护工作相对较少,但有几个命令对于排除 EIGRP 故障非常有用。

Router（enable）#show ip eigrp neighnors //显示所有的 EIGRP 邻居
Router（enable）#show ip eigrp interfaces //显示所有启用了 EIGRP 的接口
Router（enable）#show ip route eigrp //显示路由选择表中的 EIGRP 条目
Router（enable）#show ip eigrp topology //显示 EIGRP 拓扑表中的条目
Router（enable）#show ip eigrp traffic //显示收发的 EIGRP 分组数
Router（enable）#show ip protocols //显示活动协议会话的信息

7.5 访问控制列表

随着网络技术的广泛应用,网络安全问题日益突出,访问控制是网络安全防范和保护的主要策略,它的主要任务是保证网络资源不被非法使用和访问。对网络进行访问控制的方法有很多,访问控制列表（Access Control List, ACL）是网络访问控制的有力工具,是一种被广泛使用的网络安全技术。

7.5.1 ACL 概述

访问控制列表（ACL）又被称为包防火墙,它使用包过滤技术,在路由器(或三层交换机)上读取第 3 层或第 4 层包头中的信息(如源/目的地址、源/目的端口及协议等),根据预先定义好的语句(也称"规则")对数据包进行过滤,决定是允许还是拒绝数据包通过,从而实现对网络的安全控制。通过 ACL 可以实现以下功能。

（1）安全控制。ACL 提供了网络访问控制的基本安全手段，以保证网络资源不被非法使用和访问。如可以通过 ACL 控制某些主机能够访问财务部服务器，而另外的主机无法访问该服务器。

（2）流量过滤。ACL 可以用来限制网络流量，提高网络性能，控制通信流量。如 ACL 可以控制台主机能够通过路由器访问网页与收发邮件，但无法通过路由器进行 BT 下载。

（3）流量分类。通过 ACL 可以对数据流量进行分类，并进一步对不同类别的流量提供不同的服务或实施不同的策略。如通过设置 ACL 来识别语音数据包并对其设置较高的优先级，从而保障语音流量优先被网络设备转发，以确保 IP 语音通话的质量。

如果你是系统管理员，则确保重要的敏感数据及网络资源不受各种威胁将是你的首要任务。思科提供了一系列有效的解决方案，其中第一个强大的工具就是访问控制列表（Access Control List，ACL），从本质上说，访问控制列表是一系列对分组进行分类的条件，在需要控制网络数据流时很有用，可用它作为决策工具。

访问控制列表最常见也最容易理解的用途是将有害的分组过滤掉以实现安全策略。例如，可使用访问控制列表做非常具体的数据流控制决策，只允许某些主机访问互联网的 Web 资源等。通过正确地组合使用多个访问控制列表，网络管理员几乎能够实施任何他们能想到的安全策略。

创建访问控制列表相当于编写一系列 if-then 语句。如果满足给定条件，就采取给定的措施；如果不满足，则不采取任何措施。创建访问控制列表后，就可将其应用于任何接口的入站或出站数据流。将访问控制列表应用到接口后，路由器将对沿指定方向穿越该接口的每个分组进行分析，并采取相应的措施。

将分组同访问控制列表进行比较时，要遵守下面三个重要规则。

（1）总是按顺序将分组与访问控制列表的每一行进行比较，即总是首先与访问控制列表的第一行进行比较，然后是第二行和第三行，依次类推。

（2）不断比较，直到满足条件为止。在访问控制列表中，找到分组满足的条件后，对分组采取相应的措施，且不再比较。

（3）每个访问控制列表末尾都有一条隐式 deny 语句，这意味着如果不满足访问控制列表中任何行的条件，分组将被丢弃。

创建访问控制列表后，除非将其应用于接口，否则它不能发挥任何作用。此时访问控制列表确实包含在路由器配置中，但除非你告诉路由器使用它来做什么,否则它将处于非活动状态。要将访问控制列表用做分组过滤器,需要将其应用于要进行数据流过滤的路由器接口上,还必须确定要使用访问控制列表来过滤哪个方向的数据流,这样做的好处就是:对于从企业网络前往互联网的数据流和从互联网进入企业网络的数据流,可以采取不同的控制措施。通过指定数据流的方向,在同一接口上将不同的访问控制列表用于入站和出站数据。

（1）入站访问控制列表。将访问控制列表应用于入站分组时,将根据访问控制列表对这些分组进行处理,再将它们路由到出站接口。遭到拒绝的分组不会被路由,因为在调用路由选择进程前,它们已被丢弃。

（2）出站访问控制列表。将访问控制列表应用于出站分组时,分组将首先被路由到出站接口,再在分组排队前根据访问控制列表对其进行处理。

在路由器上创建和实现访问控制列表时,应遵守一些通用的指导规则:

①在接口的特定方向上,每种协议只能有一个访问控制列表。也就是说应用 IP 访问控制列表时,每个接口上只能有一个入站访问控制列表和一个出站访问控制列表。这是由每个访问控制列表末尾的隐式 deny 语句带来的影响。因为不满足第一个访问控制列表中任何条件的分组都将被拒绝,就不会有任何分组需要与第二个访问控制列表进行比较。

②在访问控制列表中,应将具体的测试条件放在前面。

③新增的语句将放在访问控制列表的末尾。

④不能仅删除访问控制列表中的一行,如果试图这样做,将会删除整个访问控制类别。因此,要编辑访问控制列表,最好先将其复制到文本编辑器中。

除非访问控制列表以 permitany 命令结尾,否则不满足任何条件的分组都将被丢弃。

访问控制列表至少应包含一条 permit 语句,否则它将拒绝所有的数据流。

①创建访问控制列表后应将其应用于接口。如果访问控制列表没有包含任何测试条件,即使将其应用于接口,它也不会过滤数据流。

②访问控制列表用于过滤穿越路由器的数据流,它们不会对始发于当前路由器的数据流进行过滤。

③应将 IP 标准访问控制列表放在离目的地尽可能近的地方,这就是为什么一般不想在网络中使用标准访问控制列表的原因。不能将标准访问控制列表放在离源主机或源网络很近的地方,因为它只能根据源地址

进行过滤,这将影响所有的目的地。

　　④将 IP 扩展访问控制列表放在离信源尽可能近的地方。扩展访问控制列表可根据非常具体的地址和协议进行过滤,人们不希望数据流穿越整个网络后,最终被拒绝。将其放在离信源尽可能近的地方,可在一开始就将数据流过滤掉,以免它占用宝贵的带宽。

　　ACL 具有强大的功能,但使用不当会导致某些难以意料的后果,因此在使用 ACL 时要注意以下准则。

　　(1)一个 ACL 由一条或多条语句(规则)组成,最后有一条语句是“隐式拒绝”语句,故 ACL 中至少应该包含一条 Permit 语句,否则所有数据包都会被阻止。

　　(2)如果只是创建了一个 ACL,但没有包含具体的语句(规则),这被称为空 ACL。空 ACL 表示允许所有数据包通过。要使隐式拒绝语句起作用,ACL 中应至少要有一条允许或拒绝语句。

　　(3)ACL 会从上至下依次对语句进行匹配,并且从第一条语句开始,如果数据包与 ACL 中的某条语句不匹配,则继续尝试匹配下一条语句,一旦匹配某条语句则执行语句中的动作,同时跳出 ACL 列表,不再检查后面语句是否匹配。若 ACL 所有语句均不匹配数据包,则执行默认规则,即“隐式拒绝”所有数据包。

　　(4)ACL 语句的放置顺序非常重要,最精确的语句应放在 ACL 列表的前面,不太精确或相对粗略的语句应放在列表的后面。否则,不太精确的语句会提前让数据包匹配成功,导致想过滤的数据包得以提前通过。

　　(5)在创建 ACL 之后,必须将其应用到某个接口方可生效。ACL 可以应用到接口的入站方向,也可以应用到接口的出站方向。应用到接口出站方向的 ACL 不会影响该接口的入站流量,反之,应用到接口入站方向的 ACL 不会影响该接口的出站流量。

　　(6)一个 ACL 可以应用在一台设备的多个接口上,但只能在每个接口、每个协议、每个方向(入站或出站)上应用一个 ACL。

　　(7)ACL 的应用位置。数据过滤应遵循一个原则:在不影响其他合法流量的前提下,数据过滤要越早越好,以节约网络资源。建议将标准 ACL 放置在离目的地尽可能近的地方,因标准 ACL 只根据源 IP 地址过滤数据包,如果太靠近源会阻止数据包流向其他合法端口;而扩展 ACL 应放置在离源尽可能近的地方,从而避免不必要的流量在网络中传播。

　　(8)ACL 只能过滤经过路由器的流量,不会过滤路由器自身产生的流量。

7.5.2 ACL 配置命令

（1）创建标准 ACL。

Ruijie（config）#access-list id{deny|permit}source source-wildcard[time-range time-range-name|log]

参数 id 为标准 ACL 的编号，其范围为 1 ~ 99 和 1 300 ~ 1 999；source 和 source-wildcard 分别表示数据包的源 IP 地址及通配符掩码；time-range 用来控制 ACL 的生效时间段，time-range-name 为定义的时间段名称；log 表示对匹配条目的数据包生成日志消息并输出。

（2）创建扩展 ACL。

Ruijie（config）access-list id{deny|permit}protocol source source-wildcard[operator port]destination destination-wildcard[operator port][time-range time-range-name|log]

参数 d 为扩展 ACL 的编号，其范围为 100 ~ 199，2 000 ~ 2 699 和 2 900 ~ 3 899；protocol 为需要过滤的协议（如 IP、TCP、UDP 等）；source 和 source-widcard 分别表示数据包的源 IP 地址及通配符掩码；operator 为端口号操作符（t- 小于，eq- 等于，gt- 大于，neq- 不等于，range- 范围）；port 为源 / 目的端口号，可以使用数字表示，也可以使用服务名称来表示，如 www.ftp 等；destination 和 destination-wildcard 分别表示数据包的目的 IP 地址及通配符掩码；time-range 用来控制 ACL 的生效时间段，time-range-name 为定义的时间段名称；log 表示对匹配条目的数据包生成日志消息并输出。

（3）创建命名 ACL。

创建命名 ACL 的语法与编号 ACL 的语法稍有不同，使用 ip 开头。

Ruijie（config）#ip access-list{standard |extended}name

standard 表示创建标准命名 ACL，extended 表示创建扩展命名 ACL，name 为 ACL 的名称，可以使用数字或英文字符来表示。执行此命令后，系统将进入到 ACL 配置模式。

在 ACL 配置模式下，以 deny 或 permit 关键词开头来配置 ACL 语句，即将编号 ACL 配置命令前的 access-list id 去掉。命令中各个参数的含义与编号 ACL 相同

①配置标准命名 ACL 语句。

Ruijie（config-std-nacl）#{deny|permi}source source-wildcard[time-range time range-name|log]

②配置扩展命名 ACL 语句。

Ruijie（config-ext-nacl）#{deny|permit}protocol source source-wildcard[operator port]destination destination-wildcard[operator port][time-range time-range-name |log]

（4）删除 ACL。

Ruijie（config）#no access-list id

Ruifie（config）#no ip access-list{standard|extended}name

（5）应用 ACL。

①在接口下应用 ACL。

Ruifie（config-if）#ip access-group{id|name}{in|out}

ACL 既可以应用在物理接口上，也可以应用在 SVI 上。参数 id 为编号 ACL 的编号，name 为命名 ACL 的名称。in 表示应用在入站方向，out 表示应用在出站方向。该命令的 no 形式取消 ACL 的应用。

②在 VTY 下应用 ACL。

Ruijie（config）#line vty 0 4

Ruiie（config-line）#access-class{id|name}{in|out}

该命令的主要作用是限制可远程登录（Telnet 或 SSH）的客户端，只有在 ACL 列表允许的 IP 地址范围内的客户端方可远程登录到网络设备。该命令的 no 形式取消 ACL 的应用。

（6）显示 ACL。

Ruijie#show access-lists[id|name] 该命令可以显示 ACL 的种类、名称、编号、具体的 ACL 语句（规则）及其序号。

当不指定 ACL 的编号或名称时，将显示所有 ACL 的信息。

（7）显示端口下应用的 ACL。

Ruijie#show ip access-group[interface interface]

当不指定 interface 参数时，将显示所有接口的 ACL 应用信息。该命令可以用来显示 ACL 被应用到了哪个接口的哪个方向。

7.5.3 ACL 的修改

当使用 access-list id 命令创建好编号 ACL 后，无法对编号 ACL 中的单个语句进行修改，新增加的语句也只能添加至 ACL 的末尾。如果要在中间插入或删除一条语句，或者调整语句之间的先后顺序，只能先删除整个 ACL，再重新创建 ACL 并重写语句，这给维护工作带来极大不便。与编号 ACL 相比，命名 ACL 可以单独修改其中的某一条语句，管理相对方便。

当使用 ip access-list 命令创建命名 ACL 时,系统将进入 ACL 配置模式,在此模式下,可以在配置的每条语句前面添加一个序号(sequence-number),格式如下所示:

[sequence-number]{deny|permit}……

此处的 sequence-number 是每条语句在 ACL 列表中的序号,也就是排序的顺序号,ACL 会按照序号从小到大依次排列语句。

默认情况下,当未指定语句的序号时,序号的起始值是 10,每增加一条语句序号将依次递增 10。当需要在现有语句中间插入一条新语句时,如要插入一条新语句到序号为 20 和 30 的语句之间,我们可以将新语句的序号指定为介于 20 ~ 30 的任意数字(如写成: 25 permit tcp host 172.16.1.1 any),这样新语句将会按照序号的大小顺序排列在两条语句之间。同样,要删除一条语句,可以在 ACL 配置模式下使用 no sequence-number 命令(如 no 30 便可以删除序号为 30 的语句)。

第8章　网络安全技术与应用

　　随着计算机网络技术的迅速发展和普及应用,人类已进入网络化、信息化和数字化时代,计算机网络技术的发展与应用已成为影响一个国家或地区政治、经济、军事、科学与文化发展的重要因素之一,也是影响人们日常生活的重要因素。但由于计算机网络具有开放性和互联性等特征,因此极易受到异常因素的影响,如网络受到黑客和病毒的攻击和入侵,使网络系统遭到破坏,导致信息的泄露或丢失。因此,如何有效地保证网络系统安全,已成为人们非常关注的问题。

8.1　网络安全概述

　　网络安全是一门涉及领域相当广泛的学科,这是因为在目前的公用通信网络中存在着各种各样的安全漏洞和威胁。凡是涉及网络上信息的机密性、完整性、可用性、真实性和可控性的相关技术和理论都是网络安全的研究范围[1]。

　　网络安全本质上就是网络上的信息系统安全。网络安全包括信息系统安全运行和系统信息安全保护两方面。信息系统的安全运行是信息系统提供有效服务(即可用性)的前提,系统信息的安全保护主要是确保数据信息的机密性和完整性。

　　网络安全是一门交叉学科,涉及多方面的理论和应用知识。除了数学、通信、计算机等自然科学外,还涉及法律、心理学等社会科学,是一个多领域的复杂系统,如图8-1所示。

---

[1]　刘远生.网络安全实用教程[M].北京:人民邮电出版社,2011.

图 8-1　网络安全所涉及的知识领域

　　网络安全涉及上述多种学科的知识,而且随着网络应用的范围越来越广,以后涉及的学科领域有可能会更加广泛。一般地,把网络安全涉及的内容分为 5 个方面,如图 8-2 所示 ①。

图 8-2　网络安全所涉及的内容

8.2　防火墙技术

　　随着网络的迅猛发展,网络安全也成为备受关注的问题。防火墙作为第一道安全防线被广泛应用到网络安全中。防火墙就像一道关卡,允许授权的数据通过,禁止未授权的数据通过,并记录报告。利用防火墙能保护站点不被任意互连,甚至能建立跟踪工具,帮助总结并记录有关连接来源、服务器提供的通信量以及试图闯入者的任何企图。由于单个防火墙

---

① 　石淑华,池瑞楠.计算机网络安全基础 [M].北京:人民邮电出版社,2005.

不能防止所有可能的威胁,因此,防火墙只能加强安全,而不能保证安全。

8.2.1 防火墙的概念

"防火墙"是引自建筑学的名词,是指在楼宇里起隔离作用的墙。当有火灾发生时,这道墙可以防止火势蔓延到其他房间。这里所说的防火墙是指网络中的防火墙,它是用于隔离内部网络与外部网络的一道防御系统。两个网络的通信必须经过防火墙,防火墙根据预先制定好的规则允许或阻止数据通过。

严格来说,防火墙是一种隔离控制技术。它是位于两个信任程度不同网络之间的能够提供网络安全保障的软件或硬件设备的组合。它对两个网络之间的通信进行控制,按照统的安全策略,阻止外部网络对内部网络重要数据的访问和非法存取,以达到保护系统安全的目的[①]。防火墙系统可以是一个路由器、一台主机、主机群或者是放置在两个网络边界上软硬件的组合,也可以是安装在主机或网关中的一套纯软件产品。防火墙系统决定可以被外部网络访问的内部网络资源、可以访问内部网络资源的用户及该用户可以访问的内部网络资源、内部网络用户可以访问的外部网络站点等。

8.2.2 防火墙关键技术

目前防火墙采用的技术主要有两大类:包过滤技术和代理服务技术。包过滤技术包括静态包过滤技术和状态检测技术。代理服务技术包括应用层网关技术、电路层网关技术和自适应代理技术。创建防火墙时,很少采用单一的技术,而是针对不同的安全需求综合采用多种技术组合。

8.2.2.1 包过滤技术

包过滤是防火墙最核心、最基本的功能。现在的路由器一般都把具有包过滤功能作为一项必备指标。过滤标准是根据安全策略制定的过滤规则。

(1)包过滤技术的原理。包过滤技术基于路由器技术,因而包过滤防火墙又称包过滤路由器防火墙。图 8-3 给出了包过滤路由器结构示意图。

---

① 李伟超 . 计算机信息安全技术 [M]. 长沙:国防科技大学出版社,2010.

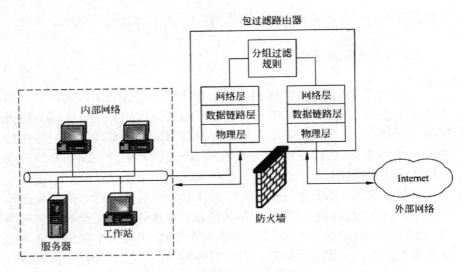

图 8-3　包过滤路由器结构示意图

　　包过滤技术的原理在于监视并过滤网络上流入流出的 IP 包,拒绝发送可疑的包。基于协议特定的标准,路由器在其端口能够区分包和限制包的能力称为包过滤(Packet Filtering)。由于 Internet 与 Intranet 的连接多数都要使用路由器,所以路由器成为内外通信的必经端口,过滤路由器也可以称为包过滤路由器或筛选路由器(Packet Filter Router)。

　　防火墙常常就是这样一个具备包过滤功能的简单路由器,这种防火墙应该是足够安全的,但前提是配置合理。然而,一个包过滤规则是否完全严密及必要是很难判定的,因而在安全要求较高的场合,通常还配合使用其他的技术来加强安全性。

　　(2)包过滤技术的规则。包过滤技术在网络层对数据包进行选择的依据是系统内部设置的过滤逻辑表,有时也叫作访问控制列表(ACL),这就是过滤规则。包过滤设备部署好后,就需要根据安全要求创建相应的规则库,它是一组由允许或拒绝规则组成的规则集。包过滤规则库是在路由器上配置的,并且必须由设备端口存储起来。创建过滤规则库时要遵循以下基本原则:

　　①遵循"拒绝所有"安全策略。利用防火墙先把内外网络隔离,在隔离的基础上再有条件地开放,可以大大减少网络安全威胁。

　　②规则库应该阻止任何外部网络用户对位于防火墙后面的内部网络主机的访问。但应该开放对 DMZ 应用服务器的访问。

　　③规则库应该允许内部网络用户有限制地访问外部网络。

表 8–1 列出了几条典型的过滤规则。

表 8–1　典型的过滤规则

规则编号	动作	协议类型	源 IP 地址	源端口号	目的 IP 地址	目的端口号
1	允许	TCP	172.17.30.1	Any	Any	Any
2	拒绝	TCP	Any	21	172.17.30.1	< 2 048
3	允许	TCP	Any	21	172.17.30.1	Any
4	拒绝	Any	Any	Any	Any	Any

表 8–1 中，各条规则的含义如下：

规则 1：基于 TCP 协议，主机 172.17.30.1 可以访问任何主机。

规则 2：任何主机的 21 端口都可以访问主机 172.17.30.1 小于 2 048 的端口，如果是基于 TCP 协议的数据包则拒绝其通过。

规则 3：任何主机的 21 端口都可以访问主机 172.17.30.1 的任何端口，基于 TCP 协议的数据包允许通过。

规则 4：拒绝所有传输，在它前面明确规定允许传输的除外。

防火墙是按照规则库中的规则编号从小到大逐条规则与数据报头信息匹配的。所以规则的先后顺序不同，其产生的效果也大不相同。在表 8–1 中，如果规则 2 和规则 3 前后互换位置，那么规则 2 永远也不会被执行。同理，如果把规则 4 放到最前面，则其后面的所有规则也都不会被执行。因此，在创建规则库时，越详细具体的规则，越要往前放，其规则编号越小；而笼统的、范围大的规则要往后放[1]。

8.2.2.2 应用代理技术

代理服务技术比包过滤技术应用得晚，最初的代理服务技术只是为了提高网络通信速度，后来逐渐发展为能够提供强大安全功能的一种技术。

（1）代理防火墙的工作原理。代理防火墙工作于应用层，且针对特定的应用层协议。代理防火墙通过编程来弄清用户应用层的流量，并能在用户层和应用协议层间提供访问控制；而且还可用来保持一个所有应用程序使用的记录。记录和控制所有进出流量的能力是应用层网关的主要优点之一。代理防火墙的工作原理如图 8–4 所示。

[1]　李伟超．计算机信息安全技术 [M]．长沙：国防科技大学出版社，2010．

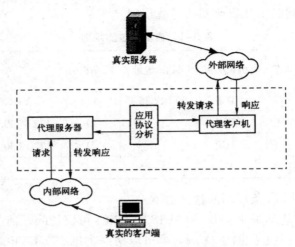

图 8-4　代理防火墙的工作原理

从图 8-4 中可以看出,代理服务器作为内部网络客户端的服务器,拦截住所有请求,也向客户端转发响应。代理客户机负责代表内部客户端向外部服务器发出请求,当然也向代理服务器转发响应。

(2)应用层网关防火墙。应用层网关(Application Level Gateways,ALG)防火墙是传统代理型防火墙,在网络应用层上建立协议过滤和转发功能。它针对特定的网络应用服务协议使用指定的数据过滤逻辑,并在过滤的同时对数据包进行必要的分析、登记和统计,形成报告。

应用层网关防火墙的工作原理如图 8-5 所示。

图 8-5　应用层网关防火墙的工作原理

应用层网关防火墙的核心技术就是代理服务器技术,它是基于软件的,通常安装在专用工作站系统上。这种防火墙通过代理技术参与到一个 TCP 连接的全过程,并在网络应用层上建立协议过滤和转发功能,因此,又称为应用层网关。

当某用户(不管是远程的还是本地的)想和一个运行代理的网络建立联系时,此代理(应用层网关)会阻塞这个连接,然后在过滤的同时对数据包进行必要的分析、登记和统计，形成检查报告。如果此连接请求符合预定的安全策略或规则，代理防火墙便会在用户和服务器之间建立一个"桥"，从而保证其通信。对不符合预定安全规则的，则阻塞或抛弃。换句话说，"桥"上设置了很多控制 ①。

　　同时，应用层网关将内部用户的请求确认后送到外部服务器，再将外部服务器的响应回送给用户。这种技术对 ISP 很常见，通常用于在 Web 服务器上高速缓存信息，并且扮演 Web 客户和 Web 服务器之间的中介角色。它主要保存 Internet 上那些最常用和最近访问过的内容，在 Web 上，代理首先试图在本地寻找数据；如果没有，再到远程服务器上去查找。为用户提供了更快的访问速度，并提高了网络的安全性。

　　应用层网关防火墙，其最主要的优点就是安全，这种类型的防火墙被网络安全专家和媒体公认为是最安全的防火墙。由于每一个内外网络之间的连接都要通过代理的介入和转换，通过专门为特定的服务编写的安全化的应用程序进行处理，然后由防火墙本身提交请求和应答，没有给内外网络的计算机以任何直接会话的机会，因此，避免了入侵者使用数据驱动类型的攻击方式入侵内部网络。从内部发出的数据包经过这样的防火墙处理后，可以达到隐藏内部网结构的作用；而包过滤类型的防火墙是很难彻底避免这一漏洞的 ②。

　　应用层网关防火墙同时也是内部网与外部网的隔离点，起着监视和隔绝应用层通信流的作用，它工作在 OSI 模型的最高层，掌握着应用系统中可用作安全决策的全部信息。

　　代理防火墙的最大缺点就是速度相对比较慢，当用户对内外网络网关的吞吐量要求比较高时，代理防火墙就会成为内外网络之间的瓶颈。幸运的是，目前用户接入 Internet 的速度一般都远低于这个数字。在现实环境中，也要考虑使用包过滤类型防火墙来满足速度要求的情况，大部分是高速网之间的防火墙。

　　（3）电路级网关防火墙。电路级网关（Circuit Level Gateway，CLG）或 TCP 通道（TCP Tunnels）防火墙。在电路级网关防火墙中，数据包被提交给用户的应用层进行处理，电路级网关用来在两个通信的终点之间转换数据包，原理图如图 8-6 所示 ③。

---

① 　宋成明，赵文，常浩．计算机网络安全原理与技术研究 [M]．北京：中国水利水电出版社，2015．
② 　蔡立军．网络安全技术 [M]．北京：北京交通大学出版社，2006．
③ 　蔡立军，李立明，李峰．计算机网络安全技术 [M]．北京：中国水利水电出版社，2002．

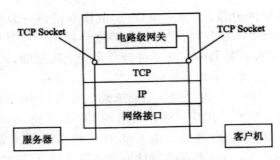

图 8-6 电路级网关

　　电路级网关是建立应用层网关的一个更加灵活的方法。它是针对数据包过滤和应用网关技术存在的缺点而引入的防火墙技术,一般采用自适应代理技术,也称为自适应代理防火墙。

　　在电路层网关中,需要安装特殊的客户机软件。组成这种类型防火墙的基本要素有两个,即自适应代理服务器(Adaptive Proxy Server)与动态包过滤器(Dynamic Packet Filter)。在自适应代理与动态包过滤器之间存在一个控制通道。

　　在对防火墙进行配置时,用户仅仅将所需要的服务类型和安全级别等信息通过相应 Proxy 的管理界面进行设置就可以了。然后,自适应代理就可以根据用户的配置信息,决定是使用代理服务从应用层代理请求还是从网络层转发数据包。如果是后者,它将动态地通知包过滤器增减过滤规则,满足用户对速度和安全性的双重要求。因此,它结合了应用层网关防火墙的安全性和包过滤防火墙的高速度等优点,在毫不损失安全性的基础之上将代理型防火墙的性能提高 10 倍以上[①]。

　　电路层网关防火墙的工作原理如图 8-7 所示。

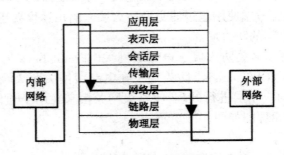

图 8-7 电路级网关防火墙的工作原理

① 梁亚声,汪永益,刘京菊,等.计算机网络安全教程[M].北京:机械工业出版社,2016.

电路级网关防火墙的特点是将所有跨越防火墙的网络通信链路分为两段。防火墙内外计算机系统间应用层的"链接"由两个终止代理服务器上的"链接"来实现,外部计算机的网络链路只能到达代理服务器,从而起到了隔离防火墙内外计算机系统的作用。

此外,代理服务也对过往的数据包进行分析、注册登记,形成报告,同时当发现被攻击迹象时会向网络管理员发出警报,并保留攻击痕迹[①]。

8.2.3 配置防火墙的网桥模式功能

8.2.3.1 实验的设备与拓扑图

RG–WALL150 防火墙(1 台),路由器 R2624 (1 台),三层交换机 RG–S3550 (1 台)。实验的拓扑图如图 8–8 所示。

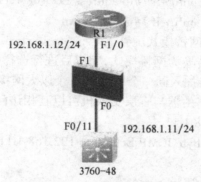

图 8–8　实验的拓扑图

8.2.3.2 实验步骤

步骤 1 : 路由器基本配置。

Red–Giant>enable

Red–Giant#conf t

Red–Giant (config)#hostname R1

R1 (config)#line vty 04

R1 (config–line)#login

R1 (config–iine)#password star

---

① 赵满旭,王建新,李国奇 . 网络基础与信息安全技术研究 [M]. 北京:中国水利水电出版社,2014.

R1（config-line）#exit

R1（config）#enable password star

R1（config）#interface fastethernet 1/0

R1（config-if）#ip address l92.168.1.12 255.255.255.0

R1（config-if）#no shutdown

步骤 2：交换机基本配置。

RG-3760-48（config）#vlan 11

RG-3760-48（config-vlan）#exit

RG-3760-48（config）#interface fastethernet 0/11

RG-3760-48（config-if）#switchport access vlan 11

RG-3760-48（config-if）#exit

RG-3760-48（config）#interface vlan 11

RG-3760-48（config-if）#ip address l92.168.1.11 255.255.255.0

RG-3760-48（config-if）#no shutdown

步骤 3：防火墙网桥模式配置。

首先将防火墙转换为网桥模式,完成后进行选择网卡的步骤。

然后将所有接口加入同一个桥组中,3 个以太网接口都加入桥组 0 中。

验证测试验证路由器与三层交换机可以互相访问。

R1#pinq 192.168.1.11

Sending 5,100-byte ICMP Echoes to 192.168.1.11.timeout is 2 sec onds：

<press Ctrl+C to break>

!!!!!

Success rate is 100 percent（5/5）,round-trip min/avq/max=1/1/1 ms

8.3 虚拟专用网技术

随着全球化步伐的加快和公司业务的增长,移动办公人员会越来越多,公司的客户关系也越来越庞大,这样的方案必然导致昂贵的线路租用费和长途电话费。在这种背景下,越来越多的企业欲把处于世界各地的分支机构、供应商和合作伙伴通过 Internet 连接在一起,以加强总部与各分支机构的联系,提高企业与供应商和合作伙伴之间的信息交换速度;使移动办公人员能在出差时访问总部的网络进行信息交换。人们便想到是否可以使用无处不在的 Internet 来构建企业自己的专用网络。这种需求就导致了虚拟专网概念的出现。

8.3.1 VPN 的概念

虚拟专用网(Virtual Private Network, VPN)是通过一个公用网络(通常是因特网)建立一个临时的、安全的连接,是一条穿过混乱的公用网络的安全、稳定的隧道。通常,VPN 是对企业内部网的扩展,通过它可以帮助远程用户、公司分支机构、商业伙伴及供应商同公司的内部网建立可信的安全连接,并保证数据的安全传输。

可以将 VPN 理解为:

(1)在 VPN 通信环境中,存取受到严格控制,只有被确认为是同一个公共体的内部同层(对等)连接时,才允许它们进行通信。而 VPN 环境的构建则是通过对公共通信基础设施的通信介质进行某种逻辑分割来实现的。

(2)VPN 通过共享通信基础设施为用户提供定制的网络连接服务,这种定制的连接要求用户共享相同的安全性、优先级服务、可靠性和可管理性策略,在共享的基础通信设施上采用隧道技术和特殊配置技术措施,仿真点到点的连接。

8.3.2VPN 的关键技术

由于传输的是私有信息,VPN 用户对数据的安全性都比较关心。目前,VPN 主要采用 5 项技术来保证安全,这 5 项技术分别是隧道技术、加解密技术、密钥管理技术、认证技术、安全工具与客户端管理。

8.3.2.1 隧道技术

隧道技术是 VPN 的基本技术,它在公用网上建立一条数据通道(隧道),让数据包通过这条隧道进行传输。隧道是由隧道协议构建的,常用的有第二、三层隧道协议。第二层隧道协议首先把各种网络协议封装到 PPP 中,再把整个数据包装入隧道协议中。这种双层封装方法形成的数据包靠第 2 层协议进行传输。第二层隧道协议有 L2F、PPTP、L2TP 等。L2TP 是由 PPTP 与 L2F 融合而成,目前它已经成为 IETF 的标准。

第三层隧道协议把各种网络协议直接装入隧道协议中,形成的数据包依靠第 3 层协议进行传输。第三层隧道协议有 GRE、VTP、IPSec 等。

IPSec 是由一组 RFC 文档描述的安全协议,它定义了一个系统来选择 VPN 所用的密码算法,确定服务所使用密钥等服务,从而在 IP 层提供安全保障 [①]。

8.3.2.2 加解密技术

在 VPN 中为了保证重要的数据在公共网上传输时的安全,采用了加密机制。IPSec 通过 ISAKMP/IKE/Oakley 协商确定几种可选的数据加密方法,如 DES、3DES。

在一个 WLAN 客户端使用一个 VPN 隧道时,数据通信保持加密状态,直到它到达 VPN 网关,此网关位于无线访问点之后,如图 8-9 所示。

图 8-9　VPN 为无线通信提供安全加密隧道

由于 VPN 对从 PC 到位于公司网络核心的 VPN 网关之间的整个连接加密,所以 PC 和访问点(AP)之间的无线网络部分也被加密。VPN 连接可以借助于多种凭证进行管理,包括口令、证书、智能卡等,这是保证企业级无线网络安全的又一个重要方法。

8.3.2.3 密钥管理技术

密钥管理技术主要任务是如何在公共数据网中安全地传输密钥而不被盗取。它包括从密钥的产生到密钥的销毁的各个方面,主要表现于管理体制、管理协议和密钥的产生、分配、更换和注入等。对于军用计算机网络系统,由于用户机动性强,隶属关系和协同作战指挥等方式复杂,因此,对密钥管理提出了更高的要求 [②]。

现行密钥管理技术又分为 SKIP 与 ISAKMP/OAKLEY 两种。因特网简单密钥交换协议(Simple Key Exchange Internet Protocol,SKIP)主要是利用 Diffie-Hellman 的演算法则,在网络上传输密钥;因特网安全关联和关密钥的管理协议 ISAKMP(Internet Security Association and Key

① 赵满旭,王建新,李国奇.网络基础与信息安全技术研究 [M].北京:中国水利水电出版社,2014.

② 龚捷,曾兆敏,谈潘攀,等.网络信息安全原理与技术研究 [M].北京:中国水利水电出版社,2015.

Management Protocol）定义了程序和信息包格式来建立、协商、修改和删除安全连接（SA）。SA 包括了各种网络安全服务执行所需的所有信息，这些安全服务包括 IP 层服务（如头认证和负载封装）、传输或应用层服务，以及协商流量的自我保护服务等。ISAKMP 定义包括交换密钥生成和认证数据的有效载荷。Oakley 协议（Oakley Key Determination），其基本的机理是 Diffie-Hellman 密钥交换算法。OAKLEY 协议支持完整转发安全性，用户通过定义抽象的群结构来使用 Diffie-Hellman 算法，密钥更新，及通过带外机制分发密钥集，并且兼容用来管理 SA 的 ISAKMP 协议。在 ISAKMP 中，双方都有两把密钥，分别用于公用、私用。

8.3.2.4 认证技术

认证技术可以防止数据被伪造和篡改，它采用一种称为摘要的技术。摘要技术主要采用 HASH 函数，将一段长的报文通过函数变换，映射为一段短的报文，即摘要。由于 HASH 函数的特性，两个不同的报文具有相同的摘要几乎是不可能的。该特性使得摘要技术在 VPN 中有两个用途：验证数据的完整性和进行用户认证。

（1）验证数据的完整性。发送方将数据报文和报文摘要一起发送，接收方重新计算报文摘要并与发来的报文摘要进行比较，相同则说明数据报文未经修改。由于在报文摘要的计算过程中，一般是将一个双方共享的秘密信息连接上实际报文，一起参与摘要的计算，不知道秘密信息将很难伪造一个匹配的摘要，从而保证了接收方可以辨认出伪造或篡改过的报文[1]。

（2）进行用户认证。用户认证功能实际上是验证数据的完整性功能的延伸。当一方希望验证对方，但又不希望验证秘密在网络上传送时，一方可以发送一段随机报文，要求对方将秘密信息连接上该报文，做摘要后发回。接收方可以通过验证摘要是否正确来确定对方是否拥有秘密信息，从而达到验证对方的目的。

8.3.2.5 安全工具与客户端管理

（1）安全工具。虚拟化安全工具包括 IBM 的 Tivoli Access Manager、Cisco 的防火墙工具以及 Symantec 的入侵检测系统（IDS）管理工具。

---

[1]　邹琴琴，王久宏，李敏，等.计算机网络技术的深入剖析 [M].北京：中国水利水电出版社，2017.

Reflex Security 的 Virtual Security Appliance（VSA）是少数需要引起关注的产品之一，它对虚拟入侵检测系统很有效，在虚拟机所在的物理箱中为其添加了一层安全策略，可以防止虚拟机免遭攻击[①]。

还有一些虚拟化安全工具，如 Plate Spin 是一个从物理到虚拟的工作负荷转换和管理工具；Vizioncore 是一个文件层次备份工具；Akorri 是一个绩效管理和工作负荷平衡的工具。

（2）客户端管理。目前，有很多用户喜欢在电脑上使用虚拟机来区分公事与私事。有人使用 VMware Player 来运行多重系统，如使用 Linux 作为基本系统，而在 Windows 应用上创建虚拟机。如果允许用户在电脑上安装虚拟机，可用 VMware Lab Manager 和其他管理工具帮助 IT 管理者控制并监管虚拟机。

在信息化建设快速发展的今天，企业利用 VPN 也成为一种必然趋势，只有切实消除 VPN 的安全隐患，VPN 才能更好地发挥作用[②]。

8.3.3 VPN 的隧道协议

目前，Internet 上较为常见的隧道协议分为第二层隧道协议和第三层隧道协议两种。第二层隧道协议主要包括 PPTP、L2F 和 L2TP，第三层隧道协议主要包括 GRE 和 IPSec。现择要介绍。

8.3.3.1 第二层隧道协议[③]

（1）L2F。L2F（第二层转发协议）用于建立跨越公共网络（如因特网）的安全隧道来将 ISP POP 连接到企业内部网关。这个隧道建立了一个用户与企业客户网络间的虚拟点对点连接。L2F 是 Cisco 公司提出的，可以在多种介质（如 ATM、FR、IP）上建立多协议的安全 VPN 的通信方式。它将链路层的协议（如 HDLC、PPP、ASYNC 等）封装起来传送，因此，网络的链路层完全独立于用户的链路层协议。该协议 1998 年提交给 IETF，成为 RFC 2341。

L2F 远端用户能够通过任何拨号方式接入公共 IP 网络。首先，按常

---

① 邹琴琴，王久宏，李敏，等.计算机网络技术的深入剖析[M].北京：中国水利水电出版社，2017.

② 孙亮，王槐源，程林钢.现代网络工程设计与应用研究[M].北京：中国水利水电出版社，2014.

③ 宋成明，赵文，常浩.计算机网络安全原理与技术研究[M].北京：中国水利水电出版社，2015.

规方式拨号到 ISP 的接入服务器（NAS），建立 PPP 连接；NAS 根据用户名等信息发起第二次连接，呼叫用户网络的服务器，这种方式下，隧道的配置和建立对用户是完全透明的。

设计 L2F 协议的初衷是出于对公司职员异地办公的支持。一个公司职员若因业务需要而离开总部，在异地办公时往往需要对总部某些数据进行访问。如果按传统的远程拨号访问，职员必须与当地 ISP 建立联系，并具有自己的账户，然后由 ISP 动态分配全球注册的 IP 地址，才可能通过因特网访问总部数据。但是，总部防火墙往往会对外部 IP 地址进行访问控制，这意味着该职员对总部的访问将受到限制，甚至不能进行任何访问，因此，使得职员异地办公极为不便。使用 L2F 协议进行虚拟拨号，情况就不一样了。它使得封装后的各种非 IP 协议或非注册 IP 地址的分组能在因特网上正常传输，并穿过总部防火墙，使得诸如 IP 地址管理、身份鉴别及授权等方面与直接本地拨号一样可控。

通过 L2F 协议，用户可以通过因特网远程拨入总部进行访问，这种虚拟拨入具有以下几个特性。

①无论是远程用户还是位于总部的本地主机都不必因为使用该拨号服务而安装任何特殊软件，只有 ISP 的 NAS 和总部的本地网关才安装有 L2F 服务，而对远程用户和本地主机，拨号的虚拟连接是透明的。

②对远程用户的地址分配、身份鉴别和授权访问等方面，对总部而言都与专有拨号一样可控。

③ISP 和用户都能对拨号服务进行记账（如拨号起始时间、关闭时间、通信字节数等）以协调费用支持。

（2）L2TP。第二层隧道协议（Layer Two Tunneling Protocol，L2TP）是 PPTP 和第二层转发（L2F）两种技术的结合。为了避免 PPTP 和 L2F 两种互不兼容的隧道技术在市场上彼此竞争从而给用户带来不方便，IETF 要求将两种技术结合在单一隧道协议中，并在该协议中综合 PPTP 和 L2F 两者的优点，由此产生了 L2TP。

L2TP 是由 Cisco、Ascend、Microsoft、3Com 和 Bay 等厂商共同制订的，1999 年 8 月公布了 L2TP 的标准 RFC2661。上述厂商现有的 VPN 设备已具有 L2TP 的互操作性。

L2TP 将 PPP 帧封装后，可通过 TCP/IP、X.25、帧中继或 ATM 等网络进行传送。目前，仅定义了基于 IP 网络的 L2TP。在 IP 网络中 L2TP 采用 UDP 封装和传送 PPP 帧。L2TP 隧道协议可用于 Internet，也可用于其他企业专用 Intranet 中。

IP 网上的 L2TP 不仅采用 UDP 封装用户数据，还通过 UDP 消息对隧道进行维护。PPP 帧的有效载荷即用户传输数据,可以经过加密、压缩或两者的混合处理。L2TP 隧道维护控制消息和隧道化用户传输数据具有相同的包格式。

与 PPTP 类似, L2TP 假定在 L2TP 客户机和 L2TP 服务器之间有连通且可用的 IP 网络。因此,如果 L2TP 客户机本身已经是某 IP 网络的组成部分,则可通过该 IP 网络与 L2TP 服务器取得连接;而如果 L2TP 客户机尚未连入网络,譬如在 Internet 拨号用户的情形下, L2TP 客户机必须首先拨打 NAS 建立 IP 连接。这里所说的 L2TP 客户机即使用 L2TP 的 VPN 客户机,而 L2TP 服务器即使用 L2TP 的 VPN 服务器。

创建 L2TP 隧道时必须使用与 PPP 连接相同的认证机制,如 EAP、MS-CHAP、CHAP、SPAP 和 PAP。基于 Internet 的 L2TP 服务器即使用 L2TP 的拨号服务器,它的一个接口在外部网络 Internet 上,另一个接口在目标专用网络 Intranet 上。

在安全性考虑上, L2TP 仅仅定义了控制包的加密传输方式,对传输中的数据并不加密。因此, L2TP 并不能满足用户对安全性的需求,如果需要安全的 VPN,则依然需要 IPSec。

8.3.3.2 第三层隧道协议

(1)IPSec。IPSec(Security Architecture for IP Network)是在 IPv6 的制定过程中产生,用于提供 IP 层的安全性。由于所有支持 TCP/IP 的主机在进行通信时都要经过 IP 层的处理,所以提供了 IP 层的安全性就相当于为整个网络提供了安全通信的基础。鉴于 IPv4 的应用仍然很广泛,所以后来在 IPSec 的制定中也增添了对 IPv4 的支持。

IPSec 标准最初由 IETF 于 1995 年制定,但由于其中存在一些未解决的问题,从 1997 年开始 IETF 又开展了新一轮的 IPSec 标准的制定工作,1998 年 11 月,主要协议已经基本制定完成。由于这组新的协议仍然存在一些问题,IETF 将来还会对其进行修订[1]。

IPSec 所涉及的一系列 RFC 标准文档如下。

① RFC 2401: IPSec 系统结构。

② RFC 2402: 认证首部协议(AH)。

③ RFC 2406: 封装净荷安全协议(ESP)。

④ RFC 2408: Internet 安全联盟和密钥管理协议(ISAKMP)。

---

[1] 李瑛,杨闯.计算机网络操作系统 WINDOWS SERVER 2003 的管理与配置 [M]. 北京: 北京航空航天大学出版社, 2007.

⑤ RFC 2409：Internet 密钥交换协议（IKE）。

⑥ RFC 2764：基本框架文档。

⑦ RFC 2631：Diffie-Hellman 密钥协商方案。

⑧ RKEME。

虽然 IPSec 是一个标准，但它的功能却相当有限。它目前还支持不了多协议通信功能或者某些远程访问所必需的功能，如用户级身份验证和动态地址分配等。为了解决这些问题，供应商们各显神通，使 IPSec 在标准之外多出了许多种专利和许多种因特网扩展提案。微软公司走的是另外一条完全不同的路线，它只支持 L2TP over IPSec。

即使能够在互操作性方面赢得一些成果，可要想把多家供应商的产品调和在一起还是困难重重——用户的身份验证问题、地址的分配问题及策略的升级问题，每一个都非常复杂，而这些还只是需要解决的问题的一小部分。

尽管 IPSec 的 ESP 和报文完整性协议的认证协议框架已趋成熟，IKE 协议也已经增加了椭圆曲线密钥交换协议，但由于 IPSec 必须在端系统的操作系统内核的 IP 层或网络节点设备的 IP 层实现，因此，需要进一步完善 IPSec 的密钥管理协议 [①]。

IPSec 主要由认证头（AH）协议、封装安全载荷（ESP）协议以及负责密钥管理的 Internet 密钥交换（IKE）协议组成，各协议之间的关系如图 8-10 所示。

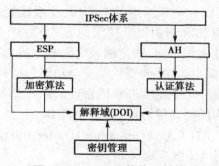

图 8-10　IPSec 的体系结构

下面对其主要组成部分进行讨论。

① IPSec 体系。它包含了一般的概念、安全需求、定义和定义 IPSec 的技术机制。

① 　赵满旭，王建新，李国奇.网络基础与信息安全技术研究 [M].北京：中国水利水电出版社，2014.

② AH 协议和 ESP 协议。它们是 IPSec 用于保护传输数据安全的两个主要协议，都能增加 IP 数据报的安全性。将在后面进行详细论述。

③解释域（DOI）。为了使 IPSec 通信双方能够进行交互，它们必须理解 AH 协议和 ESP 协议载荷中各字段的取值，因此，通信双方必须保持对通信消息相同的解释规则，即应持有相同的解释域（DOI）。IPSec 至少已给出了两个解释域：IPSec DOI 和 ISAKMP DOI，它们各有不同的使用范围。解释域定义了协议用来确定安全服务的信息、通信双方必须支持的安全策略、规定所提议的安全服务时采用的句法、命名相关安全服务信息时的方案，包括加密算法、密钥交换算法、认证机构和安全策略特性等。

④加密算法和认证算法。AH 涉及认证算法，ESP 涉及这两种算法。加密算法和认证算法在协商过程中，通过使用共同的 DOI，具有相同的解释规则。ESP 和 AH 所使用的各种加密算法和认证算法由一系列 RFC 文档规定，而且随着密码技术的发展，不断有新的算法可以用于 IPSec，因此，有关 IPSec 中加密算法和认证算法的文档也在不断增加和发展。

⑤密钥管理。IPSec 密钥管理主要由 IKE 协议完成。IKE 过程是一种 IETF 标准的安全关联和密钥交换解析的方法。Internet 密钥交换（IKE）是一种混合协议，它为 IPSec 提供实用服务（IPSec 双方的鉴别、IKE 和 IPSec 安全关联的协商），以及为 IPSec 所用的加密算法建立密钥。它使用了三个不同协议的相关部分：Internet 安全关联和密钥交换协议（ISAKMP）、Oakley 密钥确定协议和 SKEME。

总之，IPSec 可以在主机或网关上实现，使系统能选择所需要的安全机制、决定使用的算法和密钥以及使用的方式，在 IP 层提供所要求的安全服务。IPSec 能在主机之间、安全网关之间或主机与安全网关之间对一条或多条路径提供保护。IPSec 提供的安全功能包括访问控制、无连接完整性、数据起源认证、抗重放攻击和机密性。由于这些安全服务是在 IP 层提供的，所以可为任何高层协议，如 TCP、UDP、ICMP、BGP 等使用。

（2）AH 协议。AH（Authentication Header）协议用来防御中间人攻击。RFC 2401 将 AH 服务定义如下。

①非连接的数据完整性校验。

②数据源点认证。

③可选的抗重放服务。

验证头不提供机密性保证，所以它不需要加密器，但是它依然需要身份验证器提供数据完整性验证。下面给出了 AH 的格式，如图 8-11 所示。

下一个负载头	有效负载长度	保　留
安全参数索引（SPI）		
序列号		
认证数据		

图 8-11　AH 的格式

①下一负载头：占 8 位，标识 AH 后下一个有效负载的类型。在传输模式下，它是处于保护中的上层协议的值，比如 UDP 或 TCP 协议的值。在隧道模式下，它是值 4，表示 IP-in-IP（IPv4）封装或 IPv6 封装的值 41。

②有效负载长度：占 8 位，指明了 AH 的长度。AH 头是一个 IPv6 扩展头，按照 RFC 2460 规定，它的长度是从 64 位字表示的头长度中减去一个 64 位字而来的。但 AH 采用 32 位字来计算。

③保留：占 16 位，供将来使用。AH 规范 RFC 2402 规定这个字段应被置为 0。

④安全参数索引（SPI）：占 32 位，它与目的 IP 地址、安全协议结合在一起唯一地标识用于此数据项的安全联盟。

⑤序列号：占 32 位，是一个无符号单向递增的计算器，是一个单调增加的 32 位无符号整数计数值，主要作用是提供抗重放攻击服务。

⑥认证数据：包含数据报的认证数据，该认证数据被称为数据报的完整性校验值（ICV），其字段是一个不固定的长度字段[1]。

（3）ESP 协议。ESP（Encapsulating Security Payload）协议主要用于对 IP 数据包进行加密，此外也对认证提供某种程度的支持。ESP 独立于具体的加密算法，几乎可以支持各种对称密钥加密算法，如 DES、TripleDES 和 RC5 等。为了保证各种 IPSec 实现之间的互操作性，目前要求 ESP 必须支持 56 位密钥长度的 DES 算法。ESP 的格式如图 8-12 所示。

（4）IKE 协议。Internet 密钥交换协议（Internet Key Exchange, IKE）用于动态建立安全关联（Security Association, SA）。由 RFC 2409 描述的 IKE 属于一种混合型协议。它汲取了 ISAKMP、Oakley 密钥确定协议及 SKEME 的共享密钥更新技术的精华，从而设计出独一无二的密钥协商和动态密钥更新协议。

此外，IKE 还定义了两种密钥交换方式。IKE 使用两个阶段的 ISAKMP，即在第一阶段，通信各方彼此间建立一个已通过身份验证和安

---

[1]　范红，冯登国. 安全协议理论与方法 [M]. 北京：科学出版社，2003.

全保护的通道,即建立 IKE 安全关联;在第二阶段,利用这个既定的安全关联为 IPSec 建立安全通道。

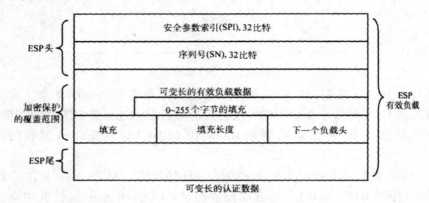

图 8-12　ESP 的格式

IKE 定义了两个阶段,即阶段 1 交换和阶段 2 交换。Oakley 定义了三种模式,分别对应 ISAKMP 的三个阶段:快速模式、主模式和野蛮模式。在阶段 1 交换,IKE 采用的是身份保护交换(“主模式”交换),以及根据 ISAKMP 文档制定的“野蛮模式”交换;在阶段 2 交换,IKE 则采用了一种“快速模式”交换。

ISAKMP 通过 IKE 对以下几种密钥交换机制提供支持:

①预共享密钥(PSK)。

②公钥基础设施(PKI)。

③ PSec 实体身份的第三方证书。

预共享密钥(Preshared Secret Key, PSK)机制实质上是一种简单的口令方法。在 IPSec VPN 网关上预设常量字符串,通信双方据此共享秘密实现相互认证。

总之,IKE 可以动态地建立安全关联和共享密钥。IKE 建立安全关联的实现极为复杂。一方面,它是 IPSec 协议实现的核心;另一方面,它也很可能成为整个系统的瓶颈。进一步优化 IKE 程序和密码算法是实现 IPSec 的核心问题之一。

8.3.3.3 其他隧道协议

(1)SSL VPN。安全套接字层(Secure Sockets Layer, SSL),它是网景(Netscape)公司提出的基于 Web 应用的安全协议,当前版本为 3.0。SSL 指定了一种在应用程序协议(如 HTTP、Telnet、NMTP 和 FTP 等)和

TCP/IP 之间提供数据安全性分层的机制,它为 TCP/IP 连接提供数据加密、服务器认证、消息完整性以及可选的客户机认证。它已被广泛地用于 Web 浏览器与服务器之间的身份认证和加密数据传输。SSL 协议位于 TCP/IP 协议与各种应用层协议之间,为数据通信提供安全支持[1]。

SSL VPN 的实现主要依靠以下三种协议的支持。

①握手协议。握手协议建立在可靠的传输协议之上,为高层协议提供数据封装、压缩和加密等基本功能的支持。这个协议负责被用于协商客户机和服务器之间会话的加密参数。当一个 SSL 客户机和服务器第一次通信时,它们首先要在选择协议版本上达成一致,选择加密算法和认证方式,并使用公钥技术来生成共享密钥。

②记录协议。SSL 记录协议建立在 TCP/IP 之上,用于在实际数据传输开始前通信双方进行身份认证、协商加密算法和交换加密密钥等。发送方将应用消息分割成可管理的数据块,然后与密钥一起进行杂凑运算,生成一个消息认证代码(Message Authentication Code, MAC),最后将组合结果进行加密并传输。接收方接收数据并解密,校验 MAC,并对分段的消息进行重新组合,把整个消息提供给应用程序。SSL 记录协议如图 8-13 所示[2]。

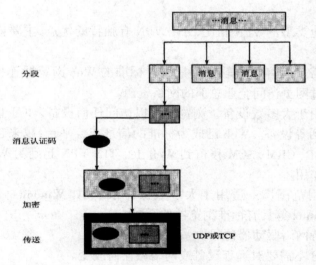

图 8-13　SSL 记录协议

①　龚捷, 曾兆敏, 谈潘攀, 等. 网络信息安全原理与技术研究 [M]. 北京: 中国水利水电出版社, 2015.
②　刘建伟, 王育民. 网络安全技术与实践 [M].2 版. 北京: 清华大学出版社, 2011.

③警告协议。警告协议用于提示何时 TLS 协议发生了错误,或者两个主机之间的会话何时终止。只有在 SSL 协议失效时告警协议才会被激活。

SSL VPN 有两种接入方式,即无客户端方式和瘦客户端方式。

无客户端是指通过 IE 浏览器实现内容重写和应用翻译。实现机制有以下 4 个方面。

①通过动态翻译 Web 内容中内嵌的 URL 连接,使之指向 SSL VPN 网关虚拟门户。

②重写内嵌在 HTML 页面中 Javascript、Cookie 的 URL 连接。

③重写 Web Server 的回应,使之符合 Internet 标准格式。

④扩展到一些非 Web 应用,如文件共享访问。

无客户端方式支持的应用类型可以是 Web 方式也可以是文件共享。通过 Web 方式可以访问企业的 Web 应用、Web 资源如 Outlook Web Access 等。文件共享是指可以通过浏览器访问内部文件系统,浏览目录、下载和上传文件 UNIX（NFS）文件、Windows（SMB/CIFS）文件等。

瘦客户端方式是指客户端作为代理实现端口转发,但是 SSL VPN 客户端是自动下载的,所以对客户而言是透明的。瘦客户端支持的应用类型是所有基于固定端口的 TCP 应用,如 Exchange/Lotus Notes、E-mail、Telnet 等。

与其他类型的 VPN 相比,SSL VPN 有独特的优点,主要体现在以下几个方面。

①无需安装客户端软件。只需要标准的 Web 浏览器连接 Internet,即可以通过网页访问企业总部的网络资源。

②适用于大多数设备。浏览器可以访问任何设备,如可上网的 PDA 和蜂窝电话等设备。Web 已成为标准的信息交换平台,越来越多的企业开始将 ERP、CRM、SCM 移植到 Web 上。TLS VPN 起到为 Web 应用保驾护航的作用。

③适用范围广。适用于大多数操作系统,如 Windows、Macintosh、UNIX 和 Linux 等具有标准浏览器的系统。

④支持网络驱动器访问。

⑤ LLS 不需要对远程设备或网络做任何改变。

⑥较强的资源控制能力:基于 Web 的代理访问,可对远程访问用户实施细粒度的资源访问控制。

⑦费用低且具有良好的安全性。

⑧可以绕过防火墙和代理服务器进行访问,而 IPSec VPN 很难做到这一点。

⑨ TTL 加密已经内嵌在浏览器中,无需增加额外的软件。

（2）MPLS VPN。多协议标签交换（Multiprotocol Label Switch, MPLS）吸收了 ATM 的一些交换的思想,无缝地集成了 IP 路由技术的灵活性和二层交换的简捷性。在面向无连接的 IP 网络中增加了 MPLS 这种面向连接的属性,通过采用 MPLS 建立"虚连接"的方法为 IP 网增加了一些管理和运营的手段。

MPLS 由 Cisco 的标签交换技术演变而来,已成为 IETF 的标准协议,是标签转发的典范。与传统的网络层技术相比,它引入了以下一些新概念。

① 转发等价类。MPLS 作为一种分类转发技术,将具有相同转发处理方式的分组归为一类,称为转发等价类（Forwarding Equivalence Class, FEC）。相同转发等价类的分组在 MPLS 网络中将获得完全相同的处理。

转发等价类的划分方式非常灵活,可以是源地址、目的地址、源端口、目的端口、协议类型、VPN 等的任意组合。

② 标签。标签是一个长度固定、只具有本地意义的短标志符,用于唯一标志一个分组所属的转发等价类（FEC）。在某些情况下,例如,要进行负载分担,对应一个 FEC 可能会有多个标签,但是一个标签只能代表一个 FEC。

标签由报文的头部所携带,不包含拓扑信息,只具有局部意义。标签的长度为 4 个字节,标签共有 4 个域。

标签与 ATM 的 VPI/VCI 以及 Frame Relay 的 DLCI 类似,是一种连接标志符。如果链路层协议具有标签域,则标签封装在这些域中;如果不支持,则标签封装在链路层和 IP 层之间的一个垫层中。这样,标签能够被任意的链路层所支持。

③ 标签交换路由器。标签交换路由器（Label Switching Router, LSR）是 MPLS 网络中的基本元素,所有 LSR 都支持 MPLS 协议。

LSR 由两部分组成,即控制单元和转发单元。控制单元负责标签的分配、路由的选择、标签转发表的建立、标签交换路径的建立、拆除等工作;而转发单元则依据标签转发表对收到的分组进行转发。

④ 标签交换路径。一个转发等价类在 MPLS 网络中经过的路径称为标签交换路径（Label Switched Path, LSP）。LSP 在功能上与 ATM 和 Frame Relay 的虚电路相同,是从入口到出口的一个单向路径。LSP 中的每个节点由 LSR 组成。

⑤ 标签发布协议。标签发布协议是 MPLS 的控制协议,它相当于传统网络中的信令协议,负责 FEC 的分类、标签的分配以及 LSP 的建立和维护等一系列操作。

MPLS VPN 的工作原理如下。

①网络自动生成路由表。标记分配协议（LDP）、使用路由表中的信息建立相邻设备的标记值、创建标记交换路径（LSP）、预先设置与最终目的地之间的对应关系。

②将连续的网络层数据包看作"流"，MPLS 边界节点可以首先通过传统的网络层数据转发方式接收这些数据包；边缘 LSR 通过一定的标记分配策略来决定需要哪种第三层服务，如 QoS 或带宽管理。基于路由和策略的需求，有选择地在数据包中加入一个标记，并把它们转发出去。

③当加入标记的链路层数据包在 MPLS 域中转发时，就不再需要经过网络层的路由选择，而由标记交换路径（LSP）上的 MPLS 节点在链路层通过标记交换进行转发。LSR 读取每一个数据包的标记，并根据交换表替换一个新值，直至标记交换进行到 MPLS 边界节点[①]。

④加入标记的链路层数据包在将要离开此 MPLS 域时，有以下两种情况：

一是 MPLS 边界节点的下一跳为非 MPLS 节点。此时带有标记的链路层数据包将采用传统的网络层分组转发方法，先经过网络层的路由选择，再继续向前转发，直至到达目的节点。

二是 MPLS 边界节点的下一跳为另一 MPLS 域的 MPLS 边界节点。此时可以采用"标记栈"（Label Stack）技术，使数据包仍然以标记交换方式进行链路层转发，进入邻接的 MPLS 域。

8.4　入侵检测技术

计算机网络现已渗透到人们的工作和生活当中，随之而来的非法入侵和恶意破坏也越发猖獗。原有的静态、被动的安全防御技术已经不能满足对安全要求较高的网络，一种动态的安全防御技术——入侵检测技术应运而生。

入侵是指在非授权的情况下，试图存取信息、处理信息或破坏系统以使系统不可靠、不可用的故意行为。网络入侵通常是指掌握了熟练编写和调试计算机程序的技巧，并利用这些技巧来进行非法或未授权的网络访问或文件访问、入侵公司内部网络的行为。早先站在入侵者的角度把

---

① 刘建伟，王育民．网络安全技术与实践［M］.3 版．北京：清华大学出版社，2005.

对计算机的非授权访问称为破解。随着非法入侵的大量增多,从被入侵者角度出发的用以发现对计算机进行非授权访问的行为称为入侵检测。

8.4.1 入侵检测的基本概念

入侵检测(intrusiondetection, ID)就是通过从计算机网络或计算机系统中的若干关键点收集信息并对其进行分析,从中发现网络或系统中是否有违反安全策略的行为和遭到攻击的迹象,同时做出响应的行为[1]。

入侵检测的过程分为以下两个步骤。

(1)信息收集,也称信息采集。收集的内容包括系统、网络、数据以及用户活动的状态和行为。需要从计算机网络系统中的若干不同关键点(不同网段和不同主机)收集信息,这除了尽可能扩大检测范围的因素外,还有一个重要的因素就是从一个源来的信息有可能看不出疑点,但从几个源来的信息的不一致性却是可疑行为或入侵的标识。入侵检测一般从系统和网络日志、文件目录和文件中的不期望改变,程序执行中的不期望行为和物理形式的入侵等方面进行信息采集。

(2)数据分析。数据分析是入侵检测的核心,在这一阶段,入侵检测利用各种检测技术处理步骤(1)中收集到的信息,并根据分析结果判断检测对象的行为是否为入侵行为[2]。

8.4.2 入侵检测技术

8.4.2.1 简单模式匹配

简单模式匹配是将收集到的数据与入侵规则库(很多入侵描述匹配规则的集合)进行逐一匹配,从而发现其中包含的攻击特征。这个过程可以很简单,如通过字符串匹配来寻找一个简单的条目或指令;也可以很复杂,如使用数学模型来表示安全的变化。

8.4.2.2 专家系统

专家系统是最早的误用检测技术,早期的入侵检测系统多使用这种技术。首先要把入侵行为编码成专家系统的规则,使用类似于 If⋯ then

① 李伟超 . 计算机信息安全技术 [M]. 长沙：国防科技大学出版社，2010.
② 王登友 . 基于神经网络的入侵检测研究 [D]. 厦门：厦门大学，2018.

的规则格式输入已有的知识(入侵检测模式)。

专家系统的优点在于把系统的推理控制过程和问题的最终解答分离,用户只需把系统看作一个自治的"黑匣子"。现在比较适用的方法是把专家系统与异常检测技术相结合使用,构成一个以已知的入侵规则为基础、可扩展的动态入侵检测系统,自适应地进行特征与异常检测 [①]。

8.4.2.3 遗传算法

遗传算法是一种优化技术,通过遗传算法可以进行特征或规则的提取和优化。它利用生物进化的概念进行问题的搜索,最终达到优化的目的。该算法在实施中,先对求解问题进行编码,产生初始群体,接着计算个体的适应度,再进行染色体复制、交换、突变等操作,便产生了新的个体。重复以上操作,直到求得最佳或较佳的个体。遗传算法在对异常检测的准确率和速度上有较大的优势,但主要的不足是不能在审计跟踪中精确地定位攻击,这一点和人工神经网络面临的问题相似 [②]。

8.4.2.4 人工神经网络

人工神经网络具有自学习、自适应的能力,只要提供系统的审计数据,人工神经网络就会通过自学习从中提取正常用户或系统活动的特征模式,避开选择统计特征的困难问题。它提出了对于基于统计方法的入侵检测技术的改进方向,目前还没有成熟的产品,但该方法大有前途,值得研究。其主要不足是不能为其检测提供任何令人信服的解释。

8.4.2.5 数据挖掘

数据挖掘采用的是以数据为中心的观点,它把入侵检测问题看作一个数据分析过程,从审计数据流或网络数据流中提取感兴趣的知识表示为概念、规则、规律、模式等形式,用这些知识去检测异常入侵和已知的入侵。具体的工作包括利用数据挖掘中的关联算法和序列挖掘算法提取用户的行为模式,利用分类算法对用户行为和特权程序的系统调用进行分类预测。

① 李伟超.计算机信息安全技术[M]长沙:国防科技大学出版社,2010.
② 张素娟,吴涛,朱俊东.网络安全与管理[M].北京:清华大学出版社,2012.

8.4.3 入侵检测技术存在的问题

目前,国内外 IDS 在产品和检测手段上都还不够成熟,主要存在如下的问题。

（1）误报和漏报。例如,异常检测通常采用统计方法来进行检测,而统计方法中的阈值难以有效确定,太小的值会产生大量的误报,太大的值又会产生大量的漏报。

（2）隐私和安全。IDS 可以收到网络上的所有数据,同时可以对其进行分析和记录,这对网络安全极其重要,但难免会对用户的隐私构成一定的威胁。

（3）被动分析与主动发现。IDS 是采取被动监听的方式发现网络问题的,无法主动发现网络中的安全隐患和故障,如何解决这个问题也是入侵检测产品面临的问题。另外,检测规则的更新总是落后于攻击手段的更新,从发现一个新的攻击到用户升级规则库之间有时间差,期间用户难免会受到入侵[①]。

（4）没有统一的测试评估标准。目前,市场上以及正在研发的 IDS 很多,各系统都有自己独特的检测方法,攻击描述方式以及攻击知识库还没有统一的标准。这增加了测试评估 IDS 的难度,因为很难建立一个统一的基准,所以也很难建立统一的测试方法。

---

① 张澎 . 基于量子遗传算法优化 BP 网络的入侵检测研究 [D]. 长沙：湖南大学,2009.

第 9 章　网络工程的规划与设计

现代社会是知识经济社会,是以计算机应用、卫星通信、光缆通信和数码技术等为标志的现代信息网络社会。目前,计算机网络已经广泛应用于学校、政府、军事、企业以及科学研究等各个领域。通过计算机网络,人们可以进行网上办公、网上购物、网络营销、网络资源共享以及开展协同工作等。

因为众多的网络应用,一个安全可靠的计算机网络平台的需求就十分必要,如何建立一个这样的计算机网络环境,是所有计算机网络技术人员都应该具备的知识和技能。建立一个计算机网络是一个涉及面广、技术复杂、专业性较强的系统工程,不同的用户对计算机网络的建设目标也不一样,这就需要根据用户的需求,科学地设计,采用工程化的理念,有序地完成网络建设任务。

网络工程是一门综合学科,涉及系统论、控制论、管理学、建筑学、计算机技术、网络技术、数据库技术和软件工程等各个领域。

简单地说,计算机网络工程就是组建计算机网络的工作,凡是与组建计算机网络有关的事情都可以归纳到计算机网络工程中来。根据网络系统集成商建设计算机网络的具体过程,可以将计算机网络工程定义如下:计算机网络工程就是根据用户单位的应用需求及具体情况,结合现代网络技术的发展水平及产品化的程度,采用工程的方法经过充分的需求分析和市场调研,确定网络建设方案,并依据网络建设方案有计划、按步骤地进行网络系统的总体建设过程。

网络工程是根据用户单位的需求及实际情况,结合现实网络技术的发展水平及产品化程度,经过充分的需求分析和市场调研,从而确定网络建设方案,再依据方案有计划有步骤实施的网络建设活动[1]。

网络工程实质上是将工程化的技术和方法应用到计算机网络系统中,即系统化、规范化、可度量地进行网络系统的设计、构造和维护的全过程。

---

[1] 孙亮,王槐源,程林钢.现代网络工程设计与应用研究 [M].北京:中国水利水电出版社,2014.

网络工程就是将工程化的技术和方法应用到计算机网络系统中。因此,网络工程不仅涉及计算机软件、硬件、操作系统、数据库技术、网络通信等多种技术问题,还涉及商务、企业管理等方面的内容。网络工程是一项综合性的技术活动,也是一项综合性的管理和商务活动,是一门研究网络系统规划、设计、管理及维护的综合性学科,它涉及计算机技术、网络技术、数据库技术、软件工程、管理学以及控制论等多个领域。

这就对网络工程技术人员提出了很高的要求:不仅要精通各个厂商的产品和技术,能够提出系统模式和技术解决方案。更要对用户的业务模式、组织结构等有较好的理解。同时还要能够用现代工程学和项目管理的方式,对计算机网络系统各个流程进行统一的进程和质量控制,并提供完善的服务[①]。

网络工程的层次结构如图 9-1 所示。

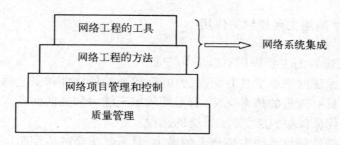

图 9-1　网络工程的层次结构

计算机网络工程是一项综合性的系统工程,它除了具备一般工程所具有的内涵和特点以外,还具有以下特点。

（1）计算机网络工程具有非常明确的建设目标。

（2）计算机网络工程要有详细的规划。

（3）计算机网络工程必须依据国际、国内、行业及地方等标准进行规范化建设。

（4）计算机网络工程要有完备的技术文档。

（5）计算机网络工程要有法定的或固定的责任人,要有完整的组织实施机构。

（6）计算机网络工程要有客观的监理和验收标准。

---

① 卓伟,李俊锋,李占波.网络工程实用教程[M].北京:机械工业出版社,2012.

9.1 网络规划与设计基础

网络规划是在用户需求分析和系统可行性论证的基础上,确定网络总体方案和网络体系结构的过程。网络规划直接影响到网络的性能和使用效果,一项网络工程能否既经济实用又兼顾长远发展,网络规划是关键的一环。网络规划工作通常包括初规划、详细规划和网络优化等内容。一个好的初规划要考虑到规划方案的经济性、灵活性和可扩展性,既要满足近期网络发展目标,同时要考虑到长期发展及新业务的推广。网络规划应当在用户需求分析和可行性分析的基础上产生。

9.1.1 网络工程规划的作用

网络规划的主要作用有以下几方面。
(1)保证网络系统具有完善的功能、较高的可靠性和安全性。
(2)具有先进的技术支持,有足够的扩充能力和灵活的升级能力。
(3)保质保量,按时完成系统的建设。
(4)能使网络系统发挥最大的潜力,具有扩大新的应用范围的能力。
(5)为网络的管理和维护以及人员培训提供最大限度的保证。

9.1.2 网络工程规划的目标

网络规划总体目标就是要明确采用哪些网络技术和网络标准,构筑一个满足哪些应用需求的多大规模的网络系统。如果网络工程分期实施,应明确分期工程的目标、建设内容、所需工程费用、时间和进度计划等。

要想规划一个好的网络,首先要明确网络规划目标,典型的网络规划目标包括以下几点。
(1)直接或间接地为企业增加收入和利润。
(2)加强合作交流,共享宝贵的数据资源。
(3)加强对分支机构或部属的调控能力。
(4)扩展市场份额,建立新型的客户关系。
(5)缩短产品开发周期,提高雇员生产力。
(6)转变企业生产与管理模式,实现企业管理现代化。
(7)降低电信及网络成本,包括与语音、数据、视频等独立网络有关的开销。

（8）改善客户服务水平。

（9）提高网络系统和数据资源的安全性与可靠性。

9.1.3 网络工程设计概述

计算机网络工程与一般的建筑工程有很多相似的地方，必须根据建设方的需求，结合计算机网络工程自身的特点进行设计。为了更好地达到网络工程的建设目标，计算机网络工程首先需要进行概要设计，在概要设计的基础上进行详细设计。

9.1.3.1 网络工程设计层面

网络工程设计从技术层面有 3 个问题。第一，可选用的网络技术、网络产品和网络应用系统有哪些；第二，要解决哪些网络应用问题；第三，网络应用的效果如何。因此，在进行网络工程设计时，网络工程技术人员首先要搞清楚网络技术集成、网络产品集成和网络应用集成等三个层面的要求。

（1）网络技术集成。从 20 世纪 80 年代起源于美国的 Internet，到今日各级企事业单位、各类部门的 Intranet，以及千千万万的家庭或个人接入网的发展，使得计算机网络技术产生了许多分支，各种网络技术层出不穷。例如，高速局域网技术有十/百兆位全双工式交换以太网、千兆位以太网、万兆位以太网等；广域网接入技术有非对称数字用户环路（ADSL）、数字数据网（DDN）、帧中继（Frame Relay）、无源以太光网络（EPON）等；网络安全技术有防火墙、虚拟专用网络（VPN）、病毒防杀、准入/准出控制、身份认证、云安全等；信息资源构建技术有服务器、网络存储、操作系统、数据库等。由于网络技术体系纷繁复杂，使得组网用户和一般技术人员难以选择和使用。这就要求有一种熟悉各种网络技术的角色，完全从用户的网络应用和业务需求入手，充分考虑技术发展的变化，帮助用户分析网络需求；根据用户需求的特点，选择局域网技术、广域网接入技术、安全技术，以及信息资源构建技术，为用户提供网络工程整体解决方案。这个角色就是网络工程技术人员，也就是常说的"网络系统集成"人员[1]。

---

[1]　孙亮，王槐源，程林钢.现代网络工程设计与应用研究[M].北京：中国水利水电出版社，2014.

（2）网络产品集成。每一项技术标准的诞生都会带来一大批丰富多样的产品，每个公司的产品都自成系列，在功能和性能上会存在一些差异。例如，交换机、路由器的品牌有 Cisco、3COM、ACCTON、D-Link、华为、锐捷、比威等；服务器品牌有 SUN、HP、DELL、富士通、联想、曙光、浪潮等；操作系统有 Windows Server、Linux、UNIX 等。事实上，经过多年的发展，对大、中、小型园区网建设，上述品牌的设备均能满足用户组网的需求，这就要求网络工程技术人员至少要了解与掌握一两种品牌产品的功能和性能特点，能根据用户组网的实际需要和费用，为用户选择适当的网络软、硬件设备，按照网络组建技术路线安装、配置、管理与维护网络产品的集成。

（3）网络应用集成。用户需求互不相同，决定了面向不同行业、不同规模、不同层次的多种网络应用，比如 Intranet/Extranet/Internet 应用、数据／语音／视频一体化、ERP/CIMS 应用、工控自动化网、区域教育信息化网、大学校园网、中小学校园网等。这些不同的应用系统需要不同的网络平台，这就要求网络工程技术人员用大量的时间进行用户调研、分析应用模型、反复论证方案，给用户提供实用、好用、够用的一体化解决方案，并付诸实施。

9.1.3.2 网络工程概念框架

从系统工程的视角，一个完整的园区网络工程（企业网、校园网、政务网等）包括网络综合布线、网络通信、资源服务器、网络协议、网络安全、网络管理和网络应用等层面。按照它们之间的逻辑关系，网络工程概念框架如图 9-2 所示。

图 9-2　网络工程概念框架

（1）网络通信支持平台。该平台是为了保障网络安全、可靠、正常运行所必须建构的环境保障设施,主要包括网络机房建设和综合布线系统。

机房建设涉及机房装修,机房供电与接地,机房防尘、防静电,机房温度、湿度控制等。综合布线系统包括工作区子系统、水平区子系统、管理子系统、干线子系统、建筑子系统、设备间子系统等。

（2）网络通信平台。该平台主要包括网络接口卡（NIC）、集线器、交换机、三层交换机、路由器、远程访问服务器、MODEM、收发器、无线网桥和网卡等通信设备。

（3）网络资源硬件平台。该平台主要包括服务器和网络存储系统。服务器是网络信息资源的宿主设备,网络存储系统是信息资源备份和集中管理的设施,两者相辅相成,共同构成网络资源硬件平台[1]。

（4）网络操作系统。网络操作系统是实施网络资源架构与管理的操作平台,它分为两个大类:一类是采用 Intel 处理器的 PC 服务器操作系统,另一类是采用标准 64 位处理器的 UNIX 操作系统。PC 服务器通常采用 Windows Server 2008 和 Redhat Linux AS5.x 及以上版本的操作系统,一般在大中型、中小型网络中普遍采用。

（5）网络系统安全。网络系统安全的主要设施有防火墙、入侵检测、防病毒、身份验证、防窃听和防辐射等系统,其功能涵盖了整个系统。加密、授权访问、数字签名与验证、站点属性设置和访问控制列表等保障了网络数据传输和访问的安全性。

（6）网络系统管理。网络系统管理是对网络通信、网络服务和应用系统的管理,可分为静态和动态运行管理、系统配置管理、性能调整管理、信息资源管理、系统人员管理等,保障了网络整体系统的高效、可靠、稳定,让系统使用起来方便、快捷。

（7）网络应用系统。网络应用系统采用 ASP、XAPI 和 ODBC 等技术与数据库连接,采用 HTML、XML、Flash、Java 和 Java Script 等开发工具制作 Web 信息系统,为用户提供各种形式的信息。用户采用 Web 浏览器通过 HTTP、FTP 和 DNS 等协议使用这些服务。

9.1.4 网络工程设计方法

网络系统集成通常采用以太网交换技术。以太网的逻辑拓扑是总线结构,以太网交换机之间的连接,可称为物理拓扑。这种物理拓扑按照网

---

① 杨威,王杏元.网络工程设计与安装[M].北京:电子工业出版社,2012.

络规模的大小,可分为星状、树状及网状。

9.1.4.1 网络层次结构

网络典型结构是三层结构:核心层 + 汇聚层 + 接入层。随着核心层设备向高密度、大容量发展及光通信成本的降低,现在网络结构采用高效的扁平结构:核心层 + 接入层。

图9-3所示为规模较大的局域网采用三层结构。主干网称为核心层,主要连接全局共享服务器、建筑楼宇的配线间设备。连接信息点的"毛细血管"线路及网络设备称为接入层。根据需要在中间设置汇聚层,汇聚层上连核心层、下连接入层。核心和汇聚采用三层交换机,接入采用二层交换机。

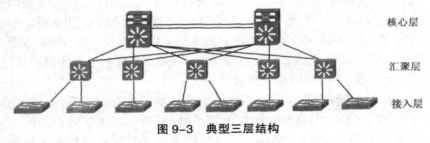

核心层

汇聚层

接入层

图9-3 典型三层结构

9.1.4.2 高效的扁平结构

扁平化是指摒弃层级结构组织形式,促进快速决策的管理思想。当网络规模(信息资源、网络终端)扩大时,原来的有效办法是增加汇聚层次,而现在的有效办法是增加核心层交换幅度。即数据通过核心层高效交换与传输,改善用户机访问服务器的性能。当汇聚层次减少而核心交换幅度增加时,金字塔状的网络层次结构就被"压缩"成扁平状的层次结构[1]。

网络结构扁平化,通过扩展核心节点、压缩汇聚节点,接入层直连核心层的技术措施,减少了网络物理和逻辑连接级数,提高了网络服务响应速度,如图9-4所示。扁平化结构中的核心设备需要高性能、大容量、高密度的以太网光接口,用于直接下连接入层设备。

---

[1] 孙亮,王槐源,程林钢.现代网络工程设计与应用研究 [M].北京:中国水利水电出版社,2014.

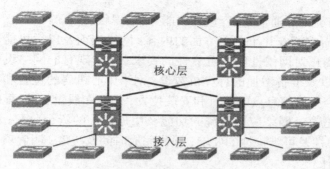

图 9-4　高效扁平结构

9.2　网络建设需求分析

　　一个网络系统的建设是建立在各种各样的需求上的,这种需求往往来自客户的实际需求或者是出于公司自身发展的需要。一个网络系统将为很多不同知识层面的客户提供各种不同功能的服务,网络系统设计者对用户需求的理解程度,在很大程度上决定了此网络系统建设的成败。如何更好地了解、分析、明确用户需求,并且能够准确、清晰地以文档的形式表达给参与网络系统建设的每一个成员,保证系统建设过程按照满足用户需求为目的的正确方向进行,是每个网络系统设计人员需要面对的问题[①]。

　　需求分析是网络规划的第一步,不知道用户需要什么,就不可能完成一个用户满意的网络工程,用户需求分析的好坏关系到工程建设的成败、关系到工程的质量、关系到用户的满意程度、关系到网络工程的效益、关系到工程双方的利益。

　　需求分析可以采用自上而下的分析方法,了解用户单位所从事的行业,以及该单位在行业内的地位以及和其他单位的关系,不同行业的用户,同行业的不同单位,对信息网络的需求和它本身在信息网络中所承担的角色是各不相同的,不同角色的单位在进行网络规划建设时所采取的策略也不相同。深入了解项目背景,有助于更好地、全面地掌握用户单位建网的目的,从而能够更准确地规划整个网络工程。

　　从功能、商业、工程多角度分析:地理布局、用户设备类型、网络服务

① 　刘彦舫,褚建立.网络工程方案设计与实施[M].北京:中国铁道出版社,2011.

内容、通信类型和通信量、容量和性能、网络现状。

用户需求调查几个主要方面的内容：网络当前及以后可能出现的功能需求；用户对网络性能及可靠性的要求；用户现有的网络设施和计算机的数量以及准备增加的计算机数量；网络中心机房的位置和实际运行环境；综合布线信息点的数量和安装位置；综合布线设备间、配线间的数量和安装位置；网络应用系统的功能及用户投入的资金分配；网络安全性、可管理性及可维护性的要求；项目完成时间及进度；明确项目完成后的维护责任。

9.3　网络系统逻辑设计

网络设计是保证网络工程质量的关键环节之一，只有优良的网络设计方案，才能经过精心施工构建出高质量的网络。网络设计包括逻辑网络设计与物理网络设计。逻辑网络设计要包括网络拓扑结构的设计、IP地址规划与 VLAN 的划分等。IP 地址规划与 VLAN 的划分已经在前面的章节中进行介绍，这里主要介绍网络拓扑结构的设计。

9.3.1 层次型网络结构设计

当网络系统规模非常庞大时，仅仅使用一种拓扑结构是不够的。这时，网络拓扑结构常常采用分层的设计方法。国际上比较通行的拓扑结构设计方法是 Cisco 公司提出的三层结构设计法，每层的重点集中于特定的功能上，允许为每层选择适当的系统和功能，并且使特定的功能在各层中独立地体现。如图 9-5 所示，通常网络可以分为 3 个层次：核心层、汇聚层和接入层。核心层是整个网络系统的主干部分；而把分布在不同位置的子网连接到核心层的是汇聚层；在网络中，直接面向用户连接和访问网络的部分是接入层[①]。

在大规模的网络系统中，常采用三层拓扑结构设计，而在中小规模的网络中，可以将核心层和汇聚层合并。对于只有几十台计算机的小型网络，可以不必采用分层拓扑结构设计。

---

① 孙亮，王槐源，程林钢 . 现代网络工程设计与应用研究 [M]. 北京：中国水利水电出版社，2014.

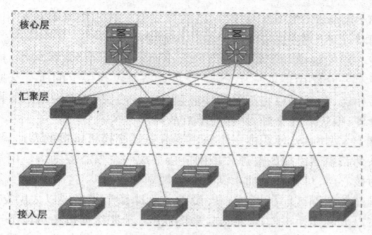

图 9-5　层次结构设计

在三层拓扑结构中,通信量被接入层导入网络,然后被汇聚层聚集到高速链路流向核心层。从核心层流出的通信量被汇聚层发散到低速链接上,经接入层流向用户。

9.3.1.1 核心层网络结构设计

核心层是网络的高速主干,不仅要求实现高速的数据包转发,而且要求性能高、容量大,具有高可靠性和高稳定性。通常核心层由具有高速交换能力的路由器或具有路由功能的高性能模块化交换机组成,并且都有设备的备份设计及线路的备份设计。

核心层的主要工作是数据包交换通常具体的策略如下:

（1）在核心层尽量执行较少的网络策略。所谓网络策略,是指网络管理员定制的规则,例如,路由器基于源地址或其他标准主动转发数据包、复杂的 QoS 处理等。由于网络策略对网络性能不可避免地有一定的影响,因此应尽量避免增加核心层路由器或三层交换机配置的复杂程度,因为一旦核心层策略出错将会导致整个网络的瘫痪,网络策略的执行一般由接入层完成[1]。

（2）核心层的所有设备应具备充分的可到达性。可到达性是指核心层设备具有足够的路由信息来转发去往网络中任意目的地的数据包,不应该使用默认的路径到达内部的目的地,默认路由用来到达外部的目的地。

---

① 孙亮,王槐源,程林钢.现代网络工程设计与应用研究 [M].北京:中国水利水电出版社,2014.

（3）冗余设计保障核心层网络的可靠性。核心层网络可采用网状、部分网状或环形实现，这些结构各有其适用范围。

核心层的规模和配置随网络的大小而定。当网络规模较小，核心层可以只有一个路由器或三层交换机，该设备与汇聚层上的所有交换机或路由器相连，甚至可以将汇聚层功能包含在核心层中，这种网络的特性是容易管理，但扩展性不好，易存在单点故障。

对于大型网络，使用由一组路由器或三层交换机链接的高速局域网，或一系列路由器组成的高速广域网链接形成一个核心层网络。用某个网络作为核心层，可将冗余加入到核心层规划中。

目前校园网或园区网核心层设备一般选择千兆多层以太网交换机，由千兆以太网交换机构成网络的骨干部分。千兆交换机还可以下连许多百兆或千兆交换机作为汇聚层交换机。一般核心层设备采用高性能的交换网芯片及高性能的网络处理器芯片，要求有极高的系统吞吐量和背板容量，可支持多个千兆端口。

网络核心层设备的千兆交换机应具备以下功能：①高可靠性；②大容量、高密度；③全线速转发性能；④具有二层、三层业务特性，支持VLAN 转发、VLAN 聚合、端口捆绑、端口镜像；⑤完善的安全机制等。

9.3.1.2 汇聚层网络结构设计

汇聚层是接入层和核心层之间的分界层，要支持丰富的功能和特性，要隔离接入层拓扑结构的变化对核心层的冲击。通常汇聚层由路由器和三层交换机组成，负责聚合路由路径，收敛数据流量。汇聚层将接入层交换机的数据进行汇聚，通过高速接口将数据传输到核心层交换机或路由器上，起到承上启下的作用。主要有以下两个作用。

（1）将大量从接入层设备过来的低速链路通过高速链路接入核心层，实现通信量的聚合，以提高网络中聚合点的效率[1]。

（2）可以实现接入层网络拓扑结构变化的隔离，减少核心层设备可选择的路由数量，增强网络的稳定性。

---

① 孙亮，王槐源，程林钢.现代网络工程设计与应用研究［M］.北京：中国水利水电出版社，2014.

设计汇聚层时,应充分考虑以下几点。

(1)汇聚层设备要有足够的带宽。

(2)具有三层和多层交换特性。

(3)具有灵活多样的业务能力。

(4)必须具有冗余和负载均衡能力。

汇聚层设备要进行 VLAN 之间的通信,因此,一般为支持三层或三层以上的多层交换设备。汇聚层设备的多层以太网交换机应具有以下特点:

支持三层交换、对上链提供多种千兆端口(如 1 Gbit/s 电口、1 Gbit/s 多模光口等)、模块化组网、支持丰富的二层协议(如 VLAN、VLAN Trunk、端口镜像等)、完善的安全机制、丰富的 QoS 支持、实用方便的网管等。图 9-6 所示为汇聚层和接入层相连的两种方式。

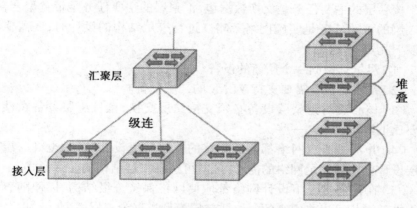

图 9-6　汇聚层和接入层相连的两种方式

9.3.1.3 接入层网络结构设计

接入层使终端用户接入到网络系统中,具有大量的端口,强大的接入能力,可实现丰富的业务。

接入层为用户提供网络的访问接口,是整个网络的对外可见部分,也是用户与网络的连接场所,它的主要作用是将本地用户的信息通过内部高速局域网、分组交换网、或拨号接入等方式与汇聚层连接起来,实现网络流量的接入及访问。

由于接入层直接与用户打交道,而网络策略也是因用户的存在而存在的,所以在接入层实施网络策略效果是最好的。比如,在接入层可以用包过滤策略提供基本的安全性,保护局部网络免受网络内外的攻击等。

接入层可以采用配置较低的设备,无须太强的传输性能,但要具有较

强的执行网络策略的能力。通常接入层多采用二层交换机,一般应具有如下特点:

（1）提供各种不同数量的 100 Mbit/s 端口到用户,提供 100 Mbit/s 或 1 Gbit/s（电口、光口）上行端口到上层交换机。

（2）高性能,低成本,所有端口支持全线速二层交换。

（3）支持标准以太网协议,支持丰富的业界标准,充分兼容现有网络设施。

（4）方便实用的网管。

（5）支持丰富的业务特性,如 VLAN、VLAN Trunk、VLAN 聚合、端口镜像、安全特性等。

（6）网络设备的可扩展性好,可平滑升级。

核心层的主要任务是交换数据包,汇聚层的主要任务是带宽聚合,而接入层的主要任务是实施网络策略。进行三层结构的设计时,还需要注意以下几点:

（1）尽量选择同一个厂商的设备。

（2）接入层设备需要支持 VLAN 的二层设备。

（3）核心层与汇聚层设备必须支持三层交换,且核心层设备在性能上要比汇聚层设备高一些。

（4）并不是所有网络都要求完整的三层分级设计,有时也许一层或二层设计就能够满足网络的需求,此时可选择三层结构的变体形式。

（5）在任何情况下设计网络都应使网络保持分级结构,以便随着网络需求的增长可以将原来的一层或二层模型扩展为三层模型。

9.3.2 网络拓扑结构设计

在网络拓扑结构设计中,除非是在规模非常小的网络中,否则通常会将几种拓扑结构联合使用。需要根据各种拓扑结构的特点和实际情况来选择。在网络系统内的站点可用多种方法物理连接,每种连接方式都有其优缺点。可按下面的标准来比较这些结构之间的差异。

（1）安装成本。物理连接系统站点的成本和费用、传输介质的选择和硬件接口的确定,以及初始投资和后期维修的费用。

（2）通信成本。从站点 M 发送消息到站点 N 的时间及费用。

（3）有效性。不管连接或站点是否出错,数据能被访问的程度,并且在出现故障后能够易于诊断和维修。

在一个部分连接网络中,直接连接存在于一些站点之间,因此,这种结构的安装成本要比完全连接网络小。当然,如果站点之间不直接连接,则从一个站点发送消息到另一个站点就必须通过一系列的通信链路,这将导致较高的成本。

如果通信链接出现故障,被传送的消息必须被重新发送。某些情况下,可能会找到另一条路线,这样信息才能够传达。但如果故障导致某些站点间无法连接。则一个系统就被分为几个相互之间没有任何连接的子系统,我们把这些子系统叫做分区。根据这个定义,一个子系统可由单个分区组成。

各类连接网络的类型具有不同的故障特征、安装成本和通信成本。树型网络的安装成本相对较低,然而该结构的某个连接故障将导致该网络被分割。对环型网络结构来说,分割至少要发生两个连接故障。因此,环型网络比树型网络更具有适用性,但由于消息可能不得不通过大量的连接,其分开的部分是单个站点,此类分割可视为单个站点的故障。由于每个站点与其他站点至多存在两个连接,星型网络同样具有较低的通信成本,但是,中心站点的故障将导致系统的所有站点都变为无法连接。

以中型校园网组网为例,介绍相关方案及拓扑结构如下。

在中型校园网络组网方案中,终端用户数目相对较多,网络所涉及的应用系统也相对比较复杂,所以网络主干技术选型上采用 1 000 Mbit/s 以太网或更高的以太网。图 9-7 所示为中型校园网络拓扑结构。

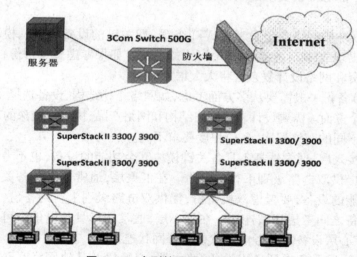

图 9-7　中型校园网组网拓扑结构

在网络中心,配置 3Com 千兆以太网主打交换机 Switch 500 G。该交换机是 3Com 公司的一款高性能交换机,采用无源背板设计和星型总线结构,即从引擎出发,星型向各个接口模块插槽辐射出总线,是一款不停顿的交换机。其背板带宽高达 232 Gbit/s,交换引擎能力高达 48 Gbit/s 以上,并采用分布式交换结构。

在二级节点上,可以根据需要选择产品,配置 SuperStack Ⅱ 3300 或 SuperStack Ⅱ 3900 堆叠系统,通过 1 000 Mbit/s 光纤连到网络中心。如果要求更高的标准还可以通过使用端口捆绑技术将多个 1 000 Mbit/s 端口捆绑为逻辑上的一个端口,从而达到 2 000 Mbit/s 或更高的速率。

此外,还要注意网络的冗余结构设计,其基本思想是通过重复设置网络链路和互联设备来满足网络的可用性。冗余设计是提高网络可靠性最重要的方法。当网络中一条线路或某个设备出现故障时,有了冗余设计,数据通信可以照常进行。冗余设计增加了网络建设的成本,也增加了网络拓扑结构和网络寻址的复杂性,因此要根据用户的可用性和可购买性方面的要求,选择冗余级别和冗余拓扑结构。

冗余设计可以提高网络的可靠性和稳定性,也会带来额外的成本,因此在进行冗余设计时,需要根据用户的需求和投资规模,衡量获得的可靠性和必须付出的代价,选择恰当的备份技术,实现链路或设备的冗余备份。需要遵守的原则如下:

(1)备份花费的代价要远小于设备故障带来的损失。

(2)备份不仅要从逻辑的角度来考虑问题,更需要从物理的角度考虑问题。

(3)一般网络备份只考虑 $N+1$ 备份,即关键的设备、链路、模块中任何一个出现故障,不会影响整个网络的运行。如果考虑多点备份,设备或链路投资和网络设计复杂性将大大增大。

(4)备份一般需要从多方面考虑,如网络拓扑结构、设备选择、协议选择等几个方面。需要设计者对网络结构和网络产品、协议有较深的理解。

在不同的网络层次,备份程度要求不同。

在接入层,通常选择不具备关键模块冗余功能的设备,也不考虑双机备份或提供双链路级别下行的备份。在汇聚层,通常选择具备关键模块冗余功能的设备,要考虑双机备份,提供双链路级别上行的备份,并且汇聚层设备之间考虑环型连接。在核心层,通常选择具备电信级可靠性的设备,核心层设备之间考虑网状或部分网状连接。

然后还要考虑到备用设备,路由器、交换机及其他网络互联设备也可能会发生硬件故障。若发生如不能工作或严重失灵等故障时,采用双套设备的办法可以降低因该故障带来的负面影响。一般来说,核心层比汇聚层更需要备用设备,汇聚层比接入层更需要备用设备,这是由于前者比后者的作用更关键。

　　而当网络中的某条主路径出现故障时,为保持网络的畅通,冗余网络设计提供了备用链路的设计。备用链路是由路由器、交换机以及路由器与交换机之间的独立备用链路构成的,它是主路径上的设备与链路的重复设置。

　　链路备份有对称性备份和非对称性备份两种。对称性备份链路设计方案所提供的带宽是相等的,备份设备或备份链路同时参与运营。非对称性备份链路设计方案中备份链路提供较小或相等的带宽,只在主链路出现故障时备份链路才生效。

9.4　网络工程综合布线系统设计

　　结构化综合布线系统(Structured Cabling System, SCS)是一种集成化通用传输系统,它采用标准化的铜缆和光纤,为语音、数据和图像传输提供了一套实用、灵活、可扩展的模块化的介质通道。房屋及建筑群布线(Premises Distribution System, PDS)统一布线设计、安装施工和集中管理维护,为楼宇和园区提供了一套先进、可靠的布线方式,是通信、计算机网络以及智能大厦的基础。

　　网络线路加网络设备构成了现代化的信息网络体系。其中,网络线路作为网络的基础设施和“神经中枢”,在网络系统集成中占有重要的地位。无论是通信线路的选材、铺设,还是通信线路的连接和安装,均会直接影响网络通信的质量,因此越来越多的网络建设者开始重视网络线路的设计和施工[①]。

　　综合布线系统是一种高速率的输出传输通道,它可以满足建筑物内部及建筑物之间的所有计算机通信以及建筑物自动化系统设备的配线要求。综合布线系统采用积木化、模块式的设计,遵循统一标准,从而使系统的集中管理成为可能,也使单个信息点的故障、改动或者增删不影响其他信息点,安装、维护、升级和扩展都非常方便,并且节省了费用。

---

① 　王勇,刘晓辉,贺冀艳.网络综合布线与组网工程[M].2 版.北京:科学出版社, 2011.

9.4.1 综合布线系统的组成

所谓综合布线系统,是指按标准的、统一的和简单的结构化方式编制和布置的各种建筑物(或建筑群)内各种系统的通信线路。因此,综合布线系统是一种标准通用的信息传输系统。综合布线系统分为6个子系统,及建筑群子系统、垂直子系统、水平子系统、设备间子系统、管理子系统和工作区子系统,其系统结构如图9-8所示。

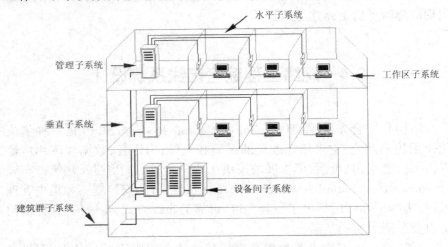

图9-8 综合布线系统结构

综合布线系统的网络链路结构组成如图9-9所示。

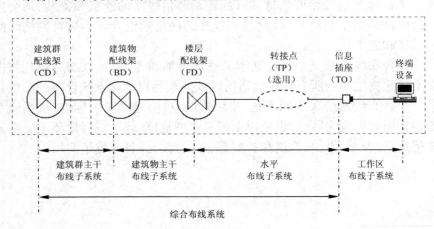

图9-9 网络链路结构组成

建筑群子系统,是指将两个以上建筑物间的通信信号连接在一起的布线系统,其两端分别安装在设备间子系统的接续设备上,可实现大面积地区建筑物之间的通信连接。建筑群子系统包括建筑物间的主干布线及建筑物中的引入口设施,由楼群配线架(Campus Distributor, CD)与其他建筑物的楼宇配线架(Building Distributor BD)之间的缆线及配套设施组成。

垂直子系统,也可以称为主干子系统,是建筑物内综合布线系统的主干部分,指从主配线架(BD)至楼层配线架(Floor Distributor, FD)之间的缆线及配套设施组成的系统。垂直子系统通常安装在弱电井中,两端分别敷设到设备间子系统或管理子系统,提供各楼层电信室、设备室和引入口设施之间的互联,实现主配线架与楼层配线架的连接[1]。

水平子系统是连接工作区子系统和垂直子系统的部分。一端接在信息插座,另一端接在楼层配线间的配线架。该子系统包括个楼层配线架(FD)至工作区信息插座(Telecommunications Outlet, TO)之间的线缆、信息插座、转接点及配套设施。水平子系统是局限于同一楼层的布线系统,功能是将垂直子系统线路延伸到工作区,以便用户通过跳线连接各种终端设备,实现与网络的连接。

管理子系统,通常设置在各楼层的设备间内,其主要功能是将垂直子系统与各楼层的水平子系统相互连接,主要设备是配线架和跳线。用于构筑交连场的硬件所处的地点、结构和类型将直接影响甚至还可能决定综合布线系统的管理方式。由于人员或设备在大楼里的工作地点不是一成不变的,而这种改变所要花费的成本日益增加,因此能够灵活适应这种变化的能力变得越加的重要。减少网络重组成本的一种方式是使用超五类或六类双绞线,这样从服务接线间到工作区就不必使用不同类型的传输介质;另一种方法是使客户可以在交连场改变线路,从而不必使用专门的工具或训练有素的技术人员。管理子系统是充分体现综合布线灵活性的地方,是综合布线的一个重要的子系统。所谓的管理,即是指针对设备间和工作区的配线设备和缆线按照一定的规模进行标志和记录的规定,内容包括管理方式、标识、色标和交叉连接等[2]。

设备间(Equipment Room Subsystem)是指建筑物内专设的安装设备的房间,是通信设施、配线设备所在地,也是线路管理的集中点(网络管理和值班人员的工作场所)。设备间子系统由引入建筑的线缆、各种公共设

① 王勇,刘晓辉,贺冀艳.网络综合布线与组网工程[M].2 版.北京:科学出版社,2011.

② 孙亮,王槐源,程林钢.现代网络工程设计与应用研究[M].北京:中国水利水电出版社,2014.

备(如计算机主机、各种控制系统、网络互联设备、监控设备)和其他连接设备(如主配线架)组成。它是把建筑物内公共系统需要相互连接的各种不同设备集中安装的子系统,可以完成各个楼层水平子系统之间通信线路的调配、连接和测试,并建立与其他建筑物的连接,形成对外传输的通道。可以说设备间子系统是整个综合布线系统的中心单元。

工作区,是包括办公室、写字间、作业间、机房等需要电话、计算机或其他终端设备(如网络打印机、网络摄像头等)等设施的区域和相应设备的统称。工作区子系统(Work Area Subsystem)是用户的办公区域,提供工作区的计算机或其他终端设备与信息插座之间的连接,包括从信息插座延伸至终端设备的区域[①]。工作区子系统处于用户终端设备(如电话、计算机、打印机等)和水平子系统的信息插座(TO)之间,起着桥梁的作用。该子系统由终端设备至信息插座的连接器件组成,包括跳线、连接器或适配器等,实现用户终端与网络的有效连接。工作区子系统的布线一般是非永久性的,用户可以根据工作需要随时移动、增加或减少,既便于连接,也易于管理。

9.4.2 综合布线系统的设计等级

9.4.2.1 基本型综合布线系统

基本综合布线系统方案是一个经济有效的布线方案。它支持语音或综合型语音/数据产品,并能够全面过渡到数据的异步传输或综合型布线系统。它的基本配置为:

(1)每个工作区为 $8 \sim 10 \, \mathrm{m}^2$。
(2)每个工作区有一个信息插座。
(3)每个工作区有一个语音插座。
(4)采用夹接式交接硬件。
(5)每个工作区有一条配线(水平)布线 4 对 UTP 系统,两对用于数据传输,两对用于语音传输。

它的特性为:
(1)能够支持所有语言和数据传输应用。
(2)便于维护人员维护、管理。

---

① 孙亮,王槐源,程林钢.现代网络工程设计与应用研究[M].北京:中国水利水电出版社,2014.

（3）能够支持众多厂家的产品设备和特殊信息的传输[①]。

9.4.2.2 增强型综合布线系统

增强型综合布线系统不仅支持语音和数据的应用，还支持图像、影像、影视、视频会议等。它具有为增加功能提供扩展的余地，并能够利用接线板进行管理，它的基本配置为：

（1）每个工作区为 8 ～ 10 m^2。

（2）有一个信息插座。

（3）有一个语音插座。

（4）采用夹接式交接硬件。

（5）每个工作区有 2 条配线布线 4 对 UTP 系统，提供语音和高速数据传输。

它的特点为：

（1）任何一个插座都可以提供语音和高速数据传输。

（2）每个工作区有 2 个信息插座，灵活方便、功能齐全。

（3）便于管理与维护。

（4）能够为众多厂商提供服务环境的布线方案[②]。

9.4.2.3 综合型综合布线系统

综合型布线系统是将双绞线和光缆纳入建筑物配线布线的系统。它的基本配置为：

（1）每个工作区为 8 ～ 10 m^2。

（2）每个工作区有两个以上的信息点（语音、数据）。

（3）在每个工作区的电缆应有 2 条以上的 4 对双绞线。

（4）在建筑、建筑群的干线或配线子系统中配置 62.5 μm 的光缆到工作区（或光纤到桌面）。

它的特点为：

（1）任何一个信息插座都可供语音和高速数据传输。

（2）每个工作区有 2 个以上的信息插座，不仅灵活方便而且功能齐全。

在综合布线工程中，可根据用户的具体情况灵活掌握，基本型设计方

① 黎连业，黎恒浩，王华 . 建筑弱电工程设计施工手册 [M]. 北京：中国电力出版社，2010.

② 梁裕，郑勇杰，曾涛，等 . 综合布线设计与施工技术 [M]. 北京：科学出版社，2005.

式目前已不为办公、商用系统所用,仅用在住宅小区、小型公司的办公场所;政府办公、科研、商用布线系统流行的设计方式为增强型。

9.4.3 综合布线系统的设计原则

(1)标准化原则。EIA/TIA 568 工业标准及国际商务建筑布线标准;ISO/IEC 标准国内综合布线标准。

(2)实用性原则。实施后的通信布线系统,将能够在现在和将来适应技术的发展,并且实现数据通信、语音通信、图像通信。

(3)模块化原则。布线系统中,除去布设在建筑内的线缆外,其余所有的接插件都应该是积木式的标准件,以方便管理和使用。

(4)灵活性原则。布线系统能够满足灵活应用的要求,即任一信息点能够连接不同类型的设备,如计算机、打印机、终端或电话、传真机。

(5)可扩充性原则。布线系统是可扩充的,以便将来有更大的发展时,很容易将设备扩充出去。

(6)经济性原则。在满足应用要求的基础上,尽可能降低造价。

9.4.4 综合布线系统的总体设计方案

网络布线工程设计主要包括以下几个方面的内容。

(1)建筑物和施工场地勘查,获取建筑物平面图。

(2)分析用户需求。

(3)评估用户的网络要求和通信要求,并结合近期发展规划,确定数据、语音的传输介质。

(4)确定信息点分布、楼层数量、建筑群数量以及网络系统的等级。

(5)布线路由的选择与设计。

(6)确定水平系统、垂直子系统线缆和楼宇之间干线线缆的走向、铺设方式以及管槽系统的材料。

(7)布线方式的选择。

(8)线缆和布线产品的选择。

(9)布线图纸设计[①]。

(10)与用户交换意见并完善布线图纸设计。

(11)针对施工中遇到的实际情况,酌情修改布线图纸。

---

① 韩宁,屠景盛.综合布线技术[M].北京:中国建筑工业出版社,2011.

9.4.4.1 综合布线系统设计构成

设计综合布线系统应采用开放式星形拓扑结构,该结构下的每个分支子系统都是相对独立的单元,对每个分支单元的改动都会不影响其他子系统。只要改变节点连接,即可使网络在星形、总线形、环形等各种类型间进行转换。综合布线配线设备的典型设置与功能组合如图 9-10所示。

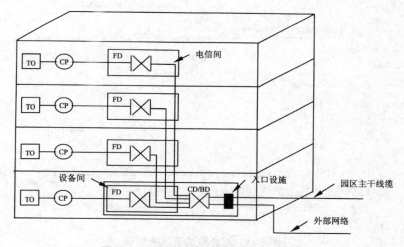

图 9-10　配线设备的典型设置与功能

综合布线系统是开放式结构,其系统构成包括建筑群子系统、垂直子系统、水平子系统、设备间子系统、管理子系统和工作区子系统等 6 个部分。

(1)子系统构成。综合布线子系统构成应符合如图 9-11 所示要求。图(a)中虚线标志 BD 与 BD 之间、FD 与 FD 之间可以设置主干线缆。建筑物 FD 可以通过主干线连至 CD,TO 也可以通过水平线缆直接连至 BD。

(2)入口设施和线缆。综合布线入口设施及引入线缆构成应符合如图 9-12 所示要求。对设置了设备间的建筑物,设备间所在楼层的 FD 可以和设备中的 BD/CD 及入口设备安装在同一场地。

(3)信道构成。综合布线系统双绞线信道应由最长 90 m 水平线缆、最长 10 m 的跳线和设备线缆及最多 4 个连接器件组成,永久链路则由90 m 水平线缆及 3 个连接器件组成。信道内各组件的连接方式如图 9-13所示。

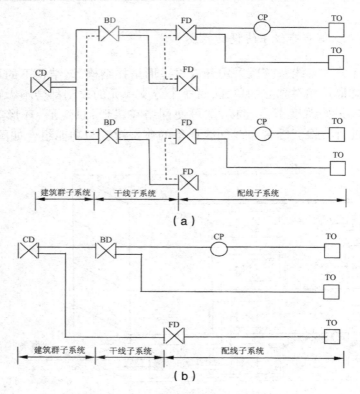

图 9-11 综合布线子系统构成

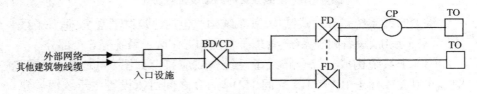

图 9-12　综合布线入口设施

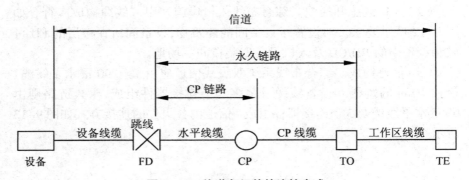

图 9-13　信道各组件的连接方式

（4）光纤信道分为 OF-300、OF-500 和 OF-2000 共 3 个等级,各等级光纤信道支持的应用长度不应小于 300 m、500 m 及 2 000 m。

光纤信道构成方式应符合以下要求:

①水平光缆和主干光缆在楼层电信间应经端接(熔接或机械连接)构成,如图 9-14 所示。

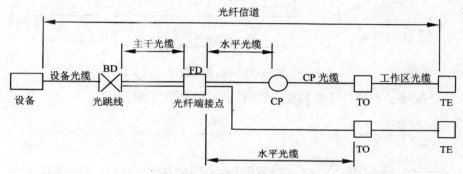

图 9-14　光缆在楼层电信间端接

②水平光缆和主干光缆至楼层电信间的光纤配线设备应经光纤跳线连接构成,如图 9-15 所示。

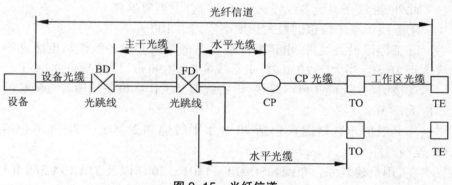

图 9-15　光纤信道

③水平光缆由经过电信间直接连至大楼设备间的光配线设备构成,如图 9-16 所示。

这里需要注意的是 FD 安装与电信间,只用于光缆路径的场合。当工作区用户端设备或某区域网络设备需直接与公用数据网进行互通时,应该将光缆从工作区直接布放至电信入口设施的光配线设备。

（5）信道和线缆长度。综合布线系统水平线缆与建筑物主干线缆及建筑群主干线缆长度之和构成信道的总长度,其值不应大于 2 000 m[1]。

---

[1]　李群明,余雪丽.网络综合布线 [M].北京:清华大学出版社,2010.

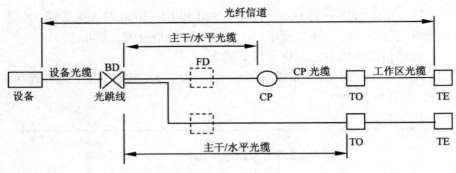

图 9-16　水平光缆

配线子系统各线缆长度应符合图 9-17 所示的划分。

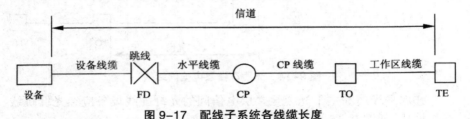

图 9-17　配线子系统各线缆长度

此外,配线子系统各线缆长度还应符合下列要求。

①配线子系统信道的最大长度不应大于 100 m。

②工作区设备线缆、电信间配线设备的跳线和设备线缆长度之和不应大于 10 m。当大于 10 m 时,水平线缆长度(90 m)应适当减少。

③楼层配线设备(FD)跳线、设备线缆及工作区设备线缆各自的长度不应大于 5m。

④F 级的永久链路仅包括 90 m 水平线缆和 2 个连接器件(不包括 CP 连接器件)。

在《用户建筑综合布线》ISO/IEC 11801—2007 以及 TIA/EIA 568 B.1 标准中,列出了综合布线系统主干线缆及水平线缆等的长度限值。不过,由于综合布线系统在网络应用中可以选择不同类型的电缆和光缆,所以在相应的网络中所能支持的传输距离是不相同的。表 9-1 列出了 100 M、1 G、10 G 标准的传输介质质量及最远有效传输距离。

表 9-1 光纤在以太网中的传输距离

应用网络	标准		光纤类型	波长（nm）	芯径（μm）	模式带宽（MHz/km）	有效传输距离（m）
百兆以太网	100 Base-FX		多模		62.5	n/a	2 000
			单模	1 310	9	n/a	40 000
千兆以太网	1 000 Base-LX		多模	1 310	62.5	500	550
					50	500	1 550
			单模	1 310	9	n/a	10 000
	1 000 Base-SX		多模	850	62.5	200	275
					50	500	550
	1 000 Base-LH		多模	1 310	62.5	500	550
					50	n/a	1 550
			单模	1 310	9/10	500	10 000
	1 000 Base-ZX		单模	1 550	9/10	n/a	100 000
万兆以太网	10 G Base-R	10 G Base-SR	多模	850	62.5	200	33
					50	2000	300
		10 G Base-LR	单模	1 310	9	n/a	10 000
		10 G Base-ER	单模	1 550	9	n/a	40 000
	10 G Base-W	10 G Base-SW	多模	850	62.5	500	300
		10 G Base-LW	单模	1 310	9	n/a	10 000
		10 GB ase-EW	单模	1 550	9	n/a	40 000
	10 G Base-LX4		多模	1 310	62.5	500	300
			单模	1 310	10	n/a	10 000
	10 G Base-LRM		多模	1 310	62.5	500	220
					50	1 500	220
	10 G Base-ZR		单模	1 550	任何SMF类型	n/a	80 000

ISO/IEC 11801-2002-09 版中对水平线缆与主干线缆的长度之和作出了规定。依据 TIA/EIA 568 B.1 标准,针对布线系统各部分线缆长度的关系及要求,在此给出图 9-18 和表 9-2 所示数据供工程设计时使用。

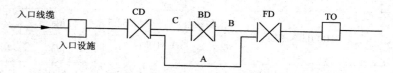

图 9-18　综合布线系统主干线缆的构成

表 9-2　线缆长度限值

线缆类型	各线缆段长度限值(m)		
	A	B	C
100 Ω 对绞电缆	800	300	500
62.5 m 多模光缆	2 000	300	1 700
50 m 多模光缆	2 000	300	1 700
单模光缆	3 000	300	2 700

说明:

(1)当 B 段长度小于最大值时,C 段位对绞线电缆的长度可相应增加,但 A 的总长度不能大于 800 m。

(2)表中 100 Ω 对绞电缆作为语音的传输介质[①]。

(3)800 m、2 000 m 和 3 000 m 是标准范围规定的极限,而不是介质的极限。

(4)在总距离中可以包括入口设施至 CD 之间的线缆长度。

(5)对于电信业务经营者,在主干链路中接入电信设施可满足的传输距离不在本规定之内。

(6)建筑群与建筑物配线设备所设置的跳线长度不应大于 20 m;如超过 20 m,主干长度应相应减少。

(7)建筑群与建筑物配线设备连至设备的线缆长度不应大于 30 m;如超过 30 m,主干长度应相应减少。

9.4.4.2 布线器材

(1)选择线缆。光缆通常应用于建筑群子系统和垂直(主干)子系统,

---

① 　王勇,刘晓辉,贺冀艳.网络综合布线与组网工程 [M].2 版.北京:科学出版社,2011.

部分应用于对传输速率和安全性有较高要求的水平布线子系统；同轴电缆很少应用于综合布线系统；双绞线通常应用于水平布线子系统，也可应用于投资较少，且对传输速率要求不太高的垂直（主干）子系统。线缆类型及其适用场合如表 9-3 所示。

表 9-3　线缆适用对照表

类别	规格	适用场合
单模光缆	8 ~ 10/125 μm	建筑群布线
多模光缆	OM1	垂直主干布线或间距小于 500 m 的建筑群布线
	OM2	垂直主干布线或间距小于 200 m 的建筑群布线
	OM3	垂直主干布线或间距小于 300 m 的建筑群布线
	OM4	对于以太网，需要 10 Gbps 传输 300 ~ 600 m 时，或者将来需要传输 40 Gbps 和 100 Gbps，距离在 100 ~ 125 m 时；对于光纤通道，则支持 4 Gbps 至 400 m、8 Gbps 至 200m 或 16 Gbps 至 130 m
双绞线	超五类非屏蔽	电磁干扰不严重的普通水平布线和工作区布线
	六类非屏蔽	电磁干扰不严重的高性能水平布线、工作区布线或垂直主干布线
	屏蔽	电磁干扰较严重的水平布线

随着更高带宽和更高传输速率的需求不断增加，光纤界也在不断开发更高性能的多模光纤。2009 年 8 月 5 日，TIA 标准委员会通过了 OM4 多模光纤标准。多模光纤性能等级按照 ISO/IEC 11801 的标准 OM（Optical Mode）来分级：OM1 和 OM2 分别为传统的 62.5/125 μm、50/125 μm 多模光纤；OM3 是支持 10 Gbps 传输 300 m 的多模光纤；OM4 则支持 550 m 范围内 10 Gbps，100 m 范围内 40 Gbps 甚至 100 Gbps 的传输。

（2）其他布线材料的选择。除线缆外，其他布线材料主要包括信息插座、配线架、适配器与耦合器、跳线和连接器，以及光收发器和网络设备等。

其他布线材料除了必须满足布线需要外，还应当与线缆的类型相适应。例如，当垂直布线采用 62.5/125 μm 多模光纤时，则应当选择与之相适应的光纤终端盒、光纤耦合器、光纤信息块、光纤跳线等布线材料。当水平布线选用六类非屏蔽双绞线式，则应该选择与该布线系统相适应的配线架、信息插座、跳线等也应该选择六类非屏蔽布线材料[1]。

① 孙亮，王槐源，程林钢．现代网络工程设计与应用研究 [M]．北京：中国水利水电出版社，2014．

9.5 网络中心机房设计

信息系统基础设施的建设,很重要的一个环节就是网络中心机房的建设。这里的机房是指专门放置网络交换机、服务器、存储设备以及各种通信设备的网络中心机房,有时也称为数据中心机房,这里统称为中心机房。中心机房工程为网络交换机、服务器、存储设备以及各种通信设备提供一个良好的运行环境,使其满足网络交换机、服务器、存储等设备的设备放置、电源供电、温度湿度、接地防雷等的要求。

一个合格的现代化中心机房,应该是一个安全可靠、舒适实用、节能高效的机房。机房工程不仅要为安置在机房里的各种设备和装置提供安全、稳定和可靠的运行环境,为机房中的系统设备的运行和管理以及数据信息安全提供保障环境,还要为工作人员创造健康舒适的工作环境。

中心机房工程是个复杂的工程,不仅集建筑、电气、安装、网络等多种专业技术于一体,更需要丰富的工程实施和管理经验。机房工程需要有专业资质的技术队伍进行设计、施工,中心机房设计与施工的优劣直接关系到机房内计算机系统是否能稳定可靠地运行,是否能保证各类信息通信畅通无阻。网络中心机房工程必须按照科学规范、机房建设标准来进行建设,满足实用性、先进性、安全性、可靠性、灵活性、可扩展性等建设原则。

中心机房工程是建筑智能化系统的一个重要部分,机房建设内容多、工程量大,涵盖了建筑装修、供电、照明、防雷、接地、UPS 不间断电源、精密空调、环境监测、火灾报警及灭火、门禁、防盗、闭路监视、综合布线和系统集成等技术。机房工程项目一般包括装修工程、配电工程、空调工程、接地防雷、闭路电视、门禁系统、安全工程、消防工程、设备运行监控等部分。现选择其中几个部分加以介绍。

9.5.1 中心机房环境条件

9.5.1.1 中心机房的位置选择及面积确定

中心机房的位置选择必须保证具有最佳的电气特性、传输特性及安全环境、洁净环境。机房位置的环境应该选择具有电力稳定可靠、通信实现方便远离电磁干扰,远离粉尘、油烟和有害气体的环境。

除了考虑良好的环境外,机房位置的选定还需考虑综合布线系统设计的需要,便于综合布线的管沟建设、线缆敷设的工程施工;需要考虑尽量缩短计算机机房到其他楼宇的路由,以达到尽量节省线缆走线长度、工程费用的目的。

中心机房面积的确定主要考虑设备的安放空间,同时还要考虑机房空调气流的组织,考虑机房维护人员的活动空间等因素,机房面积需考虑足够的冗余空间,在确定实际的机房面积时,一般可以考虑为实际设备机柜占地面积的 4 ~ 6 倍。

9.5.1.2 中心机房的布局设计

中心机房需要放置大量的设备,有网络交换机、网络服务器、网络存储设备以及其他通信设备;有布线架机柜、电器设备柜、空调机、UPS 等设备;还有网管人员需要在机房内进行操作管理设备。机房设计需要有一个科学的布局。

一般来说,机房布局设计需要因地制宜地将机房空间划分成若干区域,不同的设备放在不同的区域,以便设备之间的连接和网管对设备的管理。机房区域划分一般分为以下区域。

(1)光纤配线架机柜区域。光纤配线架 ODF 机柜主要安放着若干光纤盒,来自各栋楼宇的汇聚光纤通过竖井上到网络中心机房,最终连接到 ODF 机柜的光纤盒上。所以 ODF 机柜区域应根据进入机房光纤数量,考虑足够的空间。同时 ODF 机柜区域应尽量靠近竖井入口位置,以便光纤进入机房后的连接。

(2)交换机机柜区域。交换机机柜区域主要安放网络交换机,一般安放的是园区网络的核心交换机,核心交换机一方面要与来自各个楼宇的光纤实现连接,另一方面要与放置在机房的服务器相连,所以交换机机柜区域一般应该尽量靠近光纤配线架机柜区域,并考虑与服务器的相连。

(3)服务器机柜区域。服务器机柜主要安放的是服务于园区的各种办公系统、应用业务系统的服务器群和存储阵列等设备。这些设备与交换机的连接往往是通过跳线来实现,在机房内一般通过机柜上方的上走线架来实现。在较大规模的园区网络中,网络交换机的管理一般是由网管人员进行管理,而各种应用服务器的维护人员是专门的软件信息管理员进行管理,所以服务器机柜区域可以布局在与网络交换机区域相对隔开的区域,使两组人员在不同的区域工作。

（4）空调设备区域。空调设备区域主要安放空调机。用于网络中心机房的空调一般都是机房专用精密空调,机房专业精密空调机一般体积较大,还需要连接着空调外机,空调外计算机网络工程与规划设计机一般需要放在室外。所以空调设备区域适宜安放在靠近窗户的位置,或者靠近设计放置外机的位置。

（5）电器设备柜区域。电器设备机柜主要安放各种电器开关仪表,需要与进入机房的强电电缆进行连接,同时还需要通过电器设备柜把电源分配到各个设备区域。一般来说,强电电缆也是沿着竖井上到网络中心机房,所以电源设备柜区域应该尽量靠近竖井,又便于与其他各个设备区域进行连接的位置。

（6）UPS设备区域。网络中心机房安放着网络的核心交换机以及各种应用服务器,这些设备都是园区网络中最重要的设备,一旦这些设备不能正常运行,必然导致网络服务中断或业务服务中断。为了防止线路电源中断引起的网络服务中断和业务服务中断,网络中心机房一般都需要配置UPS设备,在线路供电电源中断时,由UPS继续供电,保证网络服务和业务服务的正常工作。UPS系统存在大量的蓄电池,这些电池重量累计可达吨数量级,考虑到机房地板承重问题,一般主张将UPS设备区域放在网络中心机房所在楼宇的底层,再将经UPS逆变后的电源通过电缆送到网络中心机房。

（7）灭火设备区域。机房要考虑发生火灾的应对,一般采用气体灭火。气体灭火系统有存贮灭火气体的钢瓶或钢瓶柜等设施,机房布局要考虑这些设施的安防位置。在机房规模不大时,可以将灭火系统的钢瓶柜等设施放在机房内合适的位置,在机房规模较大时,会有较多的气体钢瓶,此时可能要布置专用的房间放置气体钢瓶。

（8）网管人员工作区域。机房中的网络交换机、服务器等设备需要网络中心管理人进行运行管理,有的机房会在机房内部设置 1 ~ 2 张工作台,安放计算机、监视器供网管人员进行设备运行管理使用,安放工作台的这个区域属于网管人员工作区域。这部分区域适宜安放在靠近进门位置,尽量远离噪音设备,空调气流进出口位置,操作人员工作区域按每人 3 ~ 5 m^2 设置。

（9）机柜之间的距离。机房内部各设备机柜都是一排排顺序放置的,在各排机柜间,需要留出网管人员行走、工作空间,所以机房中的各排机柜之间需要留有一定的距离。机柜之间的距离要求不少于0.8 ~ 1.5 m。靠近墙体的机柜,机柜及距离墙的距离不小于 0.5 m。

9.5.1.3 中心机房的温度等环境条件

机房环境除了机房设备安放布局、供电环境等之外，还须考虑机房的温度、湿度、洁净度环境。机房温度、湿度、洁净度环境需要按照国家机房环境标准规范进行设计。中心机房一般按照国家机房 A 级或 B 级标准进行建设。

国家 A 级标准其温度、湿度、洁净度指标为：温度：（20±2 ℃）；湿度：45% ~ 65%；空气含尘量：18 000 粒 / 每升空气。

国家 B 级标准其温度、湿度、空气含尘量指标为：温度：18 ~ 28℃；湿度：40% ~ 70%；空气含尘量：18 000 粒 / 每升空气。

机房除了以上环境要求外，还需考虑噪声干扰、电磁干扰、振动、静电等方面的要求，还需考虑接地防雷的要求，接地防雷的要求将在后面的部分讨论。

9.5.2 中心机房装修工程

中心机房装修及装潢设计遵循的原则：要体现出作为重要信息汇聚地的室内空间特点，在充分考虑网络系统、服务器系统、空调系统、UPS 系统等设备的安全性、先进性的前提下，达到美观、大方的风格，有现代感。

中心机房的装修设计，要以自然材质为主，做到简明、淡雅、柔和，并充分考虑环保因素，有利于工作人员的身体健康。一般地板选用抗静电地板，色调为灰色调，静电地板与地面需要至少留有 30 cm 的高度，作为机房室调的送风通道，地面下面需要进行防尘漆处理。如果不敷设抗静电地板，可以选用抗静电地砖敷设。天花板选用微孔轻质铝合金板吊顶，色调为灰色调或乳白色。墙面可以选用灰色彩钢板，起到屏蔽作用，在要求不高的场合，也可选用乳白色、浅灰色乳胶漆。如果机房存在区域隔断的要求，可以采用轻质隔墙隔断，不锈钢饰边框大玻璃隔断安装或乳胶漆饰面石膏板隔墙。机房装修还可能涉及空调外机的安放架子的制作或内外机隔断的制作，以及走线架的制作和安装。

9.5.3 中心机房空调系统

为确保机房内计算机系统的安全可靠、正常运行，网络中心机房需要提供符合要求的温度环境。一般采用恒温恒湿机房专用精密机房空调机实现温度，湿度自动调节以及过滤空气，以实现机房温度、湿度以及空气

质量的保证

9.5.3.1 中心机房专用精密空调

中心机房空调是一种专供机房使用的高精度空调,因其不但可以控制机房温度,也可以同时控制湿度,因此也叫恒温恒湿空调机房专用空调机。另外,因其对温度、湿度控制的精度很高,亦称机房精密空调。

机房空调主要由控制监测系统、通风系统、制冷循环系统、加湿系统、加热系统、水冷机循环系统等部分组成。

控制监测系统通过控制器显示空气的温、湿度、空调机组的工作状态,分析各传感器反馈回来的信号,对机组各功能项发出工作指令,达到控制空气温、湿度的目的。

通风系统对机房内空气进行处理,完成热、湿的交换,并及时将悬浮于空气中的尘埃滤除掉,将洁净的空气送入机房。空调机采用蒸发压缩式制冷循环系统,它是利用制冷剂蒸发时吸收汽化潜热进行制冷。空调机先将制冷剂利用压缩机做功压缩成高压气体,再送到冷凝器里,冷凝成液体,在这个过程中,它们吸收热量,致使空气温度下降,达到制冷的目的。加湿系统通过电极加湿罐来实现湿度调节。加热系统采用电热管形式进行加热,在室外环境温度太低时,空调机需要加热来维持设定的温度。水冷机循环系统的冷凝器设在机组内部,循环水通过热交换器,将制冷剂气体冷却凝结成液体。

机房空调具有如下特点:由于机房中的网络交换机、服务器、存储设备是全年 365 天开机运行的,这就要求机房空调也是全年 365 天开机,同时,机房空调的功率一般都在几千瓦,这就要求机房空调具有制冷转换效率高,达到省电节电的目的。

此外,机房中设备的电子器件对温度极度敏感,温度变化太大会导致设备故障,机房空调本身故障也会引起网络服务和业务服务中断,这就要求机房空调具有较高的控制精度和较高的可靠性。目前的机房要求温度变化为每 10 分钟不超过 1 ℃、湿度每小时不超过 5%。机房空调的温度控制精度可以达到 +2 ℃、湿度精度 ±5%,高精度机房空调温度控制精度达到 +0.5 ℃、湿度控制精度达到 +2%。有的机房为了做到高可靠性,还采取 N+1 备份方式,一旦一台空调出了问题,其他空调就可以马上接管整个系统。

9.5.3.2 中心机房空调系统的设计

空调系统的设计主要涉及空调机制冷量计算、空调系统的送风回风；内机、外机的安放；漏水检测装置等部分。

（1）中心机房空调功率计算。中心机房空调系统设计首先需要计算空调机的制冷量大小，制冷量大小计算可以采用设备功率和面积结合的方式进行计算，也可采用单纯的机房面积估算法进行计算。采用设备功率和面积结合的方式进行计算时，需要根据机房的实际面积及设备发热量来计算空调机的制冷量，计算比较复杂。采用单纯的机房面积估算法进行计算时，只需根据机房的实际面积来计算空调机的制冷量。在机房布局按照以上介绍的标准进行规划的基础上，可以采用单纯的机房面积估算法进行计算，方法如下：

按照机房面积计算制冷量标准，机房面积每平方米需要 $280 \sim 300$ 大卡的制冷量。设计时，根据机房实际面积，就可以计算出总共需要的制冷量。然后再按照机房空调功率与制冷量关系（ $1\,kW = 860$ 大卡），可以计算出机房空调功率。

例如，某单位机房面积为 $140\ m^2$，可以估算得需要的制冷量为 $42\,000$ 大卡，按照机房空调功率与制冷量关系，可算出机房空调功率为 $49\,kW$，设备选型时，可以选择 $50\,kW$ 的空调机。

（2）空调系统的送风回风。机房空调系统存在送风回风问题，送风回风可以有下送风上回风和上送风下回风方式。下送风上回风方式空调机的送风直接送到静电地板下的送风通道，然后随气流上升至天花板，经天花板回到空调机回风口，完成气流循环。上送风下回风方式刚好相反，空调机的送风直接送到天花板，经天花板达到各机柜，从各机柜上方吹到机柜中的设备上，再从机柜底部的开口进入静电地板下方。通过静电地板下方送到空调回风口，完成气流循环。经过建模算法分析，由于下送风上回风方式顺应了设备发出热量的自然气流流动方向，使机房气流处于最佳组织状态，制冷效率最高，温度稳定性最好，是机房送风回风的最佳方式。

（3）内机、外机的安放。机房专用空调机组安装质量的好坏，将直接影响机组以后的长期稳定运行，因此，机组的安装工作，一般应由厂家委派的安装队来完成。空调内机放在机房内部，需要考虑合理的位置以及气流组织，漏水的防范；外机放在机房外部，需要考虑承重与散热以及冷凝管道的走向及长度。

内机放在机房内部,在安装前,需要按机组底部面积尺寸制作一个底座架子,解决承重与机组固定的问题。下送风机组底座架上表面高度应比机房防静电地板上表面高度略低,这样才能保证风机送风到地板下面,不会因机组底架过高而漏风。底座必须水平安放于平整的地面,以免机组因底座水平不对发生倾斜,机组与底座间需放置 10 mm 橡胶防震垫,减少机组于运行时产生的震动及声响。如机房的送风距离较长时,应在机座加装导流板;导流板应有足够的厚度,以免吹风时该板发出噪声;导流板面必须铺贴保温、吸音防火材料。

外机可按现场需要,采用卧式或侧立式安装。两种安装方式中,机组必须热气管在上面,液管在下面。冷凝器的水平位置最好不低于室内主机。如现场条件不允许时,最高不得超过 3 m,否则因回液的垂力作用过大,会造成回液压力不足,冷凝器内积液使有效冷凝面积减小,同时回液不畅影响压缩机正常工作。

内外机之间连接有热流管道和回液管,热流管、回液管的安装需要严格按照厂家的规定进行,以保证空调的正常工作。

(4)漏水检测系统。网络中心机房由于空调存在,空调除湿以及水冷循环系统都需要水路提高到空调机上,空调机的水路一旦发生漏水,就可能造成重大损失。漏水造成的损失不仅仅使电路短路、设备损坏,而且会造成重要数据的损坏丢失、业务中断等无法估计的严重后果。所以网络中心、数据中心机房的空调系统一定要配置漏水检测系统。

漏水检测系统又称漏水报警系统和漏液检测系统,它的主要职责是保护网络中心机房、数据中心机房、配电室、档案室、博物馆等重要资料和服务器设备安全,一旦出现漏液和漏水事故,配备漏水检测系统会通过声光报警和短信等方式告知值班人员,以做到早期发现漏水或漏水事故并及时处理。

漏水检测系统由检测线缆(绳)和控制器两部分组成,发生漏水时,控制器通过实时采集到机房被保护区域中预先安装好的检测线缆(绳)的工作状态,及时准确报告机房中漏液位置,并产生告警通知用户,同时能够通过继电器输出控制信号切断泄漏源,有效地消除漏水隐患。

9.5.4 中心机房配电系统

机房配电需要按照机房现场设备负载进行设计,机房往往采用机房专用配电柜来规范机房供配电系统,保证机房供配电系统的安全,机房配电系统规划设计要满足国家配电系统设计规范。

9.5.4.1　中心机房配电系统规划

中心机房负荷分为主设备负载和辅助设备负载。主设备负载指网络交换机、服务器、存储设备、通信设备等,由于这些设备进行数据的实时处理与实时传递,所以对电源的质量与可靠性的要求最高。一般除了市电进行供电,还要采用 UPS 不间断电源供电来保证供电的稳定性和可靠性,UPS 需配备相应的蓄电池以便在突然停电时能支持一定后备时间的电源供应。辅助设备负载指专用精密空调系统、动力设备、照明设备、测试设备等,辅助设备负载的供电由市电直接供电,不必再经过 UPS 供电。

机房配电一般采用市电双回路以及 UPS 后备的供电方式,对可靠性要求更高的机房可以采取发电机作为主要的后备动力电源。市电双回路能实现互为备份,当一路电源断电时,还有另外一路电源持续供电,提高了机房供电的可靠性。从外部进入的双回路供电先达到机房总配电柜,从总配电柜出来后,分成两个大回路:一个大回路为辅助设备供电;一个大回路送到 UPS 电源系统,经 UPS 电源系统后送出为主设备供电。

在进行中心机房配电系统设计时,还要考虑以下因素。

(1)机房进线电源采用"三相五线"制,机房内用电设备供电电源均为"三相五线制"及"单相三线制"。

(2)机房用电设备、配电线路安装过流过载保护(空气开关),同时配电系统各级之间有选择性地配合,配电以放射式(经过各个回路)向用电设备供电,特别要注意各个部分电源容量需要满足要求。

(3)机房各类设备的供电尽量分成独立的回路,以减少相互的影响,所有回路电缆的线径的平方数要满足电源功率要求。

(4)机房配电系统所用线缆均为阻燃聚氯乙烯绝缘导线及阻燃交联电力电缆,敷设镀锌铁线槽 SR、镀锌钢管 SC 及金属软管 CP。

(5)机房配电设备与消防系统联动,发生火灾时,自动断电。

9.5.4.2 中心机房总配电量规划

在机房配电系统设计中,需要计算网络中心机房总配电量,以便考量总配电室的配电容量,选择各电源回路使用的电缆直径以及回路使用的开关功率。由于网络中心机房的负载分为主设备负载和辅助设备负载,网络中心机房总配电量应该是所有主设备用电量总和加上所有辅助设备用电量总和,考虑到机房今后的设备扩充,机房电源总容量还需考虑一定的余量,以适合将来增加设备的需要。所以机房的总配电应该满足下式。

机房的总配电 =（各主设备回路配电量总和 + 各辅助设备回路配电量总和）× 余量因子

机房供电采用三级供电方式：即从大楼总配电室取电引到中心机房配电柜；从中心机房配电柜引到每排机柜、从每排机柜到每个机柜；最终从每个机柜到每台设备。机房所有配电都要经过机房总配电柜送出，负责对 UPS、备用空调、维护插座、照明等辅助设备的供电，UPS 输出的电力分配到网络交换机、服务器存储系统等主设备的供电，配电柜必须符合相关技术标准，外观完美、安全可靠。配电柜选用的主开关要求标准配置有电子脱扣器，具有可调式 LT（长延时）过负荷保护、ST（短延时）短路电流保护、INST（瞬时）电流保护，主要配电设备选用进口高可靠性配电设备。

9.5.4.3 中心机房供电回路规划

中心机房供电回路规划，需要考虑尽量减少设备间的相互影响。对于辅助设备供电回路，可以采用一个辅助设备一个回路。如空调系统一个回路、新风系统一个回路、灭火系统一个回路、照明系统一个回路。考虑到节电，照明系统可以考虑一组灯一个回路，当无人在机房时，仅开一组灯，有人在机房时，根据需要打开多组灯。

对于主设备供电回路，可以采用一排机柜一个回路，每个机柜设置一个电源插座，电源插座应选择功率大、质量好，安全性能好的电源分配单（Power Distribution Unit，PDU）插座，PDU 插座的每一个插孔都有独立开关，这样可以保证每台交换机或服务器至少有一路电源开关控制，每台交换机或服务器电源故障都不会影响其他服务器的电源系统。

对于主设备总配电量规划，按照一排机柜一个回路的方式，可以先规划出整个机房放置几排机柜，每个机柜配给多大供电量，就可以计算出主设备供电需要多少个回路，计算出每个回路的配电功率，从而计算出主设备所需的总供电量。例如，某机房总共安放 30 个机柜，分 5 排安放，则每排放 6 个机柜。每个机柜平均分配 2 kW 供电，则每个回路配电为 12 kW，5 排机柜共需要配电 60 kW。再考虑 10 kW 的余量，该机房主设备供电需要 70 kW。

9.5.4.4 UPS 供电规划

UPS 是不间断电源 "Uninterruptible Power System" 的英文简称，是能够提供持续、稳定、不间断的电源供应的重要外部设备。UPS 在机房中的功能主要是为主设备提供可靠的后备电源。UPS 一方面提供在外边交流供电断电时,继续对设备提供持续的供电,一方面也起到稳压作用,为主设备提供恒定的电源供给。恒定的电源供给是中心机房内设备贮存数据资料的重要保证,而优秀的 UPS 系统是这个重要保证的前提。

　　UPS 系统由切换开关、AC/DC 整流器、充电器、DC/AC 逆变器、蓄电池组、通信接口等组成。工作原理:市电正常时 AC/DC 整流器将交流电整流成直流电,同时对蓄电池进行充电,再经 DC/AC 逆变器将直流电逆变为标准正弦波交流电;市电断电时,电池对逆变器供电,继续提供持续的供电,在 UPS 发生故障时将输出转为旁路供电。在线式 UPS 输出的电压和频率最为稳定,能为用户提供真正高质量的正弦波电源。通信接口将 UPS 的工作状态以数据形式送出,供机房运行监控系统采集使用。机房设计中,UPS 供电规划要需计算 UPS 的功率大小和确定 UPS 的后备时间。在电源容量及后备时间定下以后,需要进一步计算 UPS 蓄电池数量。由于 UPS 是为主设备的可靠供电而设置,所以 UPS 的功率要与主设备总配电量相匹配,即 UPS 的功率大小由主设备总配电量来决定。

　　UPS 的后备时间取决于机房中安放的设备不间断运行的可靠性要求,靠性要求越高,后备时间要求越长。但后备时间要求太长,必然需要大量增加蓄电池数量,导致成本增加,地板承载重量增加,故应统筹考虑。从经济的角度以及机房地板承重的角度考虑,长延时要求通过增加蓄电池数量是不太适宜的。一般来说,后备时间考虑在 2 h 以内,可以考虑仅用 UPS 进行后备电源供电,大于 2 h 的后备时间要求,适宜采用发电机作为后备电源供电设施。采用发电机后,市电电源供电与备用发电机供电在机房配电室进行切换,再经过 UPS 不间断电源对计算机设备供电。

　　UPS 蓄电池数量计算办法如下:根据主设备供电设计的后备延迟时间,根据拟选用蓄电池的安时数(Ah)、放电电流、终了电压、功率因素、逆变效率等参数来进行计算。目前,市场上的蓄电池安时数为 12 V 100 Ah 或 24 V 100 Ah 两种产品。蓄电池的安时数代表电池容量的大小。电池的额定容量指该电池以恒定电流放电 2 小时至终止电压的容量。一般用 Ah 数代表电池的额定容量,例如,12 V 100 Ah 的电池指该电池以 50 A 的电流恒定放电直至终止电压 10.5 V,可连续放电 2 小时,即 2 h。

　　UPS 终了电压是指蓄电池以规定的放电电流进行恒流放电时,蓄电池的电压下降到所允许的临界电压,一般对于 12 V 的单只电池终了电压为 10.5 V。UPS 能支持的后备时间就是蓄电池以恒定电流从满电压放电放到终了电压的时间。功率因素是指有用功率和无用功率之比,UPS

系统的功率因素一般为 0.8 左右。电池的能量并非都能直接提供给负载，它还包含了把电池能量转换为负载可使用的能量的转换效率，即逆变效率。一般 UPS 的逆变效率为 0.8。

在确定了后备时间的情况下，计算蓄电池的数量需要先计算出蓄电池的放电电流，然后再计算出所需的电池数量。计算放电电流的公式：

放电电流 =UPS 容量（VA）× 负载功率因素 / （逆变器效率 × UPS 终止电压）[①]

---

① 邓世昆 . 计算机网络工程与规划设计 [M].昆明：云南大学出版社，2014.

第 10 章　网络管理与维护技术

　　网络系统的管理和维护是确保网络系统正常运行的一项长期的日常工作,是一个不断发现问题和解决问题的过程,同时也可以为网络系统的升级改造提供重要的参考。计算机网络是通信资源与计算资源的集合,随着其规模的不断扩大,这些资源将无法仅仅依靠人工实施管理,因此出现了一些网络管理的方法、技术。

10.1　Intranet 网络管理

10.1.1 网络管理的定义

　　随着信息技术的迅速发展,计算机网络的应用越来越广泛,网络成为人们日常生活中必不可少的工具。这种情况下如何保证网络的安全、如何更有效地利用 IT 资源,成了管理者面对的非常紧迫的问题。现在计算机网络的组成越来越复杂,规模越来越大,很多联网的设备都是异构型设备,这样大规模复杂的网络仅依靠手工管理是无法应付的,所以研究开发现代的网络管理系统是一个紧迫的任务[①]。

　　网络管理是指规划、监督、控制网络资源的使用和网络的各种活动,以使网络的性能达到最优。网络管理的目的是提供对计算机网络进行规划、设计、操作运行、管理、监视、分析、控制、评估和扩展的手段,从而合理地组织和利用系统资源,提供安全、可靠、有效和友好的服务。通俗地讲,网络管理就是指监督、组织和控制计算机网络通信服务及信息处理所必需的各种活动的总称。其目标是确保计算机网络的持续正常运行,使其能够有效、可靠、安全、经济地提供服务,并在计算机网络系统运行出现异常时能及时响应和排除故障。

---

①　何旻中,聂华.计算机网络与工程[M].北京:中国铁道出版社,2012.

网络管理系统应以提高网络服务质量为目标,以网络事件管理为中心。因为只有以网络资源实时发生的实际事件为管理基础,才能及时准确地了解到网络环境的真实情况,方便地建立和业务层面的关联关系,达到网络管理为业务服务的目的。

网络管理系统包括集中式网络管理模式和分布式网络管理模式。集中式网络管理模式是在网络系统中设置专门的网络管理结点。管理软件和管理功能主要集中在网络管理结点上,网络管理结点与被管理结点是主从关系。分布式网络管理模式是将地理上分布的网络管理客户机与一组网络管理服务器交互作用,共同完成网络管理的功能。集中式网络管理模式的优点是便于集中管理;缺点是管理信息集中汇总到管理结点上,如果管理结点发生故障就会影响全网的工作。分布式网络管理模式的优点是可以实现分部门管理,也就是每个客户只能访问和管理本部门的部分网络资源,而由一个中心管理站实施全局管理。中心管理站能对客户机发送指令,实现更高级的管理,灵活性和可伸缩性更强;缺点是不利于集中管理。

在网络工程的发展中,采取集中式与分布式相结合的管理模式是网络管理的今后的发展方向。

网络管理的目标就是通过对网络的有效管理,确保网络是有效、可靠、开放、综合、安全和经济的。也就是说网络应是有效的,能及时准确地传输信息;网络是可靠的,能抵御各种灾害;网络是开放的,能接受多厂商生产的设备;网络是综合的,业务不能单一化;最后就是现代网络要有很高的安全性和经济性。

10.1.2 网络管理的功能

计算机网络能够正常运行后,网络的管理就成为最重要的工作。计算机网络由通信子网与用户资源子网构成,因此其中的任何一个设备,包括通信子网内的节点、用户的主机、共享的 I/O 设备等资源,都是网络管理的对象。对这些设备的管理是网络管理的主要内容。但网络管理的范围也在发展,目前已经渗透到一些其他的服务管理领域,如个人计算机及其操作系统的管理、各种用户应用程序的管理、数据库、存储设备,甚至电子邮件等的管理。

对于一个企业来说,如果要求高效率的管理,将离不开计算机网络,而网络规模越大和越复杂,技术含量越高,其信息管理的要求也就越高。网络中有大量被许多用户共享的设备,如打印机、存储器、传真机等,网络中也将有非常复杂的数据库系统,每个用户都有访问其中数据的要求 ①。对于因出差而身处异地的职工,需要提供远程访问企业总部的信息资源的能力。由于这样的网络环境中往往有几十个,甚至成百上千个用户在同时工作,如果此时出现某些网络故障而得不到及时恢复,将有可能造成局部或全局的损失。对于没有网络管理功能的系统,一般是用户先将故障现象报告给网络管理员,如抱怨网络的响应时间太长或网络不能访问等,然后是管理员确定故障点,做出诊断并进行修复,直到恢复正常为止,其间有可能要花费几个小时,还有可能关闭或重新启动某些设备或主机。这种损失对追求高效率的企业来说是无法接受的。但是,如果配备了网络管理系统,情况将会不同,网络管理员有可能在用户还未提出报告之前就了解到故障,并同时确定了故障发生的位置,一些较完善的管理系统还能够向管理员提出解决问题的建议,帮助管理员在最短的时间内恢复故障,把损失减少到最小。另外,如果网络负载较高,网络的吞吐能力将会下降,用户将明显感觉到自己提交的作业运行的延迟时间大大增加了,此时网络管理系统能够提供对网络流量的统计信息,标明瓶颈位置,并提供减少或消除瓶颈的方案。

10.1.2.1　ISO 定义的网络管理功能

为了更一般地来说明网络的管理功能需求,先从国际标准化组织(ISO)的定义说起。ISO 在 ISO/IEC 7498-4 文档中定义了网络管理的五大功能,这五个功能域在目前网络管理系统的设计和实现中都是需要考虑的,分别是故障管理、计费管理、配置管理、性能管理和安全管理,简称FCAPS。

(1)故障管理。

故障管理是网络管理中最基本的功能之一,是指网络系统出现异常时的管理操作。故障可以分为内部故障和外部故障,前者主要指网络中部件的损坏,后者是外部环境的影响引起的故障。当网络中某个部件失效时,网络管理系统能够迅速定位故障,并及时排除和恢复。一般情况下,迅速隔离故障是比较困难的,因为网络故障的产生原因往往相当复杂,尤其在异构网络环境中更是如此。一般应该先将网络修复,然后再仔细分析网络故障的原因,防止类似故障再次发生。网络故障管理包括故障检测、故障隔离和故障纠正三方面,由系统监控和维护予以完成。主要有以下典型功能。

---

① 张卫,俞黎阳.计算机网络工程 [M].北京:清华大学出版社,2010.

·故障报警功能。

·事件报告管理功能。

·日志控制功能。

·测试管理功能。

·确认和诊断测试的分类功能。

（2）计费管理。

计费管理是指记录网络资源的使用情况,控制和监测网络操作的费用。对网际互连设备按 IP 地址的双向流量统计,产生多种信息统计报告及流量对比,并提供网络计费工具,以便用户根据自定义的要求实施网络计费。它包括:计算网络建设和运营成本,统计网络及其所包含的资源的利用率,联机收集计费数据,计算用户应支付的网络服务费用,账单管理。

（3）配置管理。

配置管理是指定义、收集、监测和管理配置数据的使用,使网络性能达到最优。它包括:自动发现网络拓扑结构,构造和维护网络系统的配置,监测网络被管对象的状态,完成网络关键设备配置的语法检查,配置自动生成和自动配置备份系统,对于配置的一致性进行严格检验,设置开放系统中有关路由操作的参数,被管对象和被管对象组名字的管理,初始化或关闭被管对象,根据要求收集系统当前状态的有关信息,获取系统重要变化的信息,更改系统的配置等内容。

（4）性能管理。

性能管理是指收集和统计数据,用于对系统运行及通信效率等系统性能进行评价。它包括:采集、分析网络对象的性能数据,监测网络对象的性能,对网络线路质量进行分析,统计网络运行状态信息,对网络的使用发展作出评测、估计,为网络进一步规划与调整提供依据。通过监视跟踪网络活动,改善网络性能,减少网络拥挤和不通行现象,收集、统计信息,维护并检查系统状态日志,确定自然和人工状态下系统的性能,改变系统操作模式以进行系统性能管理的操作。

（5）安全管理。

安全管理一直是网络系统的薄弱环节之一,而用户对网络安全的要求往往又相当高,因此网络安全管理就显得非常重要。网络中主要存在以下几大安全问题。

·网络数据的私有性:保护网络数据不被入侵者获取。

·授权控制:防止非法用户在网络上执行非法操作。

·访问控制:控制用户对网络资源的访问。

相应地,网络安全管理包括对授权机制、访问机制、加密和密钥的管理,还要维护和检查安全日志,对任何试图登录和成功登录管理站的用户、登录的时间、执行的操作进行登记,以备日后查询。这些工作包括创建、删除、控制安全服务和机制,发布安全相关信息,报告安全相关事件等[①]。

10.1.2.2 网络管理的其他功能

网络管理系统除了要遵循和实现 OSI 网络管理的五大功能外,在实际应用中还应具备下列功能和特点。

(1)多协议操作和多厂商产品的集成。

网络管理系统应该能管理不同厂商提供的网络设备,可以是遵循 SNMP 的,也可以是不遵循 SNMP 的。网络管理系统应该能作为一个管理开发平台,使第三方软件能在平台上运行,以支持对特定产品的监控。

即使对于使用 SNMP 协议的设备,由于实际因素的影响,使用的协议版本也并木一致,有 SNMP v1、SNMP v2 和 SNMP v3。因此网络管理系统必须实现多协议操作,兼容这些版本,这是进行综合网络管理的基础。

(2)完善的日志管理。

网络管理系统应具有各种完备的日志,如管理站的操作日志、登录日志、报警日志等,并提供自动或人工维护日志的手段。

(3)网络拓扑结构自动发现和显示。

网络管理系统应该能自动发现网络中的节点和网络的配置情况。用户可以对这种功能进行适当的设置、修改参数,如轮询时间、设备的地址搜索范围等。管理员可以以自动发现的网络拓扑为基础,修改被发现网络设备之间的关系,或人工增加新的网络设备和修改配置。

为了增强网络管理系统的易用性和直观性,系统应该将网络的拓扑结构以图形方式显示出来,不同类型的设备使用不同的图标,并且允许管理员加入自定义的图标。拓扑结构的显示功能可以包括物理拓扑和逻辑拓扑两种显示形式。

(4)支持客户机/服务器结构。

目前网络管理系统大多遵循客户机/服务器的体系结构,这有利于实现网络设备管理的安全性、可靠性,也有利于实现分布式网络管理。

---

① 　高建瓴.网络工程应用技术 [M].北京:清华大学出版社,2012.

（5）智能监控能力。

网络管理系统应该能理解网络结构和设备之间内在的依赖关系，并报告出现的问题。一台设备的故障有可能导致其他设备不能访问，系统应该标识这些设备的状态。网络管理系统应该向用户提供完善的监控能力，指定监控的设备、定义设备的重要性、定义警告的级别、设置不同的报警门限，对不同的警告采取不同的措施。系统应该提供多种报警方式，如声音、电子邮件和屏幕显示等。

（6）数据分析和处理。

网络管理系统应提供图形化的分析工具，用于帮助管理员进行数据分析，能够动态、实时地显示数据，并能够存储、分析和处理历史数据，以图表方式产生统计报告。管理员可以控制网络管理系统所生成的报告中的内容和形式。

（7）访问控制。

网络管理系统应该能提供灵活的访问控制，允许管理员设置用户的访问权限。不同的用户对网络设备应有不同的访问权限。

（8）应用编程接口（API）。

作为一种管理框架，网络管理系统应提供 API，支持网络管理应用程序的开发，以进一步扩展系统的功能。

10.2　网络故障排除

10.2.1 网络故障的分析与检测方法

一个网络出现故障是不可避免的。网络故障出现后，应该采取行之有效的措施来分析与检测网络故障。本节将介绍几种常见的网络故障的分析与检测方法。

10.2.1.1 分离法

故障分离法是一种故障的结构化分析方法。这种方法对网络故障的定位和排除采用逐步分析和循环重复形式，直到解决网络故障为止。故障分离法的工作流程如图 10-1 所示。

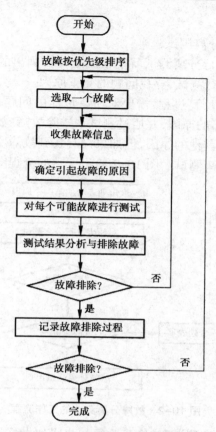

图 10-1　故障分离法的工作流程

（1）确定故障优先级。

当网络出现的故障不止一个时，把所有故障按照一定的原则排成一个队列，按照这个队列的先后顺序逐个地排除。

故障排队的原则是，根据故障的重要性及它的影响程度，把紧迫问题放在前面，一般性问题放在后面。

（2）收集故障有关信息。

与故障有关的信息能帮助我们进行分析和定位故障。信息主要来源于故障现象、用户报告、网络操作系统所提供的网络监视工具与监视软件报告等。

（3）确定可能引起故障的原因。

在收集故障信息的基础上，根据自己的经验和有关的资料对收集到的故障信息进行评价和分析，以充分的理由来确定发生故障的可能原因。确定原因时要把所有可能的原因排成一个列表，并且把原因按可能性由大到小进行排列。

（4）进行故障分离测试。

对网络故障进行分离测试就是根据上一步列出的可能原因，按照其排列顺序逐个的进行测试，寻找问题的真正原因。

这个步骤是个反复过程，需要对所有可能的问题一个一个地进行过滤，一直到发现故障的原因，并通过测试来排除故障。如果故障已经排除，就没有必要再测试其他的原因，但如果没有找到故障所在，就必须把列表中的所有项进行分离测试。图10-2给出了它的流程图。

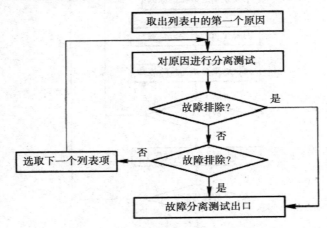

图10-2 故障分离测试的工作流程

对故障进行分离测试时，应该为每一步操作做好记录，同时对改动的文件和系统配置要进行备份，以便在需要恢复时可以还原[①]。

（5）分析测试结果，检测网络故障。

通过上一步的分离测试，对测试结果进行研究，并进行网络故障检测与排除。如果问题已经解决，可以进入下一步的任务；如果问题没有解决，则需要重新开始收集信息，再重复上面的问题，一直到故障被排除为止。

（6）记录故障排除过程、总结经验。

每当排除了一个网络故障时，应该记录解决该问题的过程文档。内容包含故障的现象、发生的原因、解决的方法、解决故障时对硬件和系统设置作出的改动等，为下一次故障排除积累经验和故障排除过程中带来的新问题作出佐证。

---

① 陈明.计算机网络设计教程[M].2版.北京：清华大学出版社，2008.

10.2.1.2 替换法

替换法,即将怀疑可能造成故障的网络部件用其他已证实正常的网络部件替换,或者将已被怀疑有故障的网络部件加入到正常的网络环境中,由此验证出错部件。

当网络系统的故障原因较多,且涉及面较广时可以使用分离法来缩减问题的范围。如问题已经缩小到某种部件或成分,观察其是否有问题,我们可以用替换法,拿一个已确认正常的部件来替换,检查是否能解决问题。

10.2.1.3 参照法

参照法将网络中的故障部分与能正常工作的部分进行比较,根据"不同"找出出现问题的具体环节。

此方法尤其适用于用户设置和工作站配置等引起的网络故障检测。有时,当已把问题归结到某一个部件上时,可以把它全部替换成"好"的部件,即采用替换法,这样可避免分析过多的问题。如果报告故障的用户很多,则应该从日志着手,分析这些用户的工作站和配置有何不同,这样有利于建立相同的配置。

10.2.1.4 咨询法

有时,最好解决问题的方法就是找到曾遇到过或可能遇到过同样问题的专家和同行。Internet、硬件技术资料、硬件制造商的技术支持、软件技术支持、杂志和技术期刊与知识库光盘等都是进一步解决疑难的手段。向技术支持咨询是排除网络故障不可缺少的好办法。

10.2.1.5 软件检测法

该方法利用软件进行网络故障的检测,它利用设备的诊断命令和网络管理软件来帮助用户监控和维护网络系统。

(1)使用设备诊断命令。

下面以路由器为例介绍设备诊断命令。

① show 命令。show 命令是一个功能强大的监控和维护网络工具,可以用它来监视路由器的工作与常规的网络操作;判断出现故障的接口、节点与介质;确定网络通信流量及其时间;查看网络硬件与通信设备

的状态。

②debug 命令。debug 特权 EXEC 命令可以提供丰富的接口通信流量信息、网络中各节点产生的出错信息、协议诊断信息包，以及其他对网络维护有用的数据。debug 命令可以帮助用户分析网络中出现的问题。

③ping 命令。ping 命令用于检查主机的可连接性以及网络的连通性。对于使用 TCP/IP 协议网络系统，ping 是检查网络连通性的最常用手段。对 IP 来说，ping 命令发送 ICMP 回应信息。如果一个工作站接收到了一个 ICMP 回应信息，它会返回一个 ICMP 答复回应信息。

在网络正常工作时，一般使用 ping 命令来观察和记录在正常条件下该命令的工作状态，在以后出现故障时就可以通过与正常工作状态对比来检测和排除故障。

④tracert 命令。tracert 命令是用来在向目的地传输过程中探测跟在路由器后面的信息包。tracert 命令可用于当数据包超过了其寿命值时检测路由器产生的错误信息。

同 ping 命令一样，在网络正常工作时一般使用 tracert 命令观察和记录在正常条件下该命令的工作状态，在以后出现故障时就可以通过与正常工作状态对比来检测和排除故障。

（2）使用网络管理工具软件。

网络管理工具软件通常包含网络管理软件、远程监控软件和交换机管理软件等。

①网络管理软件。

网络管理软件主要功能有：

·监视设备的应用环境和接口信息，显示设备的状态，检测并提取网络设备环境的数据。

·显示和分析两个设备之间的路径，以搜集使用的错误数据。

·收集网络的历史数据以进行性能趋势和通信流量模式的离线分析。

例如 HP Open View 的 NNM（Network Node Manager）能够提供管理网络的智能手段，监控整个网络的各种设备，并能够自动收集设备的运行状况。NNM 可以发现网络上的 TCP/IP 和 Level2 设备，并将这些信息以直观的图形格式表示出来。NNM 持续地监控网络上新的设备和网络设备状态，发现和监控功能还可以探测到位于广域网上的设备，并且以多层次映射图的方式显示了哪些设备和网络分段工作正常，哪些部分需要引起注意。

NNM 对于一般的系统平台和网络设备均可自动识别，而开放平台的优势在于集成第三方厂商开发模块后，对于特定的设备将拥有更加丰富的管理功能。例如在安装了 Cisco Works for Open View 之后, Cisco 的网络设备在 NNM 视图中都有特殊的图标来表示,每台路由器和交换器的类型和型号在图中都可一目了然,并且通过菜单中新增加的 Cisco Works 命令集可以对网络设备的端口流量等进行远程监控和管理。

当报警浏览器上显示出主要设备的故障事件时, NNM 的关联引擎就能够分析事件流并找到故障的根本原因,能够协助网络管理人员迅速地找到网络故障的根源。NNM 的远程用户存取功能提供了从 Internet 的任何地点存取网络的灵活性。

可见, NNM 的网络设备状态监控、故障分析、远程用户存取等功能实现了防患于未然的网络管理。

②远程监控软件。

远程监控软件从远程监控代理处搜集并显示信息,查看网络的启动并引起对潜在问题的注意,从任何远程局部网段或交换连接中获得有助于排除故障的数据。

NAI 提供的 Sniffer Pro 采用网上监听的方式收集过往的数据包,并通过分析这些数据包来获取有关目前网络状况的数据,同时 Sniffer Pro 还将建立一个特定网络环境下的目标知识库,来帮助网络管理员了解网络的运行状况,为网管人员判断网络问题、管理网络区域提供了非常宝贵的信息。

实时监控网络状况是 Sniffer Pro 的强项,但并不是全部。Sniffer Pro 的专家分析系统能够自动检测诸如拒绝连接、吞吐量降低等多种网络故障征兆,及时阻止其发展成为致命的网络性能问题,并且能够根据当前的网络运行状况提出优化方案,以提高网络的运行效率。Sniffer Pro 的专家分析系统主要包括路由专家分析系统、交换机专家系统、数据库专家分析系统、Microsoft 专家分析系统、帧中继专家分析系统、网络专家分析系统、ATM 专家分析系统等部分。

以前对网络进行安全检测的产品,难以及时发现隐藏在网关、群件和端口等环节的安全隐患,对病毒是一种被动和间断的检测方式,这些严重影响了网络的安全。而 Sniffer Pro 系统对网络具有主动和适时检测功能,当网络性能降低,应用程序运行缓慢时, Distributed Sniffer System/RMON (DSS/RMON) 探测器可以找出网络通信瓶颈和造成服务器性能降低的设备的错误配置。在发现问题的同时,及时实施快速隔离,为故障的进一步解决和减少故障涉及范围提供保障。

③交换机管理软件。

交换机管理软件提供了管理虚拟局域网(VLAN)的功能。对 VLAN

设计和设置确认给出网络物理结构的精确表示；可获取 VLAN 中具体设备和连接接口的设置信息，报告配置冲突，确定和排除各个设备的配置故障；能快速检测 VLAN 交换端口状态的变化。

10.2.2 服务器与局域网交换故障的检测与排除举例

10.2.2.1 服务器在安装网卡后不能启动

（1）网卡与服务器其他板卡、监视器或端口发生冲突。

故障解决方法：重新启动服务器，按提示进入 BIOS 设置。查看机器各个接插板卡使用的端口地址和中断号，注意是否与网卡的设置相冲突。若发现有冲突，改变网卡的配置，或在 BIOS 设置屏中改变其他接口板卡的配置。

（2）网卡与线缆连接不正确。

故障解决方法：检查服务器网卡是否与线缆正确连接，如果网卡与线缆的连接不好，将导致文件服务器挂起。将文件服务器网卡至少和一台工作站相连。完成后重新启动文件服务器，即可正常[①]。

10.2.2.2 服务器在安装最后卷后中止

可能的原因：服务器网卡安装或配置不正确。

故障解决方法：检查网卡设置，如果设定值与网卡配置不一致，则更改网卡设定值；如果网卡设置与实际配置一致，则关闭服务器，拔下网卡，然后再把网卡正确地插入服务器插槽。在确信网卡已正常安装的前提下，仍未解决问题，则检查服务器网卡与线缆的连接是否牢固与正确。如果问题仍存在，服务器和任一台工作站上运行通信检测程序，检查工作站与服务器的通信。

10.2.2.3 服务器硬盘不能访问

（1）磁盘驱动程序未安装。

故障解决方法：安装磁盘驱动程序。

（2）服务器硬盘分区丢失或硬盘损坏。

故障解决方法：关闭服务器，打开机箱，检查硬盘连接是否牢固，以

---

① 李友玉，屠莲芳，陈晴．网络工程技术与实践 [M]．武汉：湖北人民出版社，2008．

及查看是否已装上硬盘；试着从服务器控制台进行硬盘重新分区。如果仍没解决问题，则说明文件服务器硬盘损坏，更换好的硬盘，重新安装网络系统。

10.2.2.4 工作站找不到服务器

（1）服务器网络协议没有与网卡驱动程序绑定。

故障解决方法：运行 BIND 命令，将网络协议与驱动程序连接在一起。

（2）服务器或工作站网卡安装不正确，或是没有正确设置。

故障解决方法：检查服务器或工作站网卡是否正确安装，设置与实际配置是否一致，如有不一致的情况，则分别在服务器和工作站上设置与网卡实际配置一致。

（3）线缆有故障。

故障解决方法：检查服务器或工作站网卡与线缆的连接情况，检查线缆系统是否正确联接，检查线缆系统是否有"脱线"的地方。

（4）服务器或工作站硬件有冲突。

故障解决方法：检查服务器或工作站网卡是否与其他硬件的配置相冲突。

10.2.2.5 文件服务器的响应速度变慢

（1）服务器或工作站网卡速度变慢或有故障。

故障解决方法：更换文件服务器或工作站网卡。

（2）服务器速度未达到最大速度。

故障解决方法：将服务器 CPU 速度置到最大值。

（3）服务器硬磁盘速度变慢或有故障。

故障解决方法：硬盘可能已失效或正在失效，此时应更换硬盘。

10.2.2.6 网上的服务器不能相互识别

（1）服务器或工作站的硬件设置不正确。

故障解决方法：检查服务器或工作站网卡是否正确安装，设置与实际配置是否一致，如有不一致的情况，则分别在服务器和工作站上设置与网卡的实际配置相一致。

（2）网络地址或网间地址发生冲突。

故障解决方法：查看每个服务器的内部网络号是否有相同，要求每个文件服务器应有不同的 IP 内部网络号。但如果两文件服务器是通过网桥 / 路由器连接的,则应具有不同的网络号。

10.2.2.7 客户机不能连接到局域网内或远程网上的服务器

(1)客户机或服务器配置错误。

故障解决方法:确认客户机和服务器上运行的软件是当前版本,配置正确,并且装载正确。在客户机方,检查其网络驱动程序和 net.cfs 文件中指定的配置;在服务器方,确定已生成了相应的 SAP,并且正确装入了所有的 NLM。用户可以使用 TRACK ON 命令监视路由和 SAP。检查客户机和服务器上的封装方法,确保双方相互匹配。

(2)网络号不匹配。

故障解决方法:连接到相同线缆的服务器必须绑定相同的外部网络号。如果网络号不匹配,数据包就不能正确传送。同局域网中所有服务器必须具有相同的网络号,如果网络号不匹配,重新配置产生冲突的服务器,使其具有相同的网络号。

(3)硬件故障或传输介质故障。

故障解决方法:检查所有与客户机、服务器有关的网卡、集线器端口、交换器及其他硬件。替换所有发生故障的硬件设备。

检查所有的线缆和连接,确定线缆完好,连接正确,并且接触良好。

(4)路由器接口不正常关闭。

故障解决方法:使用路由器上的 show 命令检查路由器接口的状态,检验接口和电话协议处于正常运行状态。如果接口被人为关闭,使用接口配置命令打开接口。

(5)路由器硬件问题。

故障解决方法:检查所有的路由器端口、接口处理器和其他路由器硬件。确保接口卡安装牢固,硬件没有受损。替换出错的硬件。

(6)路由协议问题。

故障解决方法:配置错误和使用其他路由协议导致连接故障和性能故障。

10.2.2.8 设置虚拟线路失败

(1)两个末端点上都没有配置虚拟环路。

故障排除方法:使用 show port 命令验证两个末端点上是否配置了虚拟环路。要创造环路,两个末端点上都必须配置虚拟环路。如果一个末端点上没有配置虚拟环路,要对其进行重新配置。对于每个虚拟环路,在每个末端必须指定节点、卡和端口以及所需要的带宽。

（2）端口处于无效模式。

故障排除方法:检查虚拟环路是否被配置在无效的端口上。使用 show port 命令检查端口的状态。如果端口处于无效模式,使用 set port 命令激活端口。

（3）带宽或者其他的环路属性不匹配。

故障排除方法:如果虚拟线路的属性配置不合法,就不能设置虚拟线路。特别要重新检查带宽的值。虚拟线路的最大速率不能大于端口。如果虚拟线路使用的是允许带宽,那么它就不能超过这个带宽。担保的速率必须等于最大速率。

（4）带宽不够。

故障排除方法:没有足够的带宽来支持虚拟环路,环路就不能建立。检查并调整线路单元的带宽,使线路单元的带宽大于需要带宽,以便总线上能够支持虚拟环路。

10.2.2.9　与局域网或者广域网连接不上

（1）IP 地址配置错误或者没有指定。

故障排除方法:检查是否有 IP 地址被配置到广域网交换上。确定有一个 IP 地址被配置到可以连接交换的设备上。如果在两个设备上错误配置 IP 地址或者没有指定,就要改变或者增加正确的 IP 地址。

（2）子网屏蔽配置错误。

故障排除方法:检查是否能够从同一子网的设备上连接交换;检查正在进行连接的设备上的子网屏蔽与局域网交换上的子网屏蔽。如果两个设备上的子网屏蔽没有被正确指定,要恰当配置有正确子网屏蔽的交换或者设备[①]。

（3）在交换或者服务器上没有指定的缺省网关。

故障排除方法:检查广域网交换设备(所有的服务器和其他末端系统)上是否配置了缺省网关。如果其中的任何一个设备没有指定缺省网关,使用直接相连的广域网上的路由器接口 IP 地址,配置一个缺省网关。

（4）虚拟局网配置错误。

故障排除方法:确定所有应当通信的节点连接到同一虚拟局网的接

---

① 夏靖波,杜华桦,段弢.网络工程设计与实践[M].3 版.西安:西安电子科技大学出版社,2019.

口上。如果端口被分配到不同的虚拟局网上,那么连接上的设备就不能进行通信;如果一个端口属于两个或者更多的虚拟局网,确定虚拟局网只是由重叠端口进行连接;如果存在其他形式的连接,就会出现不稳定的网络拓扑结构。消除两个虚拟局网之间的无关连接。

10.2.3 路由器故障的检测与排除举例

10.2.3.1 路由器无法从 TFTP 服务器引导

（1）网络没有连接或连接断开。

故障解决方法:从 ROM 或闪存引导路由器;使用 ping 命令发送信息到广播地址(255.255.255.255)。如果服务器没有应答,使用 show 命令寻找相关服务器在 ARP 表中的表项。用显示 IP 路由命令,查看 IP 路由选择表。找到服务器的网络或子网表项。

（2）TFTP 服务器关闭。

故障排除方法:检查 TFTP 服务器是否开放,这可以通过从引导服务器到自身连接 TFTP 来完成。如果服务器开放,就说明 TFTP 服务器连接成功;如果 TFTP 服务器关闭,将它初始化,初始化过程根据引导服务器类型的不同会有所不同。

（3）路由器映像所在目录不正确。

故障排除方法:检查服务器配置文件是否指向路由器映像所在的目录;如果没有,将路由器映像移至正确的目录;确定在网络上可以进入 TFTPBOOT 目录。

（4）路由器系统映像文件类型不正确。

故障排除方法:检查路由器系统映像文件的类型。若类型不正确,则修改文件的类型。

（5）IP 地址错误。

故障排除方法:检查服务器配置文件中主机的 IP 地址是否正确。如果主机 IP 地址不正确,则改正。

（6）默认网关命令丢包或错误。

故障排除方法:用 show 命令查看路由器配置。检查定义默认网关的全局命令。如果命令丢失,在配置文件中加入该命令;如果命令存在,确认它指出了正确的 IP 地址。

（7）引导系统命令配置错误。

故障排除方法:用 show 命令查看路由器配置。检查引导服务器地址(IP 地址或 MAC 地址)。如果指定的地址错误,用引导系统全局命令指定正确的地址。

(8)引导文件名错误。

故障排除方法:用 show 命令查看路由器配置。检查路由器是否设置了引导文件。确认文件名是正确的,如果必要,可修改文件名。

(9)配置表设置错误。

故障排除方法:检查用户的系统配置表。手工引导时,配置表必须设置为 0x0,另外,也可用默认系统映像或引导系统全局设置命令指定的映像引导。

10.2.3.2 无效路由造成无法进行网络引导

(1)相邻路由器上的路由选择路径问题。

故障排除方法:检查相邻路由器能否连接服务器;用 tracert 命令检测服务器的路径。用 show 命令检查 ARP 表或者查看 IP 路由表;将路由器重新写入 ARP 和路由表后,重新引导路由器。

(2)路径重复。

故障排除方法:关闭除引导路由器所用的接口之外的所有接口;在相邻路由器上用接口设置命令使它不能响应代理 ARP 后,重新引导路由器。

10.2.3.3 连接(ping)远程路由器失败

(1)包装不匹配。

故障排除方法:检查 Cisco 设备上的包装类型(当把 Cisco 设备同非 Cisco 的设备进行连接时,必须都使用 IETF 包装)。如果 Cisco 的设备没有使用 IETF 包装,在 Cisco 设备配置 IETF 包装。

(2)PVC 无效或者被删除。

故障排除方法:查看接口的 PVC 状态。如果表明 PVC 无效或者被删除,说明通向远程路由器的路径上有问题。检查远程路由器或者联系用户的供应商以检查 PVC 的状态。

(3)访问清单配置错误。

故障排除方法:使用 show 命令,检查路由器上是否配置了访问清单。如果访问清单已被配置,取消访问清单后检测可连接性。如果连接能够正常运作,一次启用一个访问清单,同时检查启用每个清单后的连接情况。如果启用访问清单阻塞了连接,要确定该访问清单配置的正确性。

继续检测访问确定,直到所有的访问确定都被恢复,并且连接能够正常运作。

10.2.3.4 主机不能通过路由器访问网络

(1)IP 地址丢失或配置错误。

故障排除方法:

①如果主机不能与路由器另一端的网络通信,尝试从路由器连接(ping)远程网络。如果连接(ping)成功,转到步骤②。如果连接(ping)失败,使用 show 中命令验证路由器是否可以访问网络。如果没有到网络的路由,检查网络和路由器配置。

②从主机 IP 地址连接(ping)路由器,以验证主机连接处于激活状态。如果连接(ping)失败,使用 netstat gate 命令检查网络的路由。如果不存在到网络的路由,确定主机是否正在路由器中使用缺省路由。

(2)主机配置错误。

故障排除方法:在主机上使用 netstat gate 命令,检查主机是否从 RIP 更新获取路由。如果没有发现 RIP 路由,从路由器连接(ping)主机 IP 地址,以验证主机的连接处于激活状态。

如果连接(ping)失败,验证主机上是否运行了路由后台监控程序。使用 show 命令查看 RIP 路由更新计数器是否增加。

10.2.3.5 路由器始终处于 ROM 监控模式

可能的原因:配置表设置错误。

故障排除方法:在 ROM 监控提示符"＞"下,输入 B 引导系统:如果在 NVRAM 存在系统配置,系统不显示任何信息。按下 RETURN 键继续。如果在 NVRAM 没有系统配置,将出现设置菜单。跳过设置过程;用 show 命令检查配置表的设置。找到无效的配置表设置。默认值是 0x101,它禁用 Break 键,并强制路由器从 ROM 引导。

10.2.3.6 网络服务无故中断

可能的原因:路由不稳定。

故障排除方法:在多路由器的互联网络上通信流量过载将导致有的路由器不能正常工作,将导致路由频繁改变。

使用 show 命令检查通信流量。检查每个接口的通信负载。如果负载低于 50%，重新配置定时器值，使发送 RTMP 更新加快，可能解决这个原因：如果负载超过 50%，用户可能需要对网络进行分段，以减少每个网段上的路由器数目（通信流量因此减少）。使用 debug 命令检测路由是否被错误删除。如果路由被错误删除，使用全局配置命令改正错误。建议定时器值设为 10，30 和 90，定时器的缺省值为（10，20，60）。

10.2.3.7 路由从路由表中丢失

（1）网络路由器配置命令丢失或错误。

故障排除方法：用 show 命令查看路由器设置。确定对每一个路由器接口所属的网络都运行了网络路由器配置命令；确认在使用的路由选择协议中，处理器 ID、地址以及其他变量都已正确指定。

（2）路由过滤器配置错误。

故障排除方法：使用 show 命令检查可疑的路由器，查看所有 distribute-list 路由器配置命令是否已在路由器上配置。如果在路由器上配置了 distribute-list 命令，用 no version 命令使之关闭。

在使路由器上的所有分配列表失效后，使用 clear ip route 命令清除路由选择表。查看在使用了 show ip route 命令后，路由是否在路由表中出现。如果路由已在路由表中正确出现，distribute-list 命令引用的访问列表可能会被设置为拒绝某种更新。为判明哪一个列表有问题，依次打开分布表，直到路由不在路由表中出现。

用 show 命令确认有问题的列表没有拒绝不当的更新。如果访问列表拒绝某个地址的更新，确认它不拒绝接收路由更新的路由器的地址。如果用户改变了访问列表，用 distribute-list 命令将分布表设为有效。使用 clear ip route 命令检查丢失的路由信息是否在路由表中存在。如果路由出现，则对路径中的所有的路由器重复上述步骤，直到所有分布表都打开后路由仍正确出现。

（3）子网掩码不匹配。

故障排除方法：使用 show 命令查看主干网上每一个路由器的配置。用 show ip interface 命令，检查每个接口指定的子网掩码。如果同一网络上的一个或多个接口有不同的子网掩码，则存在子网掩码不匹配；如果同一网络上的两个接口有不同的子网掩码，就必须用 IP 地址掩码接口命令修改其中一个接口的子网掩码。

（4）路由无法在自治系统和路由选择协议之间重分配。

故障排除方法：在运行多个协议的网络边界路由器上用 show 命令

检查。对于启用路由选择协议的路由器全局设置命令的表项,如果运行的只是 IGRP（内部网关路由选择协议）,检查是否指定的自治系统号相同;如果路由器在同时运行多个协议,找到重分配路由器配置命令表项,确认路由选择信息可以在协议之间正确交换。如果用户要在自治系统或不同的路由选择协议之间重分配静态路由,可使用重分配静态路由配置命令。

10.2.3.8 路由器无法建立网上邻居

（1）网络路由器配置命令丢失或配置错误。

故障排除方法:用 show 命令检查对应接口的 OSPF（开放最短路径优先协议）是激活的。如果命令的输出表明应该运行 OSPF 的接口没有运行,用 show 命令检查路由器配置[①]。

确定是否对每一个应当运行 OSPF 的接口,都指定了网络路由器配置命令。用上述步骤检查网络上的其他 OSPF 路由器。检查所有相邻路由器上的 OSPF 是否都已正确设置,以便建立邻居关系。

（2）访问列表配置错误。

故障排除方法:用 show 命令检查可疑的路由器上是否配置了访问列表。如果路由器上有 IP 访问列表并且是激活的,用相应的命令关闭它。关闭了路由器的所有访问列表后,用 show 命令检查路由器现在是否可以建立正常的邻居联系。如果可以,可能是访问列表滤掉了 OSPF hello 信息包。为确定是哪一个列表的故障,一次只启动一个列表,直到路由器无法建立网上邻居。检查列表,看看 OSPF 使用的 89 端口是否在过滤通信流量。如果列表拒绝 OSPF 通信流量,输入一个允许以建立正确的邻居关系。如果用户改变了访问列表,在输入了 clear ip ospf neighbor 命令后,再输入 show ip ospf neighbor 命令查看邻居关系是否已正常建立。如果路由器已经建立了邻居,对路径中的其他路由器也进行上述步骤,直到所有的访问列表都启动后,仍然可以正常地建立邻居关系。

（3）虚拟连接和 stub area 设置不匹配。

故障排除方法:虚拟连接无法设置为穿过 stub area。检查路由器是否设置为 stub 区域的一部分,又设置作为虚拟连接一部分的 ABR。用 show 命令找到如下命令条目:

area 2 stub

---

① 夏靖波,杜华桦,段弢.网络工程设计与实践 [M].3 版.西安:西安电子科技大学出版社,2019.

area 2 virtual-link 192.168.100.10

如果有这些命令,就可能是配置错误。解决方法是删除其中一个命令。

10.2.4 TCP/IP 故障的检测与排除举例

10.2.4.1 本地主机无法访问远程主机

(1)没有设置默认网关。

故障排除方法:确定本地主机和远程主机是否设置了默认的网关。如果默认的网关设置不正确或根本没有设置默认网关,可以在本地主机上改变或添加默认网关。

(2)路由配置错误或丢失路由的默认路径。

故障排除方法:如果主机可以发送信息,检查主机的路由表,目标为默认路由器,默认路由输入应当指向可到达远程主机的路由。如果没有默认路由,手工配置默认的网关。

(3)DNS 主机列表不全。

故障排除方法:输入 Unix-host% host address 命令,这里的 address 是服务器、路由器或其他网络节点的 IP 地址。如果该命令输出的结果是"Host not found",但是用户可以用主机的 IP 地址建立连接而用主机名无法建立连接的话,可尝试用主机名连接其他主机。如果其他主机用名字可以建立连接,那么,可能是主机列表不全。将网络上的每一个主机的主机名加入 DNS 列表中。如果用主机名无法建立任何连接,可能是 DNS 关闭。

(4)一个或多个路由器上的路由没有激活。

故障排除方法:使用 trace 命令判断出现问题的路由器。当找到有疑问的路由器后,检查该路由器上的路由是否打开。输入 show ip route 命令,查看路由表是否装入了路由信息。

如果 show ip route 命令显示没有从路由选择协议表项,则使用 show runing-config 命令。

找到路由器路由选择协议的全局设置命令,它应当是激活的。如果路由器上的路由选择没有激活,则用路由器全局设置命令打开正确的路由选择协议。在路由器设置模式下,输入正确的网络命令。

(5)多个路由器上的路由配置错误。

故障排除方法:用 show 命令检查路由器的路由选择表。

10.2.4.2 从错误的接口或协议获得路由

可能的原因：Split horizon 无效。

故障排除方法：在远程路由器上使用 show 命令，查看路由器设置，确认 Split horizon 是否有效，检查 show 命令的输出是不是：

Sprit horizon is enabled

如果 Split horizon 无效，在远程路由器接口上输入中 split-horizon 接口设置命令。

10.2.4.3 路由器新接口上的路由选择不能正常工作

（1）接口或 LAN 协议关闭。

故障排除方法：使用 show interface 命令查看接口是否关闭。如果显示接口状态是关闭的，用接口设置命令打开接口。用 show interface 命令查看现在接口是不是已经打开。如果接口仍然是关闭的，那么可能是硬件或传输介质出现了问题。

（2）网络路由器配置命令设置错误或丢失。

故障排除方法：用 show 命令查看路由器设置。确定对该接口已经指定了一个网络路由器配置命令；确定对用户所用的路由选择协议、地址和其他变量都是正确设置的[1]。

（3）接口没有 IP 地址。

故障排除方法：使用 show ip interface 命令检查路由器是否启用或是否具有 IP 地址。如果没有接口具有 IP 地址，用接口设置命令设置接口的 IP 地址。

10.2.4.4 用某些软件连接主机时失败

可能的原因：访问列表或过滤器配置错误。

故障排除方法：使用 show 命令检查路径中的每一个路由器上是否设置了 IP 访问列表。如果路由器的 IP 访问列表有效，使用相应的命令将它关闭。在将路由器的全部访问列表关闭后，判断被怀疑有问题的软件是否可以正常运行。如果软件运行正常，访问列表可能阻塞通信流量。为了判断是哪一个列表有问题，一次只打开一个列表，直到软件不工作

① 李友玉，屠莲芳，陈晴．网络工程技术与实践 [M]．武汉：湖北人民出版社，2008．

时,检查有问题的列表是否从 TCP 或 UDP 端口过滤通信流量。

如果访问列表拒绝访问某个 TCP 或 UDP 端口,确定它不拒绝访问可疑软件所使用的端口。对这些端口输入明确的允许命令。如果用户改变了访问列表,将列表设置为有效,观察软件能否依旧正常工作。如果软件运转正常,对所有有问题的列表重复上述步骤,直到将所有的列表打开后,软件仍能正常工作为止。

10.2.4.5 发送 BOOTP 以及其他 UDP 广播时的故障

(1)IP 帮助地址说明丢失或配置不当。

故障排除方法:在从主机上接收信息包的路由器上使用 debug 命令,查看命令的输出,观察是否正在从主机接收信息包。如果路由器可以从主机接收信息包,那么可能是主机或应用软件有问题;如果路由器不能从主机接收信息包,使用 show 命令检查首先从主机接收信息包的路由器接口配置。找到接口设置命令,确定指定的地址没有问题。如果没有配置 IP 帮助地址,或指定地址错误,则使用接口设置命令增加或修改帮助地址。

(2)UDP 广播被发往非默认端口。

故障排除方法:指定 IP 帮助地址,确认只有从默认 UDP 端口的广播才被发送。UDP 广播发送到其他端口需要进一步的设置。

(3)UDP 广播在某个 UDP 端口上发送失效。

故障排除方法:使用 show 命令,寻找任何全局设置命令表项。这些表项使指定端口禁止 UDP 通信流量的发送。如果 UDP 广播在某个 UDP 端口失效,输入全局设置命令。

(4)访问列表或其他过滤器设置错误。

故障排除方法:使用 show 命令检查路径中每个路由器的配置。查看是否在路由器上配置了访问列表。如果路由器上有一个有效的访问列表,用相应的命令使之失效。在使全部访问列表失效后,测定 BOOTP 或其他 UDP 广播是否正常发送。如果广播正常发送,可能是访问列表阻塞通信流量。

将有问题的访问列表单独列出,使某一时刻只有一个访问列表有效,直到广播不再发送。检查有问题的访问列表,看它是否过滤了 UDP 端口的通信。如果访问列表拒绝某个 UDP 端口,确认它不拒绝用来发送广播的端口。如果用户修改过访问列表,使之有效并检查广播是否仍然正常发送。如果问题依旧存在,继续前面所述步骤,直到广播通信正确发送。

10.2.4.6 性能下降,建立到服务器的连接需要相当长的时间

(1)DNS 客户端的 resolv.conf 文件配置错误。

故障排除方法:检查 DNS 客户端 /etc 目录下的 resolv.conf 文件。

(2)没有设置逆向查询 DNS。

故障排除方法:如果 DNS 服务器没有设置逆向查询,那么末端系统的逆向查询就会超时,从而造成建立连接耗时过长。

(3)DNS 主机列表不全。

故障排除方法:输入 Unix-host% host ip-address 命令,这里的 ip-address 是服务器或其他网络节点的 IP 地址。如果该命令的结果输出是"Host not found",但是用户可以用主机的 IP 地址建立连接,而用主机名不行,可能是主机列表不全。将网络上的每一个主机的"地址 - 主机名"都加入 DNS 的主机列表。

10.2.5 ISDN 故障的检测与排除举例

10.2.5.1 路由器不拨号

(1)接口中止。

故障排除方法:键入 show 接口命令检查 ISDN 的接口。如果命令输出表明接口运行停止,运行重新激活接口的命令,使接口激活;如果接口或者协议终止,检查所有的线缆和拨号连接。检测与排除硬件和介质中的错误。

(2)丢包或者错误配置 dialer map 命令。

故障排除方法:使用 show 命令来查看路由器的设置,检查是否有 dialer map 接口配置命令为用户所使用的协议而进行了设置。如果没有为用户正在使用的协议而配置 dialer map,就为每个协议创建 dialer map;如果已经存在拨号框,确定下一个跨距定址是否与当地的接口地址在同一个子网上;如果用户想要广播通信,就要确定广播关键词已经在用户的拨号框声明中已经指定。

(3)没有配置拨号组。

故障排除方法:使用 show 命令来查看路由器的配置。检查现在的接口里面是否已经有 dialer map 接口配置命令。如果当地的接口不属于拨号组,使用拨号组号接口配置命令把接口配置成拨号组的一部分。

确定组号在相互关联的 dialer-list global configuration 命令里面是相

同的。

（4）丢包或者错误配置拨号列表。

故障排除方法：使用 show 命令查看路由器的配置。检查现在的接口里面是否有拨号列表接口的命令项。如果没有配置任何拨号列表，键入 dialer-list protocol 或者 dialer-list list global configuration 命令把拨号组与访问列表联系起来。确定 dialer-list 命令存在拨号组和拨号器，否则在进行拨号之前要创建访问列表或者拨号组。

（5）丢包或者错误配置访问列表。

故障排除方法：使用 show 命令查看路由器的配置。要检查在 dialer-list 命令里访问清单数目是否被指定，要参见现在使用的 access-list 命令项。如果涉及的访问清单没有被界定，拨号界面就出现。配置访问清单，它会确定有效的通信，一定要确信 dialer-list 命令正确地设定了清单。如果已经有了访问列表，并且 dialer-list 命令对其进行了正确地界定，要确定用户所启动的拨号被访问清单界定为有效。

（6）丢包 pri-group 命令。

故障排除方法：使用 show 命令查看路由器的配置，检查是否有 pri-group 命令项。如果命令已经存在，使用 pri-group 命令配置 controller。

10.2.5.2 拨号不能通过

（1）速率设定不匹配。

故障排除方法：使用 show 命令查看路由器的配置。在当地或者远程路由器上检查拨号框界面配置命令项。把配置到路由器接口上速率的设定与用户 ISDN 服务的速率相比较。两个速率必须相同。为了设定路由器上的速率，要使用拨号框命令中的速率关键词。如果用户不知道 ISDN 服务的速率是多少，就要与 ISDN 的提供者进行联系。

（2）拨号框配置错误。

故障排除方法：使用 show 命令查看路由器的配置。检查拨号框接口配置的命令项。确定每个拨号框都包括远程 BRI 的电话号码。如果远程 BRI 的电话号码在每个拨号框声明中都被指定，但是拨号仍然不通，第一次拨号失败后，就没有剩下号码可用来尝试。确定电话号码被配置，使用 clear 命令清除接口，然后重新拨号。

（3）SPID 配置错误。

故障排除方法：使用 show 命令查看路由器的配置。检查接口配置的命令项。检验命令项中的 SPID 是否为服务提供者分派给用户的那个

SPID。

（4）线缆不正确。

故障排除方法：确定用户使用的是直线式 RJ-45 线缆。检查线缆时，把它的两端放在一起。如果引线的顺序相同，就表明线缆是直线式的。如果线缆的引线颠倒，就表明它是转动式的。如果用户使用的是转动式线缆，就要把它替换成直线式的。

（5）端口没有连接到正确的设备或者端口上。

故障排除方法：打开的 ISDN BRI 端口必须连接到 NT1 设备上。如果路由器没有内置的 NT1，必须配置一个 NT1，并把它连接到 BRI 端口上。确定 BRI 或者终端适配器安装到 NT1 的 S/T 端口。

（6）第一层的逻辑状态挂起。

故障排除方法：检查 NT1 上的状态灯。如果 NT1 的状态灯没有表现出任何问题，检查 NT1 的开关以设定欧姆终止。如果已经存在，把开关设定在 100 欧姆。循环加载 NT1，检查 show isdn status privileged 命令的输出，命令的输出应该是"Layer 1 active"。

如果路由器仍然不拨号，使用 clear 命令清除 BRI 的端口。重新检查 show isdn status 命令的输出，查看第一层是否有效。如果第一层不是有效的，检查载波以确定已经连接。

（7）硬件问题。

故障排除方法：使用 show isdn status privileged 命令。命令的输出应该是"Layer 1 active"。如果输出不是"Layer 1 active"，验证配置开关留下是否正确；检查连接 BRI 或者终端适配器与 telco jack 或者 W1 的线缆，如果损坏就更换；确定 NT1 运行情况正常，如果有错误或者硬件故障现象，就进行更换；确定路由器运行正常。如果有错误或者硬件故障现象，就进行更换。

10.2.5.3 拨号不通（PR1）

（1）速率不匹配。

故障排除方法：使用 show 命令查看路由器的配置。检查在当地和远程路由器拨号框接口配置的命令项。把配置在路由器接口上的速率设定与用户 ISDN 服务的速率进行比较。两者必须相同。要设定路由器上的速率，使用拨号框命令中的速率关键词。

（2）拨号框配置错误。

故障排除方法：使用 show 命令查看路由器的配置。检查拨号框接口配置的命令项,确定每个拨号框都包含远程 PRI 的电话号码。如果远程 PRI 的电话号码在每个拨号框声明中都被正确指定,但是仍然不通过,第一次服务失败后,就没有可用来再进行尝试的号码。确定电话号码被配置,然后使用 clear 命令清除接口,再尝试拨号。

（3）号码正在使用。

故障排除方法:运行 debug isdn events privileged 命令,打开 ISDN 检测与排除。如果检测与排除的输出是"用户正忙",说明远程 ISDN 号码在正常使用中。

（4）组帧或者线路编码不匹配。

故障排除方法:使用 show 命令,检查当前配置在 MIP 卡上的组帧和线路编码的类型。把配置的组帧和线路编码同 CSU 上的配置的检测与排除比较,配置在 MIP 卡和 CSU 上的组帧和线路编码必须相同。如有必要,改变组帧和线路编码的类型,使其在 MIP 卡和 CSU 上相同。在路由器上,使用 controller 配置命令,来配置 MIP 卡上的组帧和线路编码。

（5）使用线缆不正确。

故障排除方法:确定用户正在使用的是直线式的 DB-15 线缆。如果使用的是其他任何线缆,就要对其更换。

（6）端口没有连接到正确设备或端口上。

故障排除方法:路由器 ISDN 的 PRI 端口必须连接到 CSU 设备上,如果端口不是连接到 CSU 上,就需要建立一个 CSU,把 PRI 端口连接到它的上面。

10.2.5.4 同远程路由器没有通信

（1）CHAP 配置错误。

故障排除方法:运行 debug ppp chap privileged 命令。ping 远程路由器,查找信息"Passed chap authentication"。如果没有看到该信息,就运行 show 命令查看路由器的配置。确定 ppp authentication chap interface configuration 命令已经配置到当地和远程路由器上。

检查用户名全局配置命令项,确定用户名使用的是远程路由器主机名。确定在当地和远程路由器上的口令相同。

（2）PPP 包装没有配置到接口上。

故障排除方法:运行 show 命令查看接口的状态。检查输出以便发现包装 PPP 接口配置命令是否存在。如果 PPP 包装没有配置,运行包装 PPP 的命令配置该接口。重新检查配置命令的运行输出以验证 PPP 包装正在使用①。

（3）没有通向远程网络的路由。

故障排除方法：键入 show route privileged 命令。如果没有通向远程的路由，用户就需要运行对于用户正在使用协议的适当命令，来加上静态路由。用户也需要配置流动静态路由，一旦主站链路下降，用户仍然有通向远程网络的路由。

（4）拨号框命令配置错误。

故障排除方法：运行 show 命令查看路由器的配置。检查拨号框接口配置命令项。确定拨号框指向正确的下一个跨距定址。也应当确定下一个跨距定址同当地 DDR 接口地址在同一个子网上。

（5）丢失拨号组命令。

故障排除方法：拨号组命令必须配置在当地和远程路由器接口上。运行 show 命令查看路由器的配置。查看 dialer-group 接口配置命令项。如果远程路由器接口没有 dialer-group 命令项，用户必须在接口上配置一个拨号组。使用 dialer-group group-number 接口配置命令。确定组号同拨号清单命令项中所提及的组号相对应。

10.2.5.5 端到端没有通信

（1）终端系统上没有配置缺省网关。

故障排除方法：检查当地和远程终端系统。确定终端系统是否被配置指定了缺省网关。如果该系统没有配置缺省网关，必须配置一个；如果已经存在缺省网关，确定它是指向正确的地址。缺省网关应该指向当地路由器局域网的接口。

（2）没有通向远程网络的路由。

故障排除方法：键入 show route privileged 命令。如果没有通向远程的路由，用户就需要运行对于用户正在使用的协议适当的命令，来加上静态路由。用户也需要配置流动静态路由，一旦主站链路下降，用户仍然有通向远程网络的路由。

10.2.5.6 运行速率慢

（1）保留队列太小。

故障排除方法：检查 ISDN 接口中输入或者输出的丢包情况，如果接

---

① 夏靖波，杜华桦，段弢.网络工程设计与实践[M].3 版.西安：西安电子科技大学出版社，2019.

口上没有过分的丢包,就使用适当的清除计数器特权执行命令清除接口的计数器,重新检查接口上的丢包情况。如果值在递增,就应当增加输入输出保留队列的大小。

为不断丢失数据包的接口增加保留队列的大小。小幅度增加这些队列的大小,直到用户在显示接口的输出中再也看不到丢包的情况[①]。

（2）线路质量差。

故障排除方法：检查 ISDN 接口上输入或者输出的错误。如果接口上有过多的错误,使用适当清除计数器的特权执行命令清除接口计数器。重新检查接口上的错误,如果值在增加,这可能是线路质量差的结果。把线路的速率降低到 56 Kb/s,然后查看错误率是否会减少或者停止。检查用户的载波看是否能够采取措施提高线路的质量。

10.3　网络维护技术

现代社会对网络系统的依赖性越来越强,网络系统失效造成的影响往往是惊人的。因此应注意网络系统的日常维护,保证网络系统稳定可靠,能够长时间高效率地运行显得越来越重要。在实际应用中,有许多因素威胁着网络系统的运行。大到自然灾害,小到断电和操作员的操作失误,都会影响系统的正常运行,甚至造成整个系统完全瘫痪。同时,网络技术的发展使得计算机网络应用的范围越来越广,技术也日益复杂,这些都给维护工作增加了难度。

网络系统的维护工作应该包含对系统失效原因及后果的分析、预防性的维护、故障的处理、系统的扩展等几个方面。

10.3.1 系统失效原因分析

导致网络系统失效的原因很多,大致可分为两种类型：一类是自然灾害和人为破坏,另一类是系统本身潜伏的一些破坏性因素。计算机网络是由各个部件组成的,因此从失效位置出发又可以把系统失效分成部件失效和连接失效两类[②]。网络的基本部件——各种计算机系统失效的主

① 夏靖波,杜华桦,段弢.网络工程设计与实践[M].3 版.西安：西安电子科技大学出版社,2019.
② 张卫,愈黎阳.计算机网络工程[M].北京：清华大学出版社,2010.

要原因依次是硬盘损坏、各类硬件的损坏、病毒以及人为的操作失误等。连接失效主要是物理线路和协议软件上的问题。

失效原因分析要有针对性地做以下工作：

①对症状进行精确完整的描述，确定问题是否的确存在，或是由于用户使用不当造成的。

②深入调查分析，确定故障的原因。可以使用支持 SNMP 和 RMON 等技术的工具收集设备的统计数据，排除与性能和能力有关的问题。

③从逻辑和物理角度理解网络的功能。

④应该真正地解决问题，而不是采用替代法避免问题的发生。

⑤开发问题解决方案的跟踪系统，提供一种跟踪机制，记录事件发生的过程，为技术人员发现问题创造条件。

对网络失效的整体情况有所了解之后，还可以进一步缩小失效原因的查找范围。其中需要考虑的内容如下：

①涉及的设备类型有哪些？计算机、集线器、交换机、路由器、电缆还是别的什么？是否能够将范围缩小到一个设备或单个网段？

②如果只是一台设备受到影响，那么是否是唯一的一台。如果启动另外一台类似设备是否也会出现同样的问题？设备的配置与位置是否不同？是否有影响？

③如果问题在多个系统出现，它们是否有共同点？是否属于一个网段？是否使用同一个子网地址？是否通过同一条路径到达某个目标？

④出现问题时用户执行了什么操作？应该具体地描述当时的场景。

⑤问题是否可以重新产生？重复当时的步骤，看看问题是否会再次出现。

应该了解每个设备的最大能力和使用的程度，有时问题是由于网络拥塞造成的。可以利用 SNMP 和 RMON 监视设备的使用情况，找出设备的底线参数和典型使用模式，为排错提供帮助。底线数据对于数据分析是很重要的，利用协议分析仪得到统计数据，应该是比较好的依据，而底线数据就是用于比较的基本数据。

硬盘是机电设备，是最容易损坏的部件。硬盘损坏将丢失盘上存储的数据，有时还会引起整个系统崩溃。数据丢失则有可能使信息不可恢复。

处理器、内存、网卡、电源乃至主板的损坏会使系统无法正常运转，保存在磁盘中的数据也几乎毫无用处。

网络系统通常由多家厂商的网络设备组建构成，设备需要各种协议软件支持。因此，协议软件的错误有可能导致整个网络系统不能正常运行。

人为操作失误导致系统失效的可能性较小。典型错误是系统管理员误删系统文件、数据文件和系统目录等。

人为破坏缺少规律性,有可能反复发生,是目前导致网络系统失效的一个主要因素。

10.3.2 预防性维护

预防性维护是保证网络稳定和可靠工作的必要条件。网络工程人员和维护人员应与设备供应商合作,在网络运行期间定期对网络系统中的关键设备和线路进行预防性检测,并监视网络的运行情况,以防患于未然。而对一般性设备,也应在固定周期内进行全面的检测,并对有关设备提出替换或改正意见,争取及时发现问题,解决问题①。

预防性维护需要在平时投入相当的人力和物力。网络维护人员必须使用经过多年工作积累起来的经验和技巧,利用网络管理工具、网络协议分析工具和专用的网络监控工具系统地检查网络中点到点的数据流,分析复杂的网络报文序列,测量网络数据通信流量和性能,及时反映当前网络运行的状态。

预防性维护可以在运行的网络上找到一些底层的间歇性的拓扑结构错误或传输媒体引起的错误。这些错误会使网络在局部地区发生的中断和性能下降,影响网络的稳定性。使用网络协议分析工具可以定位引起这些错误的设备或传输媒体,在错误产生的影响进一步扩大之前予以排除。

在网络上每天都会遇到许多非规律性的难以预料的问题,需要进行临时决策。如果简单地采用预先采样数据,发现问题后再对数据进行分析,由于受到时间和资源的限制,难以做到立即反应。预防性维护工作可以通过每天对特定指标进行趋势分析,减少非规律性问题出现的数量,或者将其转化为可预先处理的问题。

预防性维护应该注意监测网络的改变和新设备的使用。网络上的某些变化是计划好的周期性的升级,另外一些改动则需要动态地及时做出,以适应没有预料到的网络操作或应用需求的改变。预防性维护应该预见到实现网络的改变将如何影响整个网络的运行,要分析这些改变是否适合当前的网络运行状况,新设备是否适合当前的网络节点。特别要注意改变是否会对网络环境中其他区域产生负面影响,如果存在负面影响,应

---

① 张卫. 局域网组网理论与实践教程 [M].成都:电子科技大学出版社,2001.

该采用什么方法应对。通过监测和分析预防性维护可以保证网络改变和新设备使用的平稳进行,并按计划达到预期的效果。

保持网络性能的最优也是网络维护的一个重要目标。大型计算机网络具有复杂的结构,例如有多台服务器,有些设备需要访问多个源节点。当工作站与服务器通信时,确定是否能达到最大的性能非常重要。预防性维护过程中,可以用各种各样的测量方法来确认当前实际的性能水平,并分析是否在当前的物理拓扑结构下,以及相应的网络操作系统和应用程序传输条件下性能达到最优。例如,用户经常会抱怨网络的速度慢,此时就有必要使用协议分析工具检查延迟出现在哪里,分析对端到端通道有负面影响的、降低网络吞吐量的网络区域和设备。检查需要针对特定的用户网段的吞吐量、特定路由器的吞吐量、目标网络的吞吐量,甚至还要检查进行实际处理的服务器或某一特定设备的内部吞吐量。通过检查了解目前的吞吐量是如何获得的,并指出网络延迟产生的原因。

预防性维护也要保证数据的安全性。为保护数据信息不丢失,有时需要使用功能完善、使用灵活的备份软件。备份软件应当能保证备份数据的完整性,并具有对备份介质(如磁带、磁盘)的管理能力。完善的备份软件还支持定时自动备份、校验技术、RAID 容错技术和图像备份等。有些场合还要求备份软件具有"通知机制",可以提醒管理员及时更换备份介质,提供备份策略等。备份数据对计算机网络系统来说至关重要。事实上,许多故障造成的损失都可以因备份数据的存在而被降到最小。

如果系统中潜伏着病毒,那么即使数据和系统配置没有丢失,服务器中的数据也毫无价值。因此,病毒防护也是预防性维护的重要内容。在数据进入网络之前,要做病毒清理工作。要对整个网络实行自动监控,防止新病毒的出现和传播。这些功能需要在防病毒软件支持下才能实现。防病毒软件应该与其他防灾方案密切配合,同时互相透明。

文档化的网络更易于管理和维护,这里的文档是指各种设备的手册,包括计算机、操作系统、路由器、交换机等设备的安装手册和用户手册。文档越齐全,就越易于进行故障定位和排除。同时,要注意文档应随着系统设备的升级而更新,使之保持为最新状态。具体的文档范围如下:

①网络的逻辑拓扑和物理拓扑。二者应该配合使用,确定每个网络部件如何连接。

②电缆连接和配线架信息。在一大捆无序的电缆面前,人们往往会不知所措,因此要做好标记,明确电缆的连接位置。

③计算机和其他设备的默认设置参数。应该利用报表记录各种网络设备的默认配置参数,如果有可能,编写一个应用程序来管理这些参数,

这样更容易检索。

④计算机和用户使用的各种应用列表。应该区分网络管理与应用管理，记录每个应用程序的功能、版本号、补丁级别以及应用管理员的联系方法。一旦确定问题出在应用程序，而不是网络系统，那么就应该请求相应的应用管理员来帮助解决。

⑤用户账号信息和权限。应该了解每个网络用户的账号信息与使用权限。

⑥网络概况信息。应该为每个用户简要介绍与其工作环境有关的设备的使用方法，哪些设备可以使用，而哪些不能使用。

⑦问题报告。当问题出现时，应该及时记录与跟踪，记录当时的现象或原因，以便于日后分析，也作为避免该问题再次出现的保障。

10.3.3 故障处理

故障处理指对错误状态的恢复、错误数据的纠正和错误结果的清除。网络系统发生故障时，有些可能是局部性的，如某根线路的断开、某个端口的失效、部分数据的丢失；有些则可能是全局性的，如主交换机的掉电、主服务器的磁盘损坏。故障的处理一般按照先发生先处理的顺序进行处理，但发生全局性故障时必须得到优先处理。

即使是在同一个部位，故障的严重程度也不一样，其等级由故障对用户的影响来决定，响应的处理手段也有区别。例如，可以把网络系统的故障分成 4 种等级。

①紧急故障——系统运行状态危急，已经或将要发生崩溃，需立即解决。

②严重故障——系统仍在运行但功能被严重削弱，某些主要部件损坏严重，也需立即解决。

③限制性故障——系统的运转在某种程度上受到削弱，需尽快解决。

④轻微故障——正确的操作可预防其发生，系统运行尚未受到实质性影响，应定期进行预防维护，或在用户可以接受的时间内到现场去解决。

对于非设备性故障或一般性故障，网络维护人员应及时地加以解决。而对于设备故障，则还依赖于各种设备的备件供给情况。系统集成商应提供相应的备件，以便在设备发生故障时，能及时获得备件供应。用户亦可适当考虑自备一些关键设备的备件。另外，设备供应商在国内一般均设有备件库，可供选择。因此，为了让系统能够尽快恢复，网络维护人员、系统集成商和设备供应商应该共同建立一整套支持体系,用于向用户提供高效的、行之有效的支持服务。

系统故障通常会使用户丢失数据或者无法使用数据。有时利用备份软件可以恢复丢失的数据,但是,重新使用数据并非易事。要想重新使用数据并恢复整个系统,首先必须将设备恢复到正常运行状态。为了提高恢复效率,减少服务停止时间,可以使用设备内具有"自启动恢复"功能的软件工具,尤其是各类服务器。通过执行一些必要的恢复功能,无须重新人工安装、配置操作系统,也无须重新安装、配置磁带恢复软件及应用程序,自启动恢复软件可以确定服务器需要的配置和驱动,使系统进入正常运行状态。此外,自启动恢复软件还可以生成备用服务器的数据集和配置信息,以简化备用服务器的维护。

发生故障后,故障的检测和恢复应由专业的网络维护人员负责或协调,利用有关工具和测试设备检测问题所在,并及时地解决问题,恢复系统的正常运行。当发生维护人员不能解决的问题时,应及时利用其他有保证的力量来共同解决问题。

在解决问题的过程中,因为是在网络上工作,每个采取的步骤都有可能影响其他用户,所以要慎重行事,不能随意改动无法确定的因素。例如,当出现局部路由问题时,技术人员往往采用 route 命令改变路由表。但是应该指出,如果没有搞清楚问题的所在,就不能简单地一改路由表了事,以为只要能够工作就行了。因为一个表项的改动有可能影响其他路径,造成低效率的路由[①]。应该记住,在一次快速修复操作之后,还要找到产生问题的原因,使之在今后不会造成更大的故障。

10.3.4 系统的扩展与升级

随着网络技术的发展和应用水平的逐步提高,用户将提出新的需求,要求网络系统增添新功能或提高性能。这些要求体现在下列几方面。

①更先进的技术,以保证整个企业网络系统在技术上的先进性。

②高度稳定和可靠,以利于维护和管理,减少网络系统的运行成本。

③高传输速率,以满足应用增加后数据流量的需求。

④更强的连接和管理能力,让更多的计算机与网络相连。

⑤良好的服务质量,保证用户传输多媒体信息的需求。

网络系统的升级应该以用户的需求为着眼点。作为工程技术人员,

---

① 张卫,愈黎阳.计算机网络工程[M].北京:清华大学出版社,2010.

在网络系统的设计过程中,应考虑用户将来的需要,选择具有良好发展前景的网络厂商的产品,为网络和各种设备留有足够的扩充余地。作为系统集成商,应长期为系统硬件和网络的扩展提供参考意见,并负责组织和完成相关的扩展任务。

系统扩展和升级的具体操作可以分成硬件设备的升级和软件升级两种。

硬件设备的升级包括硬件设备部件的升级和整机的升级两大类。在部件升级时网络工程人员应与各原供应商协调,回收或处理被替换下的老部件;而整机升级时,网络工程人员也应对老设备的降级使用提供参考意见。

软件的升级主要是版本的升级和软件的更新。网络工程人员应就软件版本的提高、更新和升级及时通知用户,并提供升级和安装调试服务。

参考文献

[1] 曾青松,张纬仁.计算机网络工程 [M].北京:冶金工业出版社,2006.

[2] 陈明.计算机网络工程 [M].北京:中国铁道出版社,2009.

[3] 陈向阳等.网络工程规划与设计 [M].北京:清华大学出版社,2007.

[4] 陈晓文,熊曾刚,张奕,等.计算机网络工程与实践 [M].北京:清华大学出版社,2017.

[5] 初雪.计算机网络工程技术及其实践应用 [M].北京:中国原子能出版社,2019.

[6] 邓世昆.计算机网络工程与规划设计 [M].昆明:云南大学出版社,2014.

[7] 丰继林,刘庆杰.计算机网络工程与实践 [M].北京:清华大学出版社;北京交通大学出版社,2005.

[8] 郭四稳.网络工程设计与实施 [M].北京:机械工业出版社,2017.

[9] 国家人力资源和社会保障部,国家工业和信息化部信息专业技术人才知识更新工程("653 工程")指定教材编委会.计算机网络基础与应用 [M].北京:中国电力出版社,2008.

[10] 何旻中,聂华.计算机网络与工程 [M].北京:中国铁道出版社,2012.

[11] 蒋月华.计算机网络工程与维护 [M].合肥:安徽教育出版社,2007.

[12] 金可音等.计算机网络工程 [M].长沙:国防科技大学出版社,2002.

[13] 李享梅.交换与路由技术 [M].西安:西安电子科技大学出版社,2017.9

[14] 李银玲.网络工程规划与设计 [M].北京:人民邮电出版社,2012.

[15] 周跃东 . 计算机网络工程 [M]. 西安：西安电子科技大学出版社，2009.

[16] 林瑞初，王宝智 . 计算机网络工程基础 [M]. 北京：清华大学出版社，2005.

[17] 刘晋萍 . 计算机网络工程 [M]. 武汉：华中师范大学出版社，2006.

[18] 陆锦军 . 计算机网络工程 [M]. 北京：中国铁道出版社，2008.

[19] 牛玉冰 . 计算机网络技术基础 [M].2 版 . 北京：清华大学出版社，2016.

[20] 石美红 . 计算机网络工程 [M]. 西安：西安电子科技大学出版社，2003.

[21] 史秀璋，李丹丹 . 计算机网络工程 [M]. 北京：中国铁道出版社，2010.

[22] 史秀璋 . 计算机网络工程 [M].2 版 . 北京：中国铁道出版社，2006.

[23] 史秀璋 . 计算机网络工程 [M]. 北京：中国铁道出版社，2003.

[24] 王宝智 . 计算机网络工程基础 [M].2 版 . 北京：清华大学出版社，2010.

[25] 王宝智 . 计算机网络工程概论 [M]. 北京：高等教育出版社，2004.

[26] 王波 . 网络工程规划与设计 [M]. 北京：机械工业出版社，2014.

[27] 王立征，郇涛 . 网络工程规划与管理 [M]. 北京：中国人民大学出版社，2013.

[28] 武奇生，李艳波，李光等 . 计算机网络及工程实践 [M]. 西安：西安电子科技大学出版社，2013.

[29] 夏云龙 . 网络工程 [M]. 北京：化学工业出版社，2012.

[30] 杨海艳，王月梅，杜珺 . 计算机网络基础与网络工程实践 [M]. 北京：清华大学出版社，2018.

[31] 杨智勇 . 计算机网络基础应用 [M]. 北京：中国水利水电出版社，2016.

[32] 阴国富 . 计算机网络工程实用技术 [M]. 北京：机械工业出版社，2012.

[33] 张殿明 . 网络工程规划与设计 [M]. 北京：清华大学出版社，2010.